新能源科技与产业丛书

碳路未来

AI 浪潮下的新能源创新

李 缜◎主编

中国科学技术大学出版社

内 容 简 介

“碳路”是指“零碳之路”,“碳路未来”寓意“探索未来零碳之路”,即“探寻碳达峰、碳中和的实现路径”。本书聚焦AI浪潮下的新能源技术创新,展示了我国在新能源行业的科技力量,多位来自科技与产业界的专家、学者围绕能源科学的最新研究动向与动态,从动力电池、材料科学、数智科技、储能技术等不同角度出发,共话具有开创性、突破性的产业共性技术开发,以此为新能源行业的开拓创新提供发展启示,促进创新创想。

本书既是一本值得新能源从业者及相关领域研究人员一读的科技启示录,也是一本可供对碳达峰、碳中和以及新能源技术创新感兴趣的广大读者学习领悟的优秀科普读物。

图书在版编目(CIP)数据

碳路未来:AI浪潮下的新能源创新/李缜主编.—合肥:中国科学技术大学出版社,2024.5

(新能源科技与产业丛书)

ISBN 978-7-312-05970-4

Ⅰ.碳… Ⅱ.李… Ⅲ.新能源—技术 Ⅳ.TK01

中国国家版本馆CIP数据核字(2024)第080861号

碳路未来:**AI**浪潮下的新能源创新

TAN LU WEILAI: AI LANGCHAO XIA DE XIN NENGYUAN CHUANGXIN

出版 中国科学技术大学出版社

安徽省合肥市金寨路96号,230026

http://press.ustc.edu.cn

https://zgkxjsdxcbs.tmall.com

印刷 合肥华苑印刷包装有限公司

发行 中国科学技术大学出版社

开本 787 mm×1092 mm 1/16

印张 18.25

字数 327千

版次 2024年5月第1版

印次 2024年5月第1次印刷

定价 98.00元

本书由中国科学技术大学科技战略
前沿研究中心统筹策划

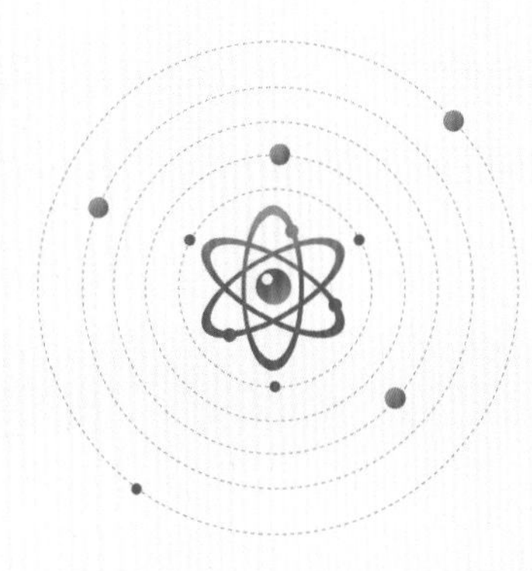

序一

大众汽车集团的创始人之一费迪南德·保时捷(Ferdinand Porsche)博士是一位创新者,他的突破性设计使他成为汽车史上一位伟大的人物。早在1898年,他就制造出了第一辆电动汽车,其续航里程为50 km,随后又制造出了世界上第一辆混合动力汽车。这为大众汽车集团在跑车、豪华车以及家用车领域的创新定下了基调,并为人们提供了便捷的出行方式。如今,汽车行业站在新时代的十字路口,个人出行方式的转变、交通的电气化以及可持续发展的新能源汽车正为我们带来新的机遇。

没有哪个国家能像中国这样,在汽车领域实现如此迅速的转型与创新。长期以来,中国一直是国际汽车工业的一个重要强国。大众汽车集团希望为中国的未来做出贡献。我们正在以"中国速度"加快发展步伐,将大众汽车转型为一家以软件为导向的公司和可持续移动出行的提供者,智能互联电动汽车将成为引领未来的力量。

2024年是大众汽车集团进入中国市场的第40年。我们秉持"在中国,为中国"的战略,未来将在这里开发更多技术,加大对合肥的投资力度,以扩大本地发展能力。

我们加快了步伐,设定了具体的目标和措施以持续减少碳排放。大众汽车集团(中国)的愿景是成为全球领先的可持续移动出行提供商和环境保护的典范。大众汽车集团(中国)正在积极实践"走向零排放"的环境使命宣言,系统且可验证地减少产品和服务在整个生命周期中对环境的影响，支持中国的可持续发展并力争到2050年实现碳中和。

该书深入探讨了新能源领域的前沿问题，并从科学家、战略家和产业家的视角，探索了新能源技术的创新工程与产业化发展。它是宝贵的知识资源，增强了公众对可持续未来的理解，并构建了一个促进合作的重要平台。同时，该书也吸引了各界读者对中国可持续新能源发展的愿景和热情。在此，我鼓励并希望每个人都能从这本书中受到启发。

康诺一

大众汽车集团（中国）执行副总裁

2024年3月26日

附：序一原文

Dr. Ferdinand Porsche, one of our founding fathers, was an innovator whose ground-breaking designs made him one of the greatest figures in the automotive history. His ever first built was an electric vehicle as early as 1898 with a range of 50 km and was followed by the world's first hybrid car. This set the tone of our group's innovative DNA in sports, luxury and mass market vehicles, bringing mobility to the people. Currently, the automotive industry is at a crossroad of a new era, where brand new opportunities are generated by the change in individual mobility, the electrification of transport, and the emergence of new energy vehicles.

No other country has the speed of transformation and innovation in the automotive sector as fast as in China, which has long been the powerhouse of the international auto industry. We at Volkswagen want to contribute. We are accelerating our development at "China speed", transforming the Volkswagen Group into a software-oriented company and a provider of sustainable mobility where intelligently connected electric vehicles will drive the future.

The year 2024 marks the 40th anniversary of the Volkswagen Group's entry into the Chinese market. With our "in China, for China" strategy, we will develop much more technology here in the future, investing significantly in Hefei and expanding our local development capacities.

We have accelerated our pace and defined concrete goals and initiatives in reducing carbon emissions sustainably. A vision for Volkswagen is to be the world's leading provider of sustainable mobility and a role model for the protection of the environment. Volkswagen Group China is actively executing its "goTOzero" mission in support of China's sustainable development. We systematically and verifiably reduce our environmental impacts along the life cycle of our products and services. By 2050 at the latest, we want to be a net CO_2 neutral company.

This book dives into the frontier of new energy. It explores innovative engineering and industrialization of new energy technology from the perspectives of scientists, strategists, and industrialists. The book is a valuable source of knowledge, which enhances the public's understanding of a sustainable future, and builds an important platform of cooperation. Simultaneously, it attracts readers of all walks with a vision and enthusiasm for sustainable new energy development in China. I would like to encourage and hope that all of you will be inspired by this book.

序二

科技指数级进步是时代的大画面

国轩高科已举办科技大会多年了，不难发现，科技大会邀请的科技与产业界专家多集中在材料科学和数据科学领域。这也契合了在原子比特融合时代，材料科学和数据科学是没有“天花板”的黄金学科，同时也是新能源产业重要的技术底座。

回顾历史，从蒸汽机、内燃机到电动发动机，随着科学技术的涌现，人类文明发展的“引擎”在不断加速运转和翻新。过去的半个多世纪，同样是一个技术“井喷”的时代。从第一代电子计算机每秒 1000 多次的计算速度，到今天的超级计算机能够以每秒几万亿次的计算速度运行，从真空管到晶体管再到CPU，算力已经提升了数万亿倍。过去四年的“百模大战”，大模型参数量以年均 400% 的增速复合增长，AI 算力需求增长超过 15 万倍。如同英伟达 CEO 黄仁勋所说：“未来的十年，算力将再提高 100 万倍。”科技指数级进步成为时代的大画面！

科技的指数级进步离不开“超级链接”。在科技创新活动中，超级链接让我们能够将数据与其他合作网络、站点或元素连接起来，从而不断提升信息交互的速度和效率。1983 年，摩托罗拉公司研发出了第一部商用便携式手机，其采用了贝尔实验室于 1947 年提出的理念：在“蜂窝”一样的设备中构建大量无线电发射塔，形成一个实用的无缝网络，使得低功率的便携式无线电手机可以在短距离内相连接。此后，手机用户的数量，即数据节点数量，开始跳跃式增长。

随着网络的持续扩张，新的卫星群为我们提供了更加便捷的连接方式。太空探索技术公司（SpaceX）和蓝色起源公司（Blue Origin）相继将数千颗互联网连接卫星送入近地轨道，从而提供了更高速的互联网服务。社会学家内尔·格罗斯（Neil Gross）在1999年便预测到了这个趋势，并在《商业周刊》上发表了一个著名的预测："在下个世纪，整个地球将覆盖一层电子皮肤。地球将利用互联网作为支架，来实现其感知的传递和处理。"今天，这种互联被我们称为物联网。

在互联网和物联网的浪潮中，尚有比如今的网络和数据规模更庞大的领域有待接入。正如未来学家凯文·凯利（Kevin Kelly）在《5000天后的世界》一书中所描述的一样："我们将在5000天后迎来崭新的巨大平台，世间万物均可以与AI连接，现实世界与数字化将完美融合……最终我们能够像搜索文本一样搜索物理空间。我们将把物体超链接到一个物理网络中，就像网络超链接文字一样，这会产生奇妙的效果，催生新产品。"不难看出，未来的科技创新和发展将伴随着一个显著特征：超级链接，其直接推动了科技的指数级进步。

科技创新所呈现出指数级而非线性的发展速度越来越明显，这里有两点学习心得与大家分享：

一是科技指数级进步将带来"技术引爆点"。引爆点的核心是指在某一现象发展或演变的某个阶段，一些看似微不足道的微小变化可能会产生与自身不成比例的后果。以GPT-4为例，无论在架构还是方法上，其与以前的模型并没有本质区别。尽管OpenAI在早期经过多年的努力成效起色甚微，但从GPT-1到GPT-4的发展速度却是出乎意料的快，随着海量语料、会话和用户的涌现，GTP-4在内容创意生成、对话、搜索或风格转换等方面表现出了近乎"无中生有"的能力。这背后是底层逻辑的变革：随着数据量和参数量规模的长期积累，在大规模的互动和协作中，简单的技术在某一时刻突然呈现出如同量子跃迁般极具爆发力的跳跃式变化，使得系统整体产生质变，获得更高层级的能力。复杂系统科学中往往用“涌现”一词来描绘这种现象。

今天，创新速度比以往任何时候都快。世界经济论坛创始人兼执行主席克劳斯·施瓦布(Klaus Schwab)在《第四次工业革命：转型的力量》中提出，速度只是第四次工业革命的一个方面，极速带来的规模收益也同样惊人。以1990年产业中心城市底特律与2014年的硅谷作对比，1990年底特律最大的三家企业的总市值和员工数分别为360亿美元和120万人；相比之下，2014年硅谷最大的三家企业市值高达1.09万亿美元，员工数量仅约为前者的11%，只有13.7万人。

二是大多数自然法则都是线性的，我们长期习惯于这种线性的思维方式，而难以适应“指数级”思维模式，一般难以理解科技的指数级进步规律。奇点大学创始人兼校长、Google技术总监雷·库兹韦尔(Ray Kurzweil)在《灵魂机器的时代：当计算机超过人类智能时》中提及这样一个故事：古印度舍罕王在寻找消遣方法时，一个名叫希萨的博学之士发明了国际象棋，国王感觉很新奇，答应满足希萨的任何需求。希萨说：“我只想要能够填饱我们一家人肚子的米就可以了。”他请求国王在棋盘的第一格里放一粒米，之后每一格里的米粒数量都是前一格的两倍。按照这个规律，最终摆满整个棋盘(共64格)需要1800万兆粒米。国王认为希萨在戏弄他，将他判以死刑。希萨也就成为了因人类不理解指数级规律而牺牲的第一个人。这个故事反映了人类在理解指数级增长规律方面的困难。

麻省理工学院教授埃里克·布莱恩约弗森(Erik Brynjolfsson)和首席研究科学家安德鲁·麦卡菲(Andrew McAfee)在《第二次机器革命》中认为，这一故事涉及一个重要的思想理念，即指数增长最终会产生令人惊愕的大数字，这些数字完全超出了我们的直觉和经验。换句话说，当事情发展到棋盘的后半部分时，它们会突然变得异常庞大。这表明，虽然指数在棋盘的前半部分很重要，但当接近后半部分时，其影响会变得巨大，事情的发展速度会急剧加快到大多数人难以理解的程度。

真正让人类第一次认识到科技可以呈指数级进步的是摩尔定律。早在1965年，英特尔创始人戈登·摩尔（Gordon Moore）就观察到了半导体尺寸稳步缩小的趋势，并预测计算机芯片的晶体管数量将每18～24个月翻一番。这一发现后来被称为摩尔定律。古印度舍罕王故事中提到的“棋盘的后半部分”可以作为摩尔定律的一个比喻。随着时间推移，指数级进步的速度会越来越快。如果从1958年半导体发明开始计算，到2022年我们已经处在第32个格子上——正好到达“棋盘的后一半”，创新加速和变革的规模可能迎来新的拐点和引爆点，正是惊喜出现的好时机。恰如2022年11月ChatGPT的发布，开启了人工智能新时代的起点。

我们知道，碳元素造就了人类文明，如今却也威胁着人类的生存。地球历经40亿年才形成的碳循环方式和速度，已被几百年来的人类工业化进程所破坏，如果气候继续恶化，其影响极有可能是灾难性的。那么，“双碳”行动如何影响我们的未来？我们该如何探索从未经历过的“零碳”之路？这些问题既涉及当下，更关乎未来。此书便是一位很好的“解读者”，围绕动力电池、材料科学、数智科技、储能技术等议题，收录了来自科技与产业界专家、学者精彩演讲中的各种视角与观点，这些内容值得我们共同分享与学习参考。同样，国轩高科每年举办的科技大会也值得我们期待和关注。让我们一起听科技之声，观世界之变。

陈晓剑

中国科学技术大学科技战略前沿研究中心教授

2024年3月20日

前言

新的能源变革持续深入发展,“双碳”是其战略目标,“零碳”是其终极使命。我们需要坚定不移地探索零碳之路,重塑能源产业的新时代。

重塑能源产业,发端于思想的引领。能源环保是时代的主题,“双碳”战略引领着变革。美国的《通胀削减法案》(IRA)、欧洲的碳关税和新的能源变革相伴而生。追求科技创新,践行“双碳”战略,已时不我待。如今,新能源产业群英荟萃,新的思想必将催生新的成果。重塑能源产业的过程必然以思想的革新为先导。我们要深刻思考:新的能源文明是什么? 新的能源文明材料是如何构成的? 新的能源文明是如何制造出来的? 新的能源文明的数字化方向在何方? 新的能源文明应用体系在哪里? 对这五大问题认知越深,推动能源变革的原动力就越强。

重塑能源产业,依赖于科技的进步。习近平总书记强调:“能源的饭碗必须端在自己手里。”伴随人工智能、材料科学、量子计算等科技创新,以及物理、数学、生物等领域的交叉互动,必将产生新的产业,涌现新的材料,走出新的路径。美国未来学家艾米·韦布(Amy Webb)曾言:“越是到了变革的时代,就越需要预见未来。”在瞬息万变的世界里要想长期获益,不能依赖“信息快餐”,而是需要在变革前夜敏锐地捕捉前哨声音,瞄准科技与产业发展的星星之火,在科技的快速发展中寻找产业突破的新方向。

重塑能源产业,仰赖于英雄辈出。纵观颠覆性技术,一个领域的主导者,往往难以在下一个时代舞台继续称雄。硬件时代的赢家，是IBM的创始人托马斯·约翰·沃森（Thomas John Watson），许多公司都希望与IBM抗衡，但没有一家成功，然而一瞬间，IBM被比尔·盖茨（Bill Gates）创建的Microsoft颠覆，因为计算机发展到了一个不再聚焦硬件而是更加注重软件的时代。而后，Google开拓了搜索引擎新天地；扎克伯格创造了全世界最大的社交媒体平台Facebook；OpenAI陆续推出了ChatGPT和Sora，引领了又一个新时代。今天的新能源产业，更需要发挥英雄的勇气，才能重塑未来。

重塑能源产业，企盼于年轻人定义。OpenAI公司87人组成的“AI梦之队”创造了震惊世界的ChatGPT。根据2023年《ChatGPT团队背景研究报告》显示，该团队中20~39岁的成员有78人，团队平均年龄为32岁，“90后”是这支团队的主力军。正是这些经常被认为研发经验不足的年轻人，在前沿科技领域取得了重大突破。我们要相信年轻人的力量。

所有重塑，皆为创新。美国未来学家凯文·凯利在《5000天后的世界》一书中，讲到科技是有生命的，一些尚处于萌芽状态、常被人忽略的科技创新将迸发出巨大的社会影响力。这正是我们出版本书的初衷。我们需要不断倾听科技的声音，追问：科技带来的无限可能性有哪些？

本书有幸邀请了新能源领域的30多位顶尖专家、学者，分享他们在该领域的深刻见解，探讨AI浪潮下的新能源创新。在此，我谨向参编本书的各位专家、学者及中国科学技术大学科技战略前沿研究中心，致以诚挚的谢意！愿本书能够使读者朋友获得新的科学启迪，加深对AI浪潮下科技前沿的了解。在这可预见的未来与可选择的当下，我们一同探索“零碳”这条人类社会从未走过的必走之路。

国轩高科董事长

2024年3月30日

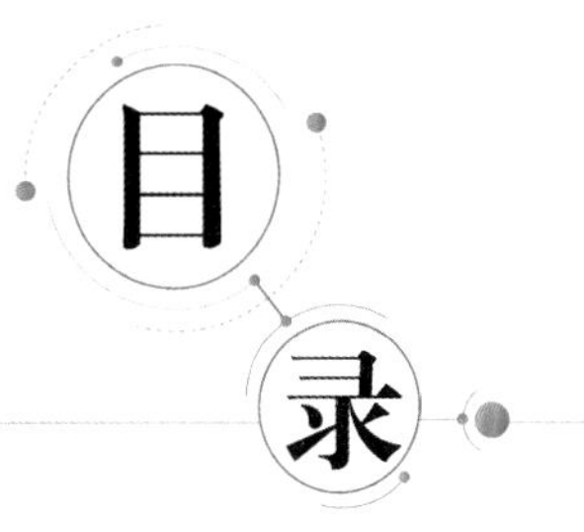

目录

材料科学：能源转型的有力支撑

数智科技：创新、改变与可能的未来

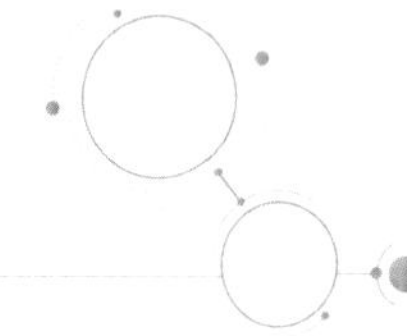

动力电池：引领电动汽车新时代

封东来

中国科学院院士

中国科学技术大学教授、核科学技术学院执行院长，国家同步辐射实验室主任。

长期从事凝聚态体系微观机理的实验研究，发展了电子结构测量技术，在揭示关联材料的实验图像和观测材料新奇性质等方面取得了系列原创成果；发现了电声子耦合与电子关联协同增强超导的新机制，为建立铁基超导理论提供了系统的实验依据，加深了对电荷密度波、重费米子和莫特相变体系的理解；给出了新型拓扑近藤绝缘体、外尔半金属和拓扑超导体中马约拉纳零能模的证据。共发表论文190余篇，他引17000余次，应邀在学术会议作报告百余次。

曾获联合国教科文组织侯赛因青年科学家奖、海外华人物理学会亚洲成就奖、中国物理学会叶企孙物理奖、国家自然科学奖二等奖、全国创新争先奖、何梁何利基金科学与技术进步奖、腾讯首期“新基石研究员项目”资助等。

同步辐射推动储能技术研发与产业升级

国轩高科第12届科技大会

同步辐射是一个大型的X光机，也是一项重要的科技基础设施，更是物理、化学、材料、电子、机械、工程等多学科前沿科技交叉的产物，能够为未来研究提供重要的帮助。如果互联网是“信息的高速公路”，大型科学装置则相当于“科技的高速公路”，对科技发展具有重要支撑作用。例如，合肥的托卡马克人造太阳、贵州的天眼望远镜等(图1)，这些装置都是为了实现可控核聚变或观测遥远宇宙而建造的，而同步辐射装置则可以用于物理、化学、材料、能源、生命等众多研究领域。

图1　重大科技基础设施部分案例

这些重大科技基础设施主要应用于基础研究，但事实上它们在许多产业和应用领域都起到了重要作用。例如，用以研究量子计算机、开发航空发动机、制备药物等。先前，中国科学家利用同步辐射装置解析了新冠病毒中的一种蛋白质结构，从而帮助设计出了可以螯合这种结构的小分子药物。

全世界目前有50多台同步辐射装置在运行，科技发达的国家基本都拥有这种设备。例如，我国拥有北京、上海和合肥三个同步辐射装置。每年全球有超过10万人次的用户利用同步辐射装置开展研究，其中包括动力电池研发领域的研究者和应用者。

同步辐射的发展：历经四代

一百多年前，德国物理学家威廉·康拉德·伦琴（Wilhelm Conrad Röntgen）发现了X射线，这一发现使得人类可以看到以前未曾见过的事物。例如，人类通过成像技术第一次看到自己的骨骼；通过散射技术看到DNA的双螺旋结构，为遗传生物学的迅速发展奠定了基础；通过谱学和化学分析方法研究材料的成分。然而，尽管如此，X射线的强度仍然相对较弱。

经过六七十年的发展，一、二、三代同步辐射装置的问世使得光的强度相较于过去的X光机提高了10个量级，超过其100亿倍。这使得我们可以进行更加精细的研究工作。例如，研究小鼠体内的微血管结构、复杂的蛋白质分子结构，以及量子材料和拓扑材料的能带结构等。

从物理原理上看，同步辐射是一种电磁辐射现象，实际上它起源于高速运动的电子束在通过磁场或电场时，由于受到电磁力的作用，其运动轨迹发生弯曲所产生的辐射。这种带电粒子的偏转和辐射过程是以接近光速进行的，因此发出的辐射也是光的一种形式。同时，同步辐射覆盖了广泛的光谱范围，能够覆盖从红外到紫外再到X射线的范围（图2）。不同能量区域可以解决不同的问题，例如合肥先进光源属于低能量区，关注电子状态和化学状态，可以利用它来研究电极的充放电过程。而中高能量区则用于研究物质结构，可以利用它来观察整个电池内部的结构变化，不需要切片。例如，北京的高能光源HEPS可以利用成像技术进行电池失效研究等。

就像转动一把雨伞时雨滴会顺着切线方向被甩出一样，同步辐射光也会以电磁波的形式被甩出来。当电子的运动轨迹发生多次改变，就像开车经过连续弯道时会产生更强的光，这便是第三代同步辐射的原理。如图3所示，红色的内圈代表磁结构布局，电子在其中运动，我们称之为储存环；蓝色的外圈代表同步辐射X射线，这就是同步辐射装置的形状。每个切线方向都会产生很多光束，可服务于化学、材料或生命科学等各类研究。

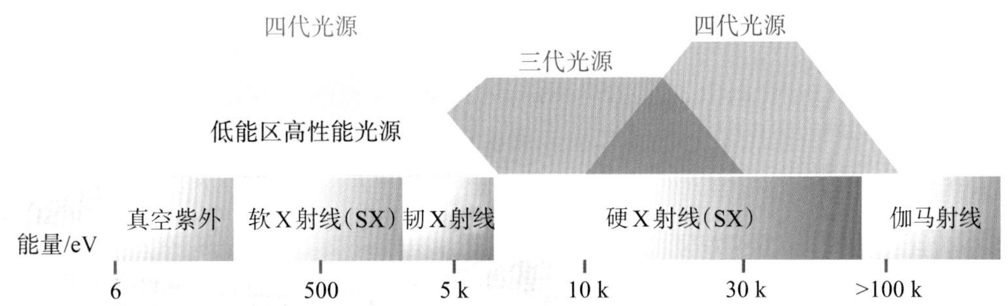

图2　我国同步辐射光源能区分布

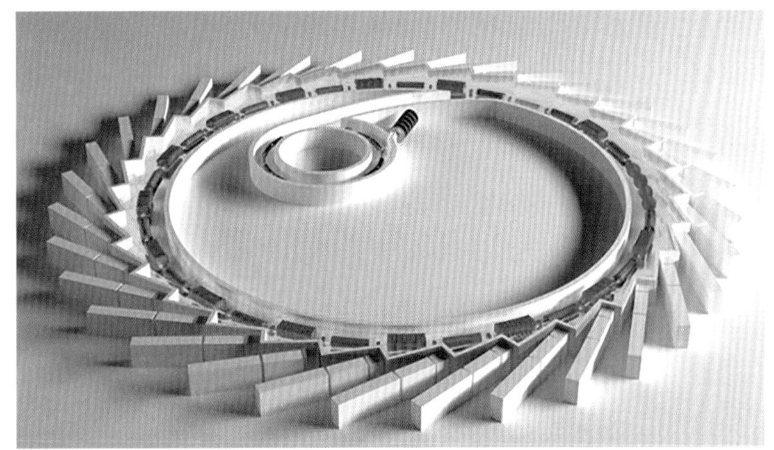

图3　同步辐射示意图

位于中国科学技术大学西区的合肥光源是第二代同步辐射光源。最近十年里，第四代同步辐射技术出现了，这将带来一个新的飞跃，特别有益于电池等复杂体系的研究。第四代同步辐射光源上电子的聚焦能力得到进一步提升，使得光的亮度和相干度提高了几百倍，能够实现复杂体系电子态、化学态、轻元素结构的精确测量。这一提升相当于实现了从日光灯到激光的质的飞跃，并且带来了许多新的功能。

我国光源能区布局

我国的同步辐射光源分别位于合肥（低能量区）、上海（中能量区）和北京（正在建设中的高能量区）。正在建设中的合肥先进光源周长为480 m、能量为2.2 GeV。建成后，它将成为低能量区国际最先进、亚洲唯一的第四代同步辐射光源。

合肥先进光源将建设35条光束线站，主要关注电子结构和化学状态等低能量区需要解决的问题，并对其进行最精确的测量。目前，同步辐射在产业研发中的应用不到10%，日本、美国等发达国家的产业应用可能略微多一点。未来，一旦合肥先进光源问世，它将有能力解决复杂系统的问题，预计用于产业研发的比例将达到30%。

合肥先进光源的科学目标是发挥第四代同步辐射高亮度、小光斑、高相干性的优势，在能量、动量、空间、时间等维度提升谱学、成像、衍射技术的探测精度，并形成新的实验方法。过去，同步辐射研究主要集中在一些比较理想的体系，如单晶均匀体系。如今，第三代同步辐射光源已经能够研究更加复杂的体系，如电池颗粒的动态充放电过程等。未来，随着第四代同步辐射光源的出现，我们可以以纳米级精度对电池进行研究。

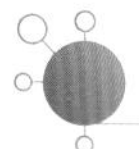

同步辐射光源在电池研究中的应用

一方面，我们要明确同步辐射光源如何帮助开展电池研发，首先要考虑电化学储能领域的几个关键问题，如表界面问题、电极颗粒问题、极片问题，以及电芯中的基础科学问题等。通常，科研工作者遇到一些研发难点，往往是因为他们对电化学反应基础过程不了解，这时就对表征方法提出了更高的要求，如表面敏感、体相敏感、空间分辨、多技术联用等，还有些需要在真实工况下观察电化学动态反应的过程。此外，电化学反应是以电池材料为基础，如高端电池的正负极材料、隔膜和电解质等材料，需要满足高能量/功率密度、长寿命、低成本、高安全性等方面的要求，其中会涉及锂枝晶、体积膨胀、结构变异、有害相生成等问题的研究。

另一方面，对于从事固体物理研究的科研工作者来说，正极材料源于强关联体系或氧化物体系，现在也称为量子材料。电池的充放电过程本质上就是阴阳离子的氧化还原反应。在此过程中，需要关注电子的获取方式、能级的改变以及对结构和价态的影响。基于此，只需要关注能带中费米能级附近低能电子的行为，就能够了解和解决我们关心的问题。

为研究这些低能激发的电子态，需要用到同步辐射的光谱，包括吸收谱、发射谱以及共振非弹性散射等。我们想要研究电池的动态行为以及时间、空间分布，从几十微米到几纳米的成像技术都可以使用。下面将按照不同的空间尺度列举两个更加具体的应用案例：

应用一：首先是晶格的尺度，也是最微观的尺度。目前商用的锂离子电池正极材料基本上都是过渡金属氧化物。在低电位下，通常只有金属离子参与反应；但在较高电位下，氧也会参与反应。然而，反应过程中产生氧气将是一种很严重的情况，这可能导致电池鼓包和失火等问题。但氧气参与反应也有一些优点，比如可以增加容量。因此，我们希望氧气能参与反应，但不能过分参与，安全性在这里是一个重要的考虑因素。由于不同正极材料的电子态本质上是有区别的，所以氧的循环机理和反应机制都非常复杂，需要了解其电子态行为，来理解氧化还原反应的发生机制。这其中，晶格变化也非常重要，它与材料的破裂等问题密切相关。

从凝聚态物理角度来看，有两种绝缘体：一种是电荷转移绝缘体（C-T绝缘体），左边是氧的态，右边是过渡金属d电子态；另一种是莫特绝缘体（M-H绝缘体），两边都是过渡金属d电子态。磷酸铁锂电池的循环机理可以用M-H绝缘体理论进行解释（图4）。通过发射谱和吸收谱可用以研究它的d能级。在磷酸铁锂电池材料中，最低未占据能级和最高占据能级都是过渡金属d电子态（图5）。这说明在充放电过程中，只是d电子的填充状态发生变化，由于氧的参与度非常弱，因此材料不会析氧。这是磷酸铁锂被认为是非常安全的电池材料的主要原因。电池中的材料需要尽量避免将C-T绝缘体作为母体，而应该选择M-H绝缘体。

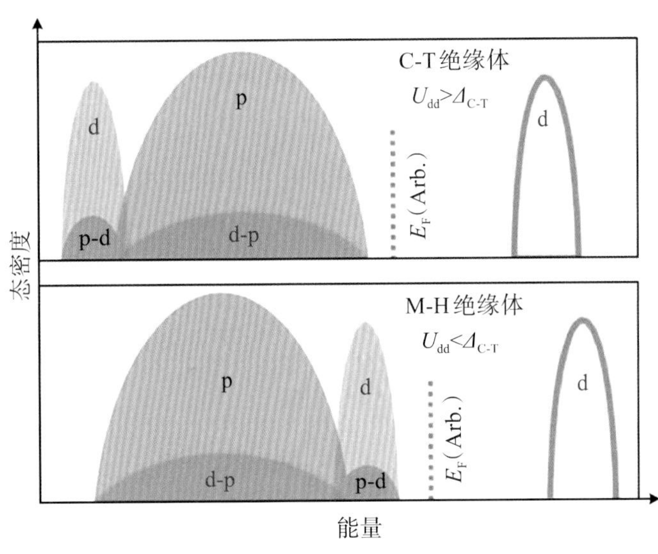

图4 C-T绝缘体和M-H绝缘体（金属d电子和氧p电子）

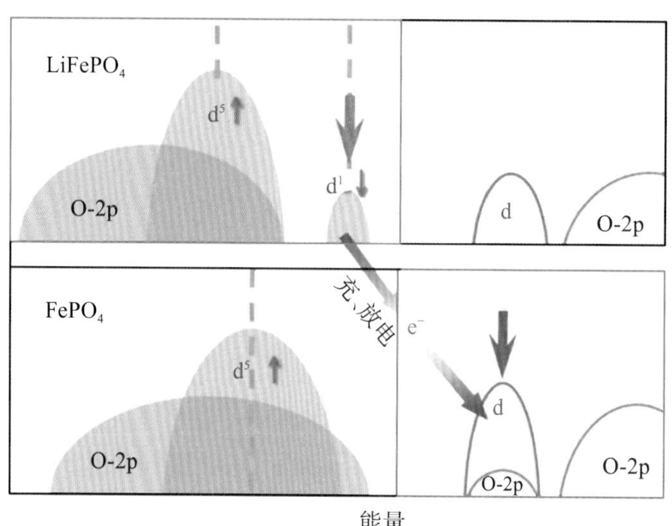

图5　磷酸铁锂充放电过程的能级填充示意图

当然，有些材料由于具有其他方面更好的性能，比如更高的容量，即使析氧，也会被使用。聚焦正极材料中的产气机理，可以发现锂镍锰氧化物通过氧离子的转移充电，但是如果将锰替换为钌，它就不会产生氧气，只会产生二氧化碳。其原理来自美国劳伦斯伯克利国家实验室的重要成果：杨万里博士利用共振非弹性X射线散射（RIXS）确定高电压产氧的关键能级，通过200 meV的分辨率找到了氧的化学态，符合析氧的特征。英国钻石光源高分辨RIXS谱仪的出射臂长达12 m，能量分辨率更高，不仅看到了杨万里发现的氧化学态，还看到了氧气的振动能级，证明了其中产生的氧不是晶格氧，也不是氧离子，而是氧气。新一代合肥先进光源可以进一步了解整个氧化还原过程的离子和微观机理，从而指导优化电池工艺。

应用二：以层状富锂铬锰氧化物为例（图6），如果将其制成有序结构，那么其比容量可以达到300 mA·h/g，且在低电压的放电百分比为48%；如果将其制成无序结构，即其中的阳离子具有一定的无序性，那么根据充放电曲线，其比容量可以达到近400 mA·h/g，且在2 V以上的电压下放电百分比为79%。通过X射线近边吸收谱，可以观察到锂原子进入时Cr^{3+}和Cr^{6+}（元素价态）的转换。更重要的是，如果将其制成无序结构，Cr在充电时从八面体位置迁移到四面体位置，放电时回到八面体位置，这种充放电时的可逆迁移可以增加比容量。因此，我们就可知晓为什么这种材料的无序性反而有助于提高电池比容量。

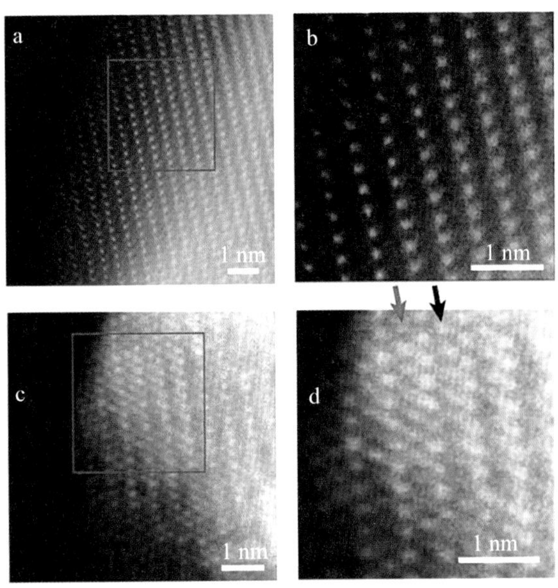

图6　层状富锂铬锰氧化物中的无序阳离子

钠离子电池价格相对低廉，也有其特殊的储能用途。Cr在钠离子电池中起到独特的作用，它是一种不变价的元素，在充放电过程中不参与反应。如果只有硫的价态发生变化，那么电池的比容量就比较低。有趣的是，掺杂Ti后，通过X射线光谱可以发现初始时Ti的价态发生了变化，然后保持不变，此时电池的比容量从100 mA·h/g增加到150 mA·h/g，提升了50%。这就是晶格尺度，也就是原子尺度的应用案例。

全固态电池以其高安全性和大容量等显著优势备受关注，然而，其界面设计问题依然是研发过程中的关键挑战之一。在全固态电池的结构中，正极材料与固态电解质的相互作用至关重要。以三元锂电池(NCM)为例，我们可以通过球磨工艺将电解质均匀涂覆在正极材料表面。不过，随后的烧结过程可能会触发复杂的固态反应。为了深入了解这些复杂的界面离子交换机制，我们可以采用两种主要的测量方法：一是通过全电子产额(TEY)测量来探测表面层面的变化；二是通过全荧光产额(TFY)测量来监测更深层次的变化。结合先进的计算模型和数据拟合技术，我们可以精确确定关键参数，并据此预测未来的工艺优化方向，为全固态电池的研发和应用提供坚实的科学基础。

一般情况下，我们可能会认为固态电池中的锂枝晶较少。然而，实际上锂枝晶也会在固态电池中形成并能穿透固态电解质。我们将电池从侧面切开后就可以看到锂枝晶的生长过程。当前的研究进展表明，通过在固态电解质表面沉积一层硫化钼涂层，可以在锂离子出现时促使其转化为硫化锂，从而有效阻止了锂枝晶的生成。

此外，研究发现提高电压可以加快化学反应速率，这使得在高电压条件下，电池具有更高的安全性并能降低界面电阻等。谱学分析揭示了由界面局域电场引发的自发转换反应，这不仅有效抑制了锂枝晶的形成，还有助于降低界面电阻。

从整个颗粒尺度来看，当磷酸铁锂材料的价态发生变化时，通过同步辐射技术观测其动态演化过程，发现该变化实际上是一个固溶反应。更有趣的是，这种固溶反应并不是持久的，放置一段时间后，它会逐渐恢复到相分离的状态。这一发现解决了过去的理论盲点，为我们理解和控制固态电池中的复杂电化学-力学过程提供了新的视角和方法。

未来，我们可以利用同步辐射技术在多方法、多尺度、多维度上对电池进行深入研究（图7）。例如，合肥先进光源将争取实现3 nm尺度立体动态的研究，类似的应用包括对锂钴氧材料的充放电性能研究。研究表明，充电速率越快，材料的恢复速率越慢，充电速率和材料的恢复速率之间存在反比关系。在负极和正极材料中，不同的化学价态层层叠加，宛如洋葱的层状结构。随着充放电循环的进行，颗粒会经历不断的扭曲和破裂，这一现象对电池性能极为不利。为了应对这一挑战，我们对材料表面进行特殊修饰，形成能够吸附阴离子的保护层，以保持颗粒在多次充放电循环后的完整性。本研究运用了X射线衍射和散射技术，深入分析颗粒结构和化学价态与颗粒破裂之间的联系，以寻找解决颗粒破裂问题的有效途径。

总之，针对电芯尺度的研究对于理解电池退化机制非常重要。通过结合不同的实验手段，如断层扫描成像、谱学显微成像和透射电镜等，我们可以更全面地了解电池内部结构和失效原因。研究越复杂的课题，就越需要组合多种实验手段。在研究"18650电池"的机械性能及其分层、破裂、脱落过程中，X射线技术被用来确定故障位置，同时，纳米级别的成像技术则被用于观察分层颗粒的具体特点，包括碎片尺寸和制造过程中的均匀性等。

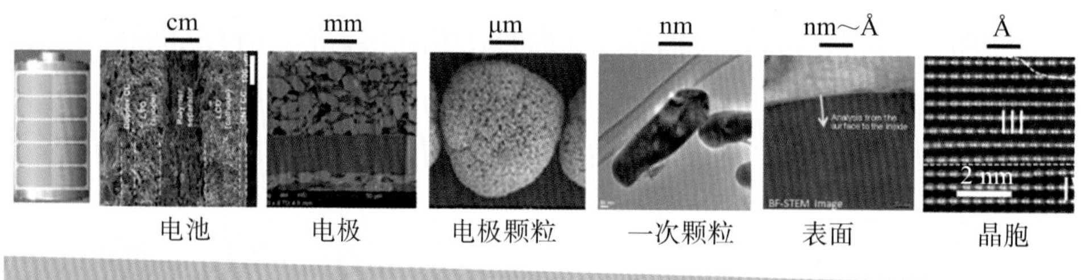

图7　电池的多尺度成像技术

同步辐射技术提供了十几种不同的实验手段，我们可以从各种尺度开展研究，以帮助我们深入理解复杂的体系。电池只是其中的一个应用领域。然而，我们也需要认识到，尽管同步辐射技术在电池研究中扮演着重要的角色，但它并不是万能的。在某些情况下，我们可能还需要借助中子散射等其他技术手段来进行研究。

合肥先进光源的发展

随着技术的不断进步和应用的不断拓展，合肥先进光源将能够提供更加强大、灵活和高效的研究工具，能够为材料科学、生命科学、环境科学等领域的研究提供更合理的解决方案。我们现在使用的是低相干的X射线技术，而未来将使用高相干的X射线技术。通过使用更高相干的X射线技术，我们可以轻松实现几十纳米的聚焦和几纳米级别的相干散射成像研究。这将有助于提高实验的精度和分辨率，从而更好地揭示材料的微观结构和性质。

此外，我们还将进一步提高合肥先进光源的实验效率。目前，一些复杂的实验需要花费数天甚至数周的时间来完成。但随着技术的进步和应用的优化，未来可能只需要几小时就可以完成同样的实验。这将大大提高研究人员的工作效率和研究成果的产出速度。

未来，我们将会进一步布局合肥先进光源。目前，新一代合肥先进光源已经布局了10条线站，并计划在未来增加到35条，其中就包括吸收谱和散射等实验方法。此外，在未来将建设的25条线站中，我们也期望其中多条线站能与地方政府或产业界合作，共同推进同步辐射技术的应用和发展。

可以预见，合肥先进光源不仅是探索微观世界的“大眼睛”，也是推动产业升级的“高速公路”。

孙学良

中国工程院外籍院士

世界著名的能源材料领域顶尖科学家，加拿大皇家科学院院士、工程院院士、韦仕敦大学前杰出教授，宁波东方理工大学（暂名）讲习教授，国际电化学能源科学院（IOAEES）常务副主席，*Electrochemical Energy Review*主编等。

研究主要围绕新型材料的开发，以及其在电化学能源转化和储存系统中的应用，覆盖了从基础科学到纳米应用技术、再到新兴的清洁能源工程范畴，研究领域包括固态电池、二次液态电池和燃料电池等，重点从事锂离子电池、固态电池和燃料电池的研究与应用。截至2021年11月，先后在*Nature/Science*子刊、*Adv. Mater.*、*J. Am. Chem. Soc.*、*Angew. Chem. Int. Edit.*、*Energy Environ. Sci.*发表论文600余篇，总引用次数66000余次，H因子为135。编写4本英文图书，参与撰写18本英文著作的章节，先后获得11项美国及国际专利。2006年获得加拿大创新基金奖、加拿大创新基金集体奖和加拿大安大略省青年科学家研究奖，2007年获得加拿大首席科学家研究奖，连续6年（2018—2023年）入选科睿唯安全球高被引科学家，2020年与2021年入选全球前2%顶尖科学家（终身科学影响力）。

全固态电池的机遇与挑战

国轩高科第12届科技大会

在探讨下一代固态电池的发展之前，我想先与大家分享本人在2022年底至2023年初近两个月的经历。在此期间，我访问了多个燃油汽车、电动汽车以及动力电池企业，并与各企业的研发团队重点围绕固态电池的发展相关课题进行了深入的讨论。我深感中国在固态电池研发方面的投入巨大，尤其是该领域内聚集了众多高端人才，将工程推向极致。在固态电池领域，中国通过加强校企合作，实现固态电池技术成果转化应用，从而推动中国在全球固态电池市场中占据有利地位。

固态电池产业化发展之路

目前，国轩高科在磷酸铁锂电池领域处于领先地位，并为此做出了巨大的贡献。于我个人而言，已在此行业有十年的实际工作经验。我曾与加拿大的一家全栈技术有限公司（Full Stack）进行合作。当时，他们向我们反映了一些批次性问题，希望能找出其中的原因。于是我们团队启动了一个项目，这个项目主要研究的是：当电导率增大时，碳包覆材料界面上发生的情况。在磷酸铁锂体系中，存在一个复杂的相图，这导致在材料的界面表面形成众多不同的物质，因此，我们需要观察这些物质对电池性能的影响。我们团队从2009年开始进行这项工作，并取得了两项显著的研究成果。首先，我们发现碳包覆材料在几百摄氏度的还原气氛下，会产生一种新的相，即杂质相，这种相与产品性能直接相关。其次，我们在2018年研究中发现通过控制整个碳包覆材料和磷酸铁锂表面，可使其产生导电相。进行碳包覆的目的是提高界面导电性。从这个角度来看，界面非常重要，尤其是在几百摄氏度的还原气氛下这一作用更为显著。在此，我们要感谢约翰·古迪纳夫（John Goodenough）先生对该项目的宝贵贡献。

正如欧阳明高院士曾提到的，中国目前正引领着电池领域产能的发展，同时也应该继续引领下一代电池的发展。而固态电池则被视为下一代电池。众所周知，固态电池首要考虑的是安全性，其次是能量密度。由于目前使用的有机可燃电解液存在一定的安全隐患，亟须寻找更好的解决方案。据欧洲学者的报告，相较于其他锂硫体系，固态电池在体积能量密度和质量密度方面表现出色，它具备更为全面的能量密度优势。

预计在2025—2030年的关键转型期，现行电池技术将进化至下一代。除了高安全性和高能量密度，全固态电池还具备出色的低温性能和快速充电能力等优点。如今，全球范围内已有多家公司致力于全固态电池技术的研发和推广，包括来自北美洲、欧洲以及亚洲的公司，例如丰田和三星等。过去十年，中国在这一领域快速发展，至今已举办了八届全固态电池会议。

除了全固态电池的研发，我们团队也在开展准固态电池的研究工作。中国在这一领域已经处于非常前沿的位置。包括赣锋锂业在内的多家企业正聚焦在该领域，并积极开展研发工作。预计在2025—2027年准固态电池将实现产业化，在2025—2030年准固态电池有望实现商业化。

近期，欧洲发布了一项关于2035年固态电池的报告，该报告主要涉及固态电池的发展路线图（图1），包括期望目标、市场容量、应用场景、集成以及关键指标等。固态电池的发展过程可以分为四个阶段：短期（2021—2025年）、中期（2025—2030年）、长期

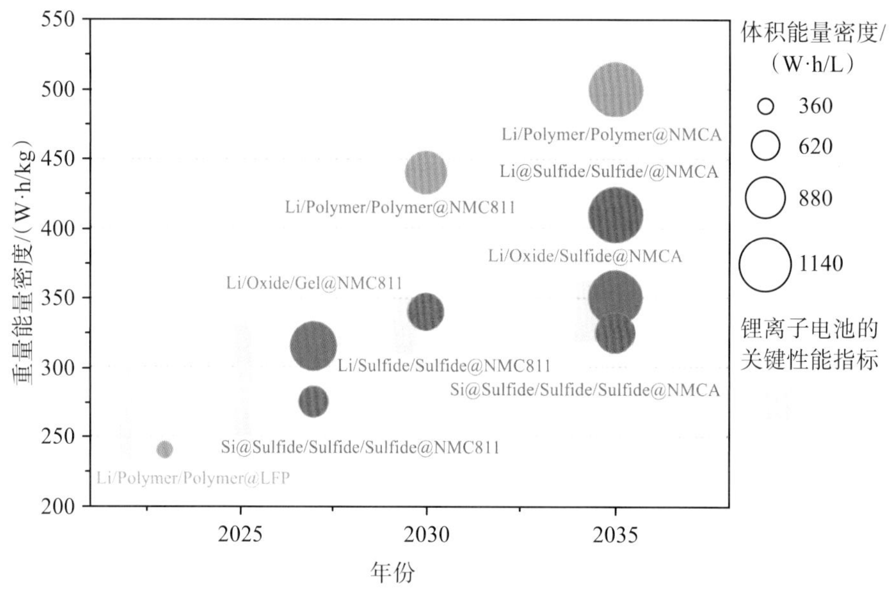

图1 固态电池的发展路线图

(2030—2035年)以及愿景阶段(2035年以后)。其中,有三个时间节点值得关注,分别是2025年、2030年和2035年。预计到2025年,第三代电池的能量密度将达到350～400 W·h/kg;而到2030年,第四代电池的能量密度将达到400～500 W·h/kg。

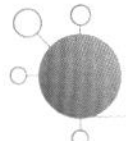

全固态电池面临的挑战

全固态电池具备高安全性和高能量密度等优点,同时也面临诸多挑战。这些挑战主要体现在三个方面:一是固态电解质本身;二是电池的界面,包括正极界面和负极界面;三是实现固态电池商业化。在正极界面方面,存在着应力应变、界面扩散、电化学反应等诸多问题,其中包括界面包覆和SEI膜控制等。此外,界面快速离子传输能力对电池性能至关重要,界面的机械性能、韧性和腐蚀性能等方面也都需要得到妥善处理。在负极界面方面,需要重点关注金属锂,包括其枝晶生长、体积变化和化学反应等问题。

目前,固态电解质体系主要包括聚合物、氧化物和硫化物,它们需要满足许多指标要求,例如离子电导率、稳定性和正负极的反应等相关指标。就聚合物而言,室温下的离子电导率相对较低,因此需要在较高温度下进行操作。而陶瓷型的氧化物由于其界面和装置的制作都颇具挑战,因此出现了准固态或半固态的体系。此外,硫化物虽然具有高离子电导率的优点,但空气稳定性差与正负极界面反应等问题仍然存在。单一体系很难解决所有问题,因此,许多研究团队正致力于开发复合电解质体系,以利用各自的优点来满足种种条件。

全固态电池研发面临着材料、界面及工程化方面的挑战。具体而言,材料问题主要体现在缺乏高性能固态电解质,包括离子电导率不足、电化学窗口窄、成本高、环境稳定性差等;界面问题主要是存在巨大界面电阻,具体体现在界面电荷转移、界面固-固接触、机械应力、锂枝晶等方面;工程化问题主要集中于固态电芯制造困难,具体体现在制造压力、固态电极技术、化学兼容性、连续化生产等方面。

(一) 材料方面

材料方面的问题主要涉及固态电解质体系,包括氧化物、硫化物和聚合物体系。目前,开发高性能的新型固态电解质可通过比较不同电解质的离子电导率、电化学窗口等特性(图2)实现。其中,硫化物电解质的电化学窗口非常窄,这意味着它们只能在有限的电压范围内工作。相比之下,卤化物电解质是一种新型电解质,具有较高的电化学稳定性和较宽的工作电压范围。通过比较硫化物和卤化物的电解质特性可知，硫化物虽然在离子电导率方面具有优势，但其空气稳定性较差，存在对正负极的包覆需求。而目前新型卤化物的离子电导率已经与液态电解质相当，并且具有较好的空气稳定性，不需要包覆即可使电池正常运行。因此，新型卤化物电解质只需解决负极问题，与传统卤化物电解质相比具有一定优势。

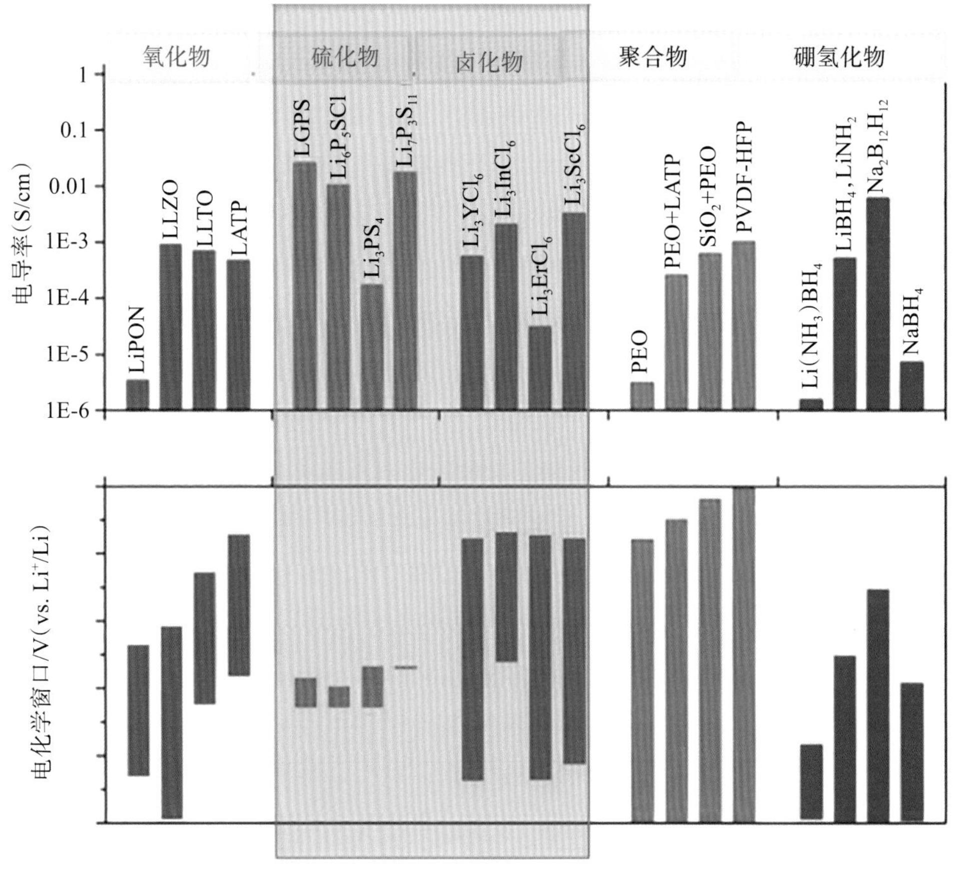

图2　不同电解质之间的比较

以下是一些典型的例子，展示了近四年来国内外在卤化物固态电解质领域所做的重要工作：例一，中国科学技术大学姚宏斌课题组在*Nature*杂志上发表的文章中提到一种对金属锂稳定的卤化物电解质；例二，松下公司于2023年4月开发出一种高离子电导率体系，其离子电导率达到10^{-2} S/cm；例三，加拿大滑铁卢大学琳达·纳萨尔(Linda Nazar)教授开发出高压可匹配的卤化物电解质；例四，中国科学技术大学和韩国的研究团队正在开发更便宜的电解质体系；例五，德国的两个研究团队，一个致力于研究结构和性能之间的关系，以进一步优化电解质的性能，另一个则专注于研究电解质的界面问题；例六，美国的两个研究团队，分别由美国劳伦斯伯克利国家实验室赫布兰德·希德（Gerbrand Ceder）教授和美国马里兰大学莫一非教授领导，通过计算来指导卤化物固态电解质的开发。由此可见，在全球范围内，众多学者针对卤化物固态电解质领域已经进行了大量的研究工作。

在卤化物固态电解质领域，首要任务是控制好材料结构并开发出优质的电解质。这涉及多种方法，包括固相法和液相法等。我们团队通过球磨法合成出了不同的结构，特别是开发了一种水溶液方法，当前已能够进行数千克至数十千克规模的量产。在这一领域，我们团队与国家动力电池创新中心合作多年，并共同开展了一系列工作。首先，合成优质材料，并严格控制结构，以提高其离子电导率和稳定性。这项工作已经迭代了两代：第一代成果将离子电导率提高到了 10^{-3} S/cm，第二代成果正在将离子电导率向 10^{-2} S/cm 的目标迈进，从而使这种材料更好地发挥作用。其次，我们团队将开发后的电解质展示在各个体系中，比如在软包下的锂离子电池、锂氧电池、锂硫电池等。同时，我们团队也在持续总结过去的工作和成果，不断探索今后的研究方向。

接下来，举例展示我们团队在该方向上所做的工作：

(1) 球磨法合成以后如何实现材料的批量化生产。批量化生产依赖于新的合成方法，因此我们团队利用水溶液方法合成了带结晶水的锂铟氯（Li_3InCl_6）。通过简单的退火处理，在室温下其离子电导率达到 10^{-3} S/cm。这种材料非常稳定，经过合成后放入水中稍微加热，离子电导率不会发生变化。最初，我们团队只是小规模地制备材料，后来通过与国联汽车动力电池研究院有限责任公司（简称：国联动力）的合作逐渐实现了数十千克规模的量产。如今该材料已开始商业化，在衢州市柯城区就能买到该材料。同时，模具电池（全电池）可展示这种电解质的应用，证明其工作性能。需要注意的是，这种电解质与正极不需要包覆，负极需要包覆，因为它对负极的稳定性还不够。

(2) 在上述水溶液合成方法基础上，继续思考其能否适用于多种化合物的合成。例如松下公司采用球磨法和共溶法制备了锂钇溴（Li_3YBr_6）等电解质。于是我们团队尝试采用水溶液法合成，并进行了实验，结果发现不可行，原因在于这些体系中存在着影响离子电导率的杂质相。

为解决合成过程中的问题，我们团队发现了一个有效的方法：在合成过程中引入氨。氨的特性可以帮助去除杂质，将杂质相变成纯相。这是一个非常有价值的发现，因为它不仅适用于解决当前的合成问题，而且根据我们团队的研究发现，周期表中的许多元素材料都可以通过这种方法进行合成。通过深入分析电池的性能，尤其是其机理表现，我们得以揭示该体系中离子传导性异常高的根本原因——这很可能与离子传输过程中所经历的应变效应有关。

基于此，我们团队开始探索能否开发出新的电解质体系。最近，一项开创性的研究揭示了一个全新的材料体系，其中涉及的元素在周期表中呈现出6配位和9配位的独特结构。其中，6配位的结构与松下公司采用的构型相一致，涵盖了从四面体到四面体，以及四面体到八面体的构型。而9配位的结构实际上对应着一种一维结构。经研究发现，其他氯化物也具有一维通道，通过利用一维通道的特性，可以有效地提高离子传导性能，并实现良好的界面匹配性。此外，我们团队还与莫一非教授合作，通过计算发现许多体系的离子电导率可以达到10^{-3} S/cm，这一发现进一步证实了一维通道在提高离子传导性能方面的优势。同时，通过展示电池的性能，也为这种新型固态电解质的应用提供了有力支持。

最后，与松下公司采用锂钽氧氯（$LiTaOCl_4$）晶态结构实现10^{-2} S/cm离子电导率不同，我们团队近期的研究方向是开发非晶态的球磨法，通过球磨工艺获得了高达6.6×10^{-3} S/cm的离子电导率。因此，这种电池的循环寿命能够达到2400次充放电周期，并且能保持90%的原始容量，显示出非常优异的性能。它不仅在室温下表现出色，在低温下也能保持良好的性能。实际上，许多研究者都在深入探索这个方向。在早期，我们研究的离子电导率非常低，但经过过去四年的不懈努力，我们团队已成功将其提升至10^{-3} S/cm。我曾在一篇综述中表示，终有一天，我们会将离子电导率从10^{-3} S/cm提升至10^{-2} S/cm。而今，这一目标已然实现，达到了10^{-2} S/cm的水平。未来，我们团队有信心将这一性能再次提升10倍。鉴于离子电导率直接影响到电池的低温性能和快充性能，这对推动电动汽车等领域的发展具有重要意义。

实际上，进一步提高固态电池离子电导率的方法有很多，包括控制结构、电化学窗口的变化，以及寻找更便宜的替代材料等。需要着重强调的是，目前，一些新型固态电解质材料的成本较高，限制了其商业化应用的推广。因此，研究人员需要寻找具有良好性能且价格相对较低的材料，以满足市场需求。未来的目标是将固态电池性能成本进一步降低，这是一个关键性的突破。因此，我们希望更多的研究团队能够加入固态电池的研究中来。在这个过程中，工业界的参与非常重要，因为它们能够将这些研究成果转化为实际的产品，并推动固态电池的商业化进程。

（二）界面方面

全固态电池要达到良好的性能，还需解决界面问题。在正极界面的研究方面，日本和韩国的研究成果均表明，卤化物电解质对正极材料具有极高的稳定性。通过比较发现，硫化物电解质在未包覆的情况下首次充放电效率为84%，而卤化物电解质在未包覆时首次充放电效率可达到94%。同时，韩国研究组还展示了多晶和单晶正极材料在卤化物中的稳定性要优于其在硫化物中的稳定性。这些研究结果显示，我们无需过分担心正极的界面问题。莫一非教授的计算结果也表明，与硫化物相比，卤化物电解质具有更好的空气稳定性。此外，我们团队利用水溶液合成方法，可以原位合成正极材料并将电解质直接包覆在正极表面。这种包覆方式可以减少固态电解质的使用，增加活性材料的比例，从而提高电池的能量密度。

负极界面的研究对固态电池的发展至关重要，目前正面临着严峻的挑战，尤其是如何改善金属锂负极的稳定性和循环寿命的关键问题。虽然卤化物电解质的电化学窗口在正极4.2 V时保持稳定，但如果负极无法达到0，那就意味着卤化物电解质的电化学窗口不够稳定，需要开发新材料。从卤化物转向氟化物的研究能够使负极的电势更接近0，并且更靠近金属锂稳定工作的方向。赫布兰德·希德（Gerbrand Ceder）教授通过计算发现，在0附近，存在一些潜在的电解质可供开发，例如一种被称为锂氧氯的反钙钛矿型电解质。我曾在一篇综述中提及，反钙钛矿型电解质对金属锂表现出极高的稳定性。反钙钛矿属于锂氧类材料，约翰·古迪纳夫先生亦对其进行了研究，并证明了其优异的稳定性。然而，反钙钛矿型电解质具有吸水性，这会导致很多问题，尤其是在离子传导控制方面。因此，我们期待未来有更多的团队能够投入这一领域，进行研发工作。

除了正负极界面材料的选择，在界面控制方面，同样存在许多挑战和要求。一个理想的界面材料应该是超薄且超均匀的，具备良好的离子电导率性能，包括对电导的精确调控，以及出色的机械性能和耐蚀性能等，这些都需要在界面上加以控制。然而不论采用化学方法还是物理方法都不容易实现纳米级别的均匀性。

在过去的十几年里，我们团队致力于开发原子层沉积和分子层沉积技术。这些技术使我们能够通过合成、控制各种材料，在正极表面发挥良好的作用。这两种技术基于不同的原理，即原子层沉积对应无机材料，分子层沉积对应有机材料，通过有机、无机杂化，我们能够调控材料的各种性能。莫一非教授通过计算指出正极和负极的界面材料应该具有非常宽的电化学窗口。在正负极材料方面，我们通过采取各种途径与设计使其发挥出良好的性能，比如通过涂层与退火处理，或者在其基础之上再施加额外的涂层。目前，原子层沉积技术已从实验室阶段发展到吨级量产阶段，甚至一天可生产近30吨界面材料。我们团队希望在此领域能够继续取得突破，并期待能够真正实现大规模生产和应用。

（三）工程化方面

固态电池的商业化应用需要克服许多技术和工程上的挑战。其中一个重要的挑战是如何设计和制造出能够展示固态电池性能的软包。我们团队和国联动力团队在加拿大成立了联合实验室，并在过去的六年里一直致力于此项工作。随后，国联动力又在我们团队的孵化中心成立了一家固态电池公司。最近，我们双方又合作在广东佛山设立了一个固态电池研究中心，致力于推动固态电池技术的应用开发。

影响全固态电池高能量密度的一个重要因素是电解质与活性材料的匹配度。相较于活性材料，固态电解质占据的比例过大，会降低电池的能量密度。所以要尽量减少固态电解质比例，增加活性材料的比例，以达到高能量密度的要求。而制备超薄固态电解质膜可以减少固态电解质的比例。统计数据显示，当电解质膜厚度为100 μm时，能量密度较低；但当厚度降至20 μm时，能量密度却显著增加（图3）。

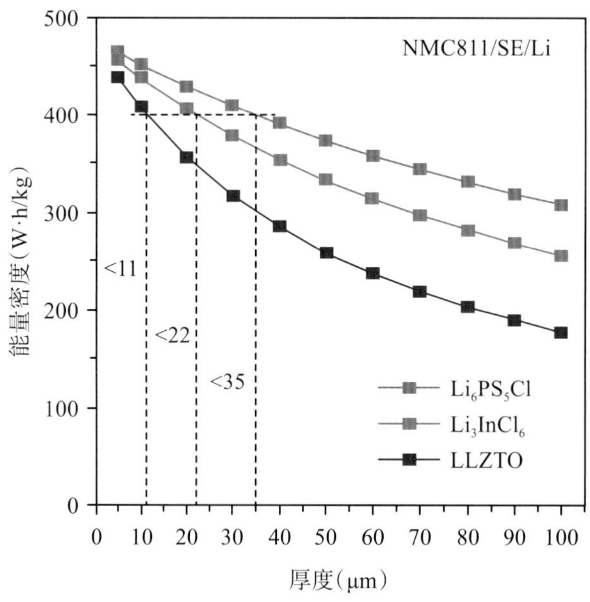

图3 电解质膜厚度对能量密度的影响

因此，科技部专门设立了一个专项资金，旨在探索如何获得超薄固态电解质膜。实际上，工业界已经有了包括溶液法和干电极法在内的各种制备超薄固态电解质膜的途径。例如，在干电极法中，一些不稳定的电解质体系避免了与水和溶剂的反应，因此这样的电解质体系具有一定的优势。我们团队正在与加拿大的固态电池公司合作开展这项研究工作。干电极法通过使用少量(<0.5%)自制的聚四氟乙烯(PTFE)，就能制成超薄电极，薄到可以透出清晰图像的程度，厚度仅为20 μm。利用这种方法可以很容易地制备氧化物电解质、硫化物电解质和卤化物电解质的超薄膜，从而实现软包电池的原型展示。然而，这项工作目前还处于概念验证阶段，需要工业界更多的参与来推动进展。

除了我们团队，其他团队也在进行相关工作。例如，姚霞银团队在中国科学院宁波材料技术与工程研究所开发卤化物电解质的超薄膜；吴凡团队在中国科学院物理研究所进行硫化物电解质的研究；佘林峰团队使用干电极法制备厚电极；德国团队利用“卷对卷”技术推进商业化进程，这对工业界来说是非常具有吸引力的，因为它可以实现材料的超薄制备。然而，在“卷对卷”工艺过程中仍存在许多挑战，尤其是裂纹的出现、机械性能的控制以及生产成本方面的问题，这些都需要各个团队共同努力来发展这个领域。

总结和展望

综上所述，固态电解质仍面临许多挑战，包括材料设计、电解质设计、界面设计和电芯或软包设计以及干电极法等。除了上文提到的卤化物材料，我们团队也开发了许多硫化物材料，并致力于将离子电导率继续提高，超过10^{-2} S/cm，同时提高其空气稳定性，从而降低成本，并且易于合成。另外，在界面设计方面，我们追求的是既在热力学上稳定又在动力学上稳定的界面，从而真正解决界面问题。此外，在电极开发方面，除了液相电极法，还需要加大对干电极法的开发力度，以推动整个技术的商业化进程。

最后，我想分享个人的几点感受：第一，国内的电池产业已非常强大，各行各业应当继续加强合作，特别是高校和企业的合作，这将有助于中国在国际竞争中占据更有利的位置；第二，我们应继续投入技术研发，只有不断创新才能够推动新体系的出现；第三，我们仍需重视专利战略布局，以避免技术发展受到限制。未来，通过高校和企业的通力合作，中国有望继续在国际上引领下一代电池的发展潮流。

孙金华

欧盟科学院院士

国际燃烧学会会士，国家“973计划”首席科学家，中国科学技术大学讲席教授、学术分委员会主任，中国科学院特聘研究员核心骨干，火灾科学国家重点实验室能源火灾安全研究所所长。先后兼任国际火灾科学学会（IAFSS）理事、亚澳火灾科学技术学会（AOAFST）副主席、国家科技奖励评审委员会委员、国家安全生产专家委员会专家、首届国家安全生产应急专家组专家、中国化工学会化工安全专委会副主任等职，并先后担任*Progress in Energy and Combustion Science*、*Fire Safety Journal*等国际期刊，以及《中国科学技术大学学报》《燃烧科学与技术》等国内学术期刊的副主编或编委。

主持国家“973计划”项目、国家自然科学基金重点项目、国家重点研发计划项目、欧盟国际科技合作项目等重要项目20余项，在国际期刊发表SCI论文390余篇，被*Science*、*Nature Energy*等刊物他引15000余次，在国际火灾科学大会等作特邀报告40余次，出版专著、教材10余部，获亚澳火灾科学技术学会终身成就奖，国家科技进步奖一等奖和二等奖，以及安徽省青年科技奖、安徽省自然科学奖、中国公路学会科学技术奖一等奖，中国消防协会科技创新奖一等奖等省部或国家级行业学会科技奖10余次，并获中国科学院朱李月华优秀教师奖、安徽省先进工作者、安徽省师德先进个人等省部级教学奖和荣誉表彰10余次。

动力电池热失控机理及其安全防控技术研究进展

国轩高科第12届科技大会

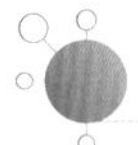

动力电池发展态势与火灾形势

(一) 中国的锂离子电池技术与未来发展

锂离子电池是由美国科学家约翰·古迪纳夫、英国科学家斯坦利·惠廷厄姆(Stanley Whittingham)以及日本科学家吉野彰(Akira Yoshino)三位科学家发明的,它具有高能量密度、优越的电性能和循环性能、无记忆效应等优点。在20世纪90年代,日本索尼公司率先实现了锂离子电池的产业化。尽管锂离子电池的发明和产业化并非源于我国,但依托国家的政策支持和资金扶持,在学界和产业界的共同努力下,国轩高科等一批知名企业快速发展,中国的锂离子电池技术与产业的发展已跻身于世界前列。

中国是全球最大的锂离子电池生产国,2022年约占全球产能的69%。在过去十余年里,锂离子电池的能量密度从100 W·h/kg提升到300 W·h/kg,成本从4元/(W·h)降低到目前的0.7元/(W·h)(磷酸铁锂电池)和0.9元/(W·h)左右(三元电池)。未来几年,锂离子电池成本将降低至0.4～0.6元/(W·h),能量密度将达到400～500 W·h/kg,循环寿命将提高至5000～10000次乃至更高。

随着锂离子电池产业的迅速发展,新能源汽车和储能等相关产业也得到了快速发展。2021年底,我国纯电动新能源汽车保有量达784万辆(图1)。2022年延续高增速,全年销量突破680万辆(图2)。2022年5月,国际能源署(IEA)发布的《全球电动汽车展望2023》指出，到2030年全球新能源车年销量将达到5500万辆。到2035年，全球大部分国家将禁售燃油车，全面迈进新能源汽车时代。

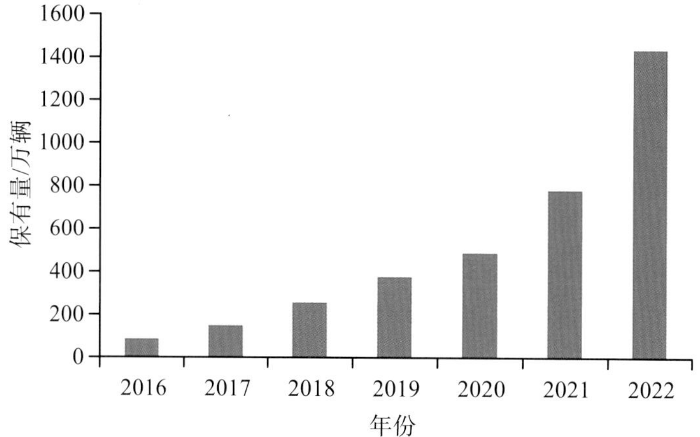

图1 我国新能源汽车累计保有量

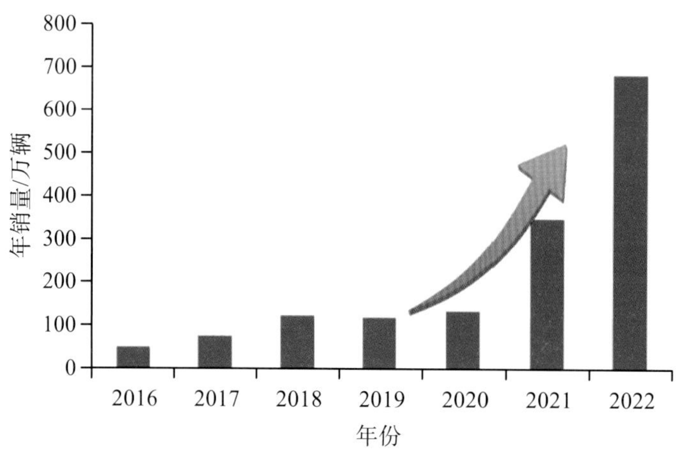

图2 我国新能源汽车年销量

（二）新能源汽车火灾

随着新能源汽车销量的快速增长，车内火灾事故也日益增多。应急管理部消防救援局的数据显示，2021年因新能源汽车起火导致的出警次数超过3000次。2022年，同样发生了大量新能源汽车起火事故，平均每天发生7起。如果按照每万辆汽车每年着火的概率计算，新能源汽车的火灾风险略高于燃油汽车。

依据国家新能源汽车监管平台的数据，我们对新能源汽车起火的类型、发生火灾的状况以及引发火灾的原因进行了阶段性的初步统计。数据显示，大部分起火事故涉及三元锂电池，比例高达86%。在发生火灾的具体情况中，行驶和充电过程中发生火灾的频率较高。实际上，汽车在行驶和充电过程中所占据的时间比例并不长，但事故发生的比例却达到了60%。至于火灾的原因，电池自燃是主要诱因，占比达到58%。此外，还有一些新能源汽车由于撞击、浸水等原因引发火灾（图3）。

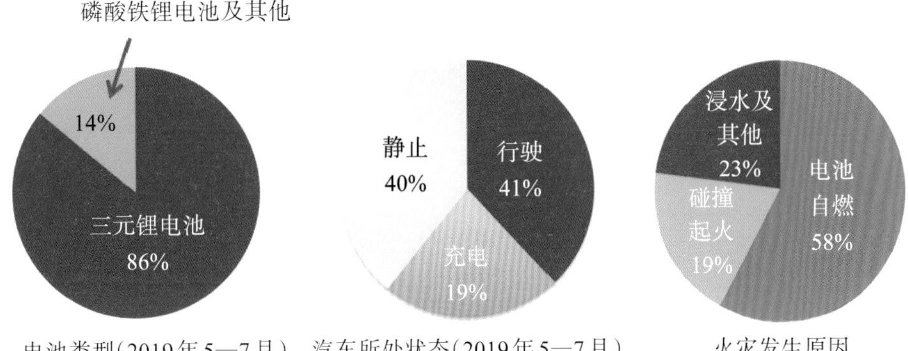

图3　新能源汽车国家监管平台大数据安全监管报告（不完全统计）

动力电池热失控机理及火灾行为

（一）动力电池热失控机理

锂离子电池材料体系包括正极材料、负极材料、电解液、隔膜材料、电解质。其中，正极材料的磷酸铁锂与镍钴锰三元金属氧化物在一定温度条件下会发生分解反应，释放出氧气，起到氧化剂的作用。而电解液中的碳酸乙烯酯和碳酸丙烯酯具有可燃性，它们起到还原剂的作用。同时，锂离子电池系统内部材料的分解反应、电解液分解反应以及电极与材料之间的反应均会产生热量，再加上充放电过程中所产生的物理热能，就构成了锂离子电池着火的三要素：氧化剂、可燃剂和热源。

为深入了解锂离子电池着火的机理，我们对锂离子电池的材料体系进行了系统研究，包括电池单体材料的分解反应、正极材料与电解液的反应放热特性、负极材料与电解液的反应放热特性、全电池体系总反应放热特性等方面。

从图4可以看到，正极材料与电解液的反应通常在140 ℃左右开始并持续放热，到225 ℃左右达到高峰。此外，我们还量化了反应放热与电池荷电状态的关系，发现正极材料与电解液共存体系反应放出大量热量，其热稳定性均随荷电程度的增加而降低。

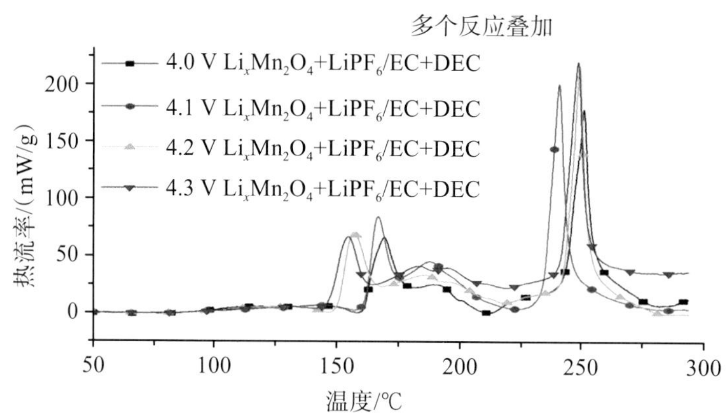

图4　不同荷电状态正极材料与电解液反应

对于负极材料而言，其与电解液的反应主要分为两个阶段：第一阶段发生在80～125 ℃，主要由锂离子电池负极表面形成的SEI膜（solid electrolyte interphase）分解所产生的热量所致；第二阶段发生在高温阶段，温度为175～275 ℃，这一阶段包含多个放热峰，由多个反应叠加所致（图5）。

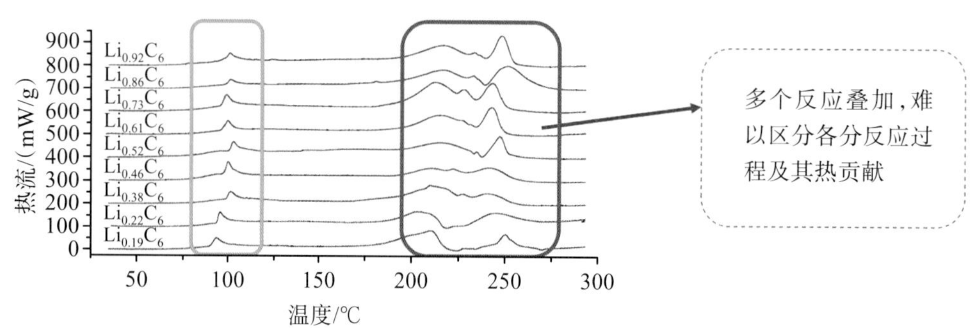

图5　不同荷电状态负极材料与电解液反应

针对全电池材料体系的分析表明，这是一个非常复杂的反应系统，包含多个放热反应峰。我们通过运用数学处理方法，如去卷积分析方法、遗传算法等，可以将这一非常复杂的反应分解为若干个反应。这些反应包括诱导反应、物理过程的产热和热失控初期反应以及放热量极大的主控反应等。

基于上述研究结果，我们总结出锂离子电池在热失控过程中经历的阶段性反应大概包括a~j的10个化学反应或物理产热过程（图6）。这一发现有助于我们理解锂离子电池在热失控过程中各个温度阶段的反应。研究结果表明，即使在较早的阶段（如SEI膜分解），也需要达到80 ℃才能引发该反应。因此，还需要深入探讨在SEI膜分解之前产生的热量来源。为此，我们采用了充放电循环仪和绝热加速量热仪联合使用，来量化和表征充放电过程中产生的热量及其与充放电倍率的关系。

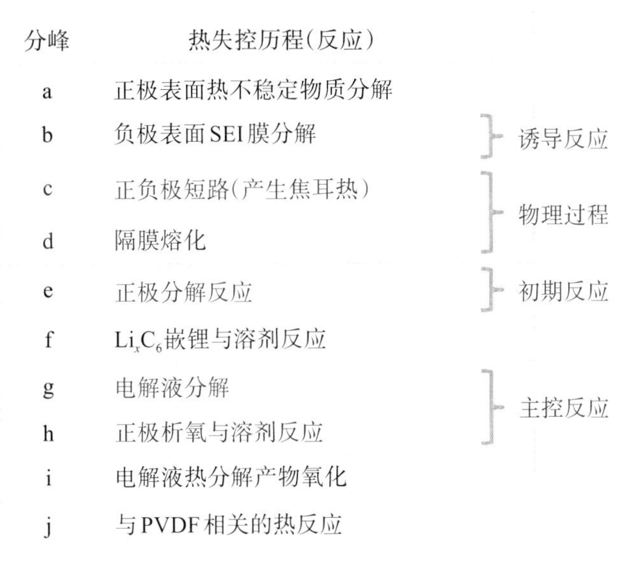

图6 锂离子电池热失控过程中的分阶段反应

研究结果显示，诱导热失控的最早期热量主要源自充放电循环等物理热的逐渐累积或电池微短路产热（不包括撞击、挤压、外短路等异常情况）。这些热量会随着时间的推移不断积累，最终引发初始反应（SEI膜分解）。SEI膜分解又释放出一定的热量，使体系温度进一步上升。随着体系温度升高到120～140 ℃，锂离子电池内的隔膜开始融化。隔膜融化将导致电池内短路，并进一步产生大量热量，最终诱发热失控反应。热失控的主控反应涉及电解液的分解以及正极与电解液之间的反应。我们团队对整个系统产生的焦耳热、焓变热、极化热、反应热、外界热等进行综合考虑，成功建立了锂离子电池热失控的模型（图7）。

（二）动力电池火灾行为规律

我们团队的研究旨在深入了解锂离子电池火灾行为规律，为此设计了一系列多尺度的锂离子电池火灾危险性测试平台。这些测试平台可以对不同规格的单体电池进行测试，从小容量的“18650”电池到20～320 A·h的各类中大型电池。此外，测试平台还可以模拟不同的荷电状态（SOC）和锂离子电池模组的热失控以及火灾行为。

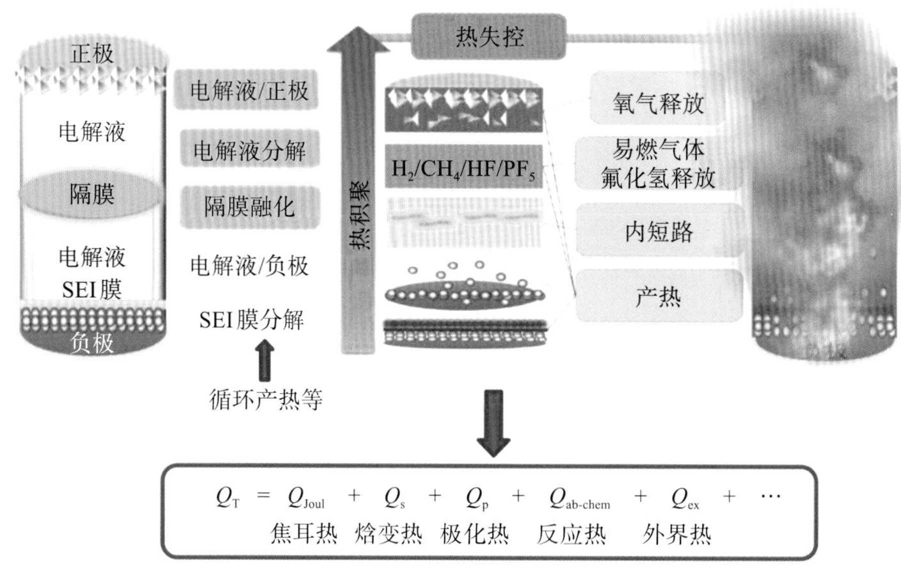

图7 热-电耦合热失控预测模型

通过对不同热失控触发方式下不同类型及荷电状态电池的火灾行为规律进行系统研究，我们量化了起火时间、起火温度、热释放速率和总放热量等与SOC的关系。结果证实，产热量和SOC成正比关系（图8）。

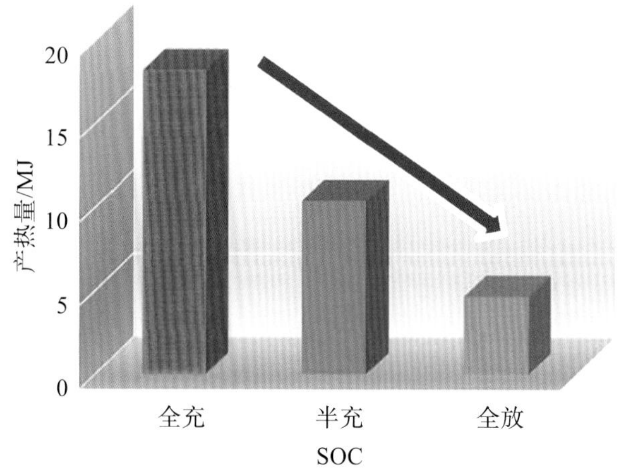

图8 不同SOC的产热量

（三）动力电池模组热失控传播

除了对单体电池的火灾行为进行了系统研究，我们也对锂离子电池模组内热失控的传播机制展开了深入研究。结果表明，一旦有一个电池发生热失控，其传播的时间间隔将越来越短，如果不采取任何热阻隔措施，热传播将会呈现加速趋势。

国内外学者探究了不同类型电池之间的热失控传播方式和热量传递主控机制，以及这些过程中的影响因素和影响规律。清华大学冯旭宁博士的研究指出，当前一个电池将其热失控产生总热量的12%传到相邻电池时，足以使相邻电池发生热失控。我们团队研究发现，当电池紧挨着放置时，热失控传播以热传导为主，辐射影响较小。然而，当电池之间有一定的间隔或存在隔热膜时，热传导主控将逐渐转化为辐射主控。基于这些研究成果，我们团队建立了锂离子电池组热失控传播的预测模型，该模型充分考虑了材料反应分解发热、电池反应热、电能转换过程中的热效应以及与环境之间的热交换等因素。以38 A·h的三元方形电池为例，模型预测该电池传播到下一节电池所需的时间为97 s，与实验结果（87 s）大致吻合。

动力电池安全防控技术研究进展

为了确保电池系统安全，我们团队提出了“三道防线”的技术策略，即本体安全、过程安全、消防安全。关于本体安全，尽管目前单体电池的失效概率已经降低到千万分之一，甚至亿分之一，但新能源汽车、储能电站等由数千至数万个电池累积组成，其累积发生火灾的概率仍然较高。因此，我们必须确保在使用过程中能够及时发现故障隐患并进行处理，同时对热失控进行精准预警，以确保电池系统的过程安全。若突破了第二道防线，最终的消防安全措施就显得尤为重要，我们要能够迅速扑灭电池系统的初期火灾，防止火势蔓延，因为一旦火势扩大，仅凭现有的技术是难以得到有效控制的。这就是我们提出的“三道防线”理念的核心所在。

（一）本体安全

首先，从锂离子电池热失控机理来看，电解液是至关重要的材料之一，因此我们研究了如何使电解液难以燃烧或不燃烧。为此，我们在电解液中添加阻燃剂、灭火剂和协效剂等，在保证电化学性能的同时提高电解液的安全性。其次，在正极材料方面，我们采用了高性能掺杂和适当包覆等方法来提高电池的安全性和稳定性。此外，电池隔膜也是一个关键因素。目前使用的聚烯、聚丙烯等隔膜材料熔点较低，因此我们正在考虑开发高熔点的隔膜材料，如聚酰亚胺、聚丙烯腈等。虽然这些材料具有高熔点，但它们仍然是有机物，仍可能会着火，故还需研究高安全性的陶瓷隔膜材料。最后，我们需要研发新型的高安全电池。虽然固态电池和半固态电池在理论上更加安全，但实际情况与理论有所偏差；钠离子电池虽然能量密度比较低，但它具有原材料、成本、低温性能和安全优势，但是目前的实际情况是钠离子电池的安全性并不是很理想。因此，还需要学界和产业界共同努力将理论安全转化为实际安全。

（二）过程安全

关于过程安全，主要面临的问题是如何将已有的实验室技术应用于产业界。例如，超声无损检测技术、电池组串/并联虚接故障诊断技术、电池内部微短路故障诊断技术等在实验室阶段已经比较成熟。然而，如何将这些技术从实验室落地到工程应用还需要进一步努力。热失控预测预警技术是过程安全的重要保障，该技术需要采用不同的热失控触发方式对不同类型和SOC下的电池进行大量实验，以确定可用于热失控预警的物理参数，以及各参数预警阈值。在这方面，我们团队已经取得了很大的进展，建立了三级预警系统，包括热失控征兆预警、热失控预警以及火灾报警与灭火联动技术。此外，我们团队还开发了一种集常温散热和高温热阻隔于一体的“三明治”复合板结构的电池热管理与热失控阻隔耦合技术，既能有效均衡电池模组的温度，又能阻隔其热失控传播（图9）。

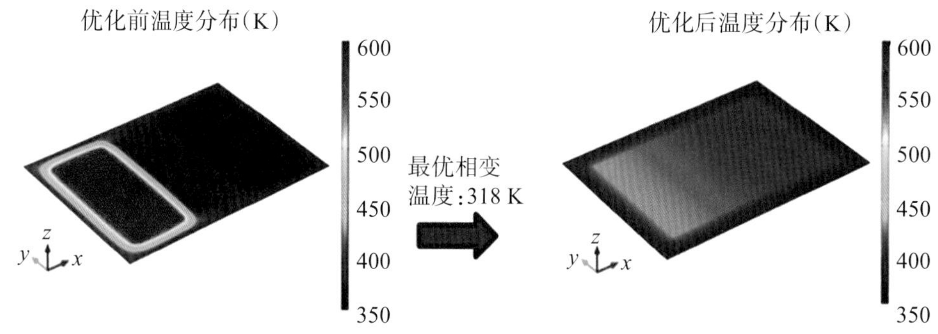

图9 “三明治”复合板结构优化前、后温度分布

（三）消防安全

消防安全是电池安全应用过程中的重要方面。由于锂离子电池系统带电且输出电压较高，传统的灭火器和灭火技术并不适用。因此，我们必须首先选择适合对电池带电系统进行灭火的灭火剂。为此，我们对水、全氟己酮、七氟丙烷、二氧化碳、气溶胶等灭火剂进行了系统研究。此外，仅仅灭掉火是不够的，还必须降低电池温度以终止电池内部反应。因此，灭火剂同时必须具备降温功能。总体而言，全氟己酮是比较好的选择，它不仅能够降温，化学灭火效率高，而且绝缘性极高。

除了灭火剂，灭火技术也十分重要。我们团队研发了基于电池火灾特性的灭火剂释放程序的技术。一旦监视器或探测器探测到电池系统发生火灾或热失控，程序会迅速启动报警并联动消防系统，大量喷洒灭火剂以迅速扑灭明火。但扑灭明火并不是终点，还需要定期喷洒灭火剂以保证电池系统内的灭火剂浓度，并降低电池温度，保证不复燃。

最近，我们团队与应急管理部天津消防研究所合作研发了液氮灭火技术。研究结果表明，无论是在敞开空间还是在密闭空间，液氮都能够有效抑制电池热失控，并对电池（模组）进行快速冷却降温，同时液氮还能有效抑制密闭空间的气体爆燃。液氮灭火样机产品已经推出，消防安全机构将这些技术实现产品化，目前已更新至第三代单元式液氮灭火抑爆产品，展现了良好的灭火抑爆效果。

（四）安全研究展望

关于安全研究展望主要包括以下几个方面：第一，进一步从电池材料、全电池系统安全设计及生产工艺提升电池的安全性。当前面临的一个巨大挑战是进一步降低电池的失效率，即将电池失效率从目前的约 10^{-8} 降至 10^{-9} 甚至 10^{-10}。第二，研究新型高性能、高安全动力电池，将全固态、凝聚态电池的理论安全变成真正的实际安全，并兼顾高能量密度、长寿命、低成本。第三，研发电池系统的极早期故障诊断技术，并实现工程化应用和大规模产业化。第四，发展集热管理、故障诊断、热失控预警和高效灭火等协同的智能一体化安全防控技术，实现高效热管理、智能精准预测、靶向快速处置、清洁高效灭火。

温兆银

亚太材料科学院院士

中国科学院上海硅酸盐研究所能源材料研究中心主任、二级研究员、博士生导师，亚洲固态离子学会主席，中国硅酸盐学会常务理事，上海市能源研究会理事，美国电化学会会员，国际固态离子学会会员，江苏中科兆能新能源科技有限公司总经理。

主要从事固态离子学和化学电源领域的研究工作，开展的研究方向包括固态电解质材料研究与开发、钠(硫)电池及全固态锂离子电池研究、锂空气/锂硫等新型二次电池研究、核聚变相关的增殖剂及氢同位素纯化与分离膜材料研究等。近年来，负责“十三五”“十四五”重点研发计划项目、国家自然科学基金重点项目等50余项。作为负责人研制成功的大容量钠硫电池被中国科学院、中国工程院两院院士评选为2009年“中国十大科技进展”，并获国家科技部“十一五”国家科技计划执行突出贡献奖，2007年入选上海优秀学科带头人计划，2009年享受国务院特殊津贴，2010年入选上海市领军人才，获得省部级一等奖3项。在国内外学术刊物发表论文430余篇，连续入选爱思唯尔2015—2022年“中国高被引学者”榜单(能源类)。

固态电池电解质材料技术进展

国轩高科第12届科技大会

早在三十年前，我们便开始致力于全固态电池的研究。在“十三五”期间，我们一直在探索，甚至存在疑虑，固态电池是否有可能真正实现应用。到了“十四五”时期，我们发现固态电池在市场上能够发挥非常重要的作用，无论是学术界还是产业界，都对固态电池充满了热情，固态电池迈向了一个新的发展阶段。

然而，经过三十年的探索，我们才意识到全固态电池仍面临着诸多问题，只有解决这些问题，才能真正发挥其应用潜力。例如，碳材料是否能够真正应用于固态电池？固态电池如何实现综合性能的提升？

固态电解质材料与主要问题

据统计，从1979年到2003年的24年间，北极冰盖面积减少了20%。环保问题、温室效应在日常生活中不易被察觉，或许再过20年甚至更长的时间，我们才能真正意识到它给人类带来的灾难性问题。我国在多个场合对外承诺，中国将在2060年实现“双碳”目标。那么，“双碳”目标究竟依靠谁，以及怎样实现“双碳”目标呢？未来能源究竟该如何发展？我认为，固态电池和锂离子电池均能通过新能源的发展对“双碳”目标发挥重要作用。

（一）未来电力系统

新能源的发展与未来电力系统直接相关。新型电力系统以可再生能源为主要电力资源，发电、输电、配电、用电过程中的许多概念为新能源的发展进行辅助铺垫，电动汽车也是推动新型电力系统发展的一个重要组成部分（图1）。如今，电动汽车和智能电网紧密相连，未来新型电力系统将从可再生能源中获取电力，但由于可再生能源的不稳定性，储能必不可少。

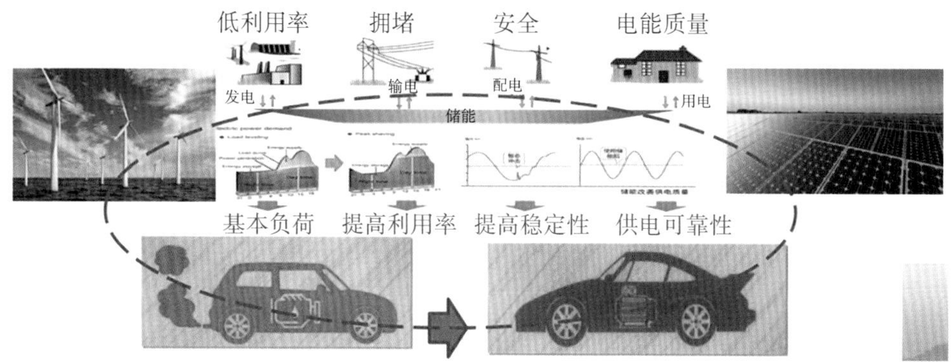

图1　新型电力系统

电动汽车的动力来源于电池，储能的载体也是电池。与一次电池不可重复利用不同，二次电池具有可重复利用性，具有可逆充放电特性，电池放电后可以通过充电的方式使活性物质激活而继续使用（再次将电能转化为化学能）。锂离子电池就是大家最熟悉的一类最有发展前景的，也是目前使用最广泛的一种二次电池。另一种是燃料电池，其参与电化学反应的活性物质主要是氢气和氧气。氢气和氧气可以源源不断地输入电池的内部，实现连续发电。近年来，燃料电池电动汽车的发展速度也很快，其可能对以二次电池为动力的电动汽车产生越来越大的挤压作用。在未来的能源愿景中，燃料电池技术以其使用氢气作为清洁能源的优势，将有望减少我们对化石燃料的依赖。不再需要大量开采石油和天然气来提取关键的碳和氢元素，而是可以通过燃料电池系统，利用水电解过程产生的氢气和大气中的二氧化碳，来合成碳氢化合物。随着对环境影响的关注日益增加，燃料电池与二次电池在未来能源体系中的作用将不分伯仲，甚至在某些方面，燃料电池的重要性可能会愈加凸显。

能源互联网的核心特征是低碳化，即减少对化石能源的依赖。电气化和智能化将给能源发展带来巨大变革。一方面，电气化将所有用户都与电力紧密结合起来。借助电力，人类可以摆脱对化石能源的依赖，转而利用来自可再生能源的电力。另一方面，智能化更是未来发展的趋势，它为人们带来了诸多便利，例如，我们可以通过智能设备实现远程遥控。未来的电力系统将与能源系统相互交织，形成一个新型能源系统。

在当前抽水蓄能仍占主导地位的情况下，储能电池是否有可能在未来获得更大的市场份额并稳步发展？这仍然是一个悬而未决的问题。即使时至今日，储能电池尤其是锂离子电池的从业者数量众多，但其所占的有效的储能市场份额依然有限（图2）。

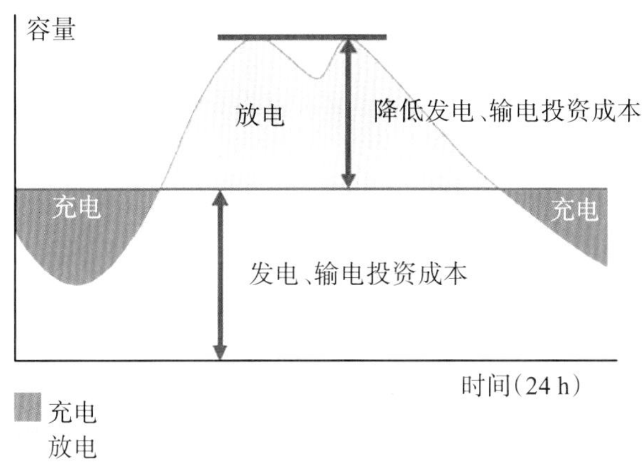

图2　新型能源系统的储能电站建造成本示意图

（二）固态电池的电解质体系

固态电池的安全性问题还需要开展全面、深入的研究，即使是全固态电池也不例外。随着能量密度不断提高，二次电池的安全隐患也不断增大。电极材料比容量提高的同时，电池的能量密度也在不断提升，电动汽车的续航里程也更长，然而其安全隐患也随之增加。由图3可知，活性物质的比容量越大，其发生热失控的风险和威力也相应越大。

从目前的电池体系向高安全的固态电池体系发展，是稳步实现二次电池全固态化的可行路径。在全固态电池没有进入实际应用前，能量密度大、循环寿命长、安全性能好的磷酸铁锂体系，引起人们重视并得到迅速发展。在全固态电池方面，当前日本和韩国力推的硫化物固态电解质已经达到了液态电解质的导电水平。然而，当我们将其应用于全固态电池时，仍需要在安全性方面进行必要的改进。在全固态电池中，高能量密度的金属锂电极备受瞩目，因为它能显著提升电池的负极能量密度。然而，使用金属锂也会带来风险，因此，我们需要合理利用金属锂作为全固态电池的负极材料，在对其进行研究界面改性和电极设计的同时，还需要考虑其安全隐患。

基于固态电解质设计的二次电池具有高能量密度和高安全性的潜在优势。目前，固态电解质的材料体系非常多样化，主要包括陶瓷和聚合物两大类材料。陶瓷材料又包括氧化物、硫化物以及卤化物等，这些都是当前大家所关注的体系，但到底哪个体系能够真正被应用呢？是否存在一个体系，能够真正使全固态电池或高能量密度锂金属电池走向实际应用呢？聚合物电解质体系的研究历史已经有几十年了，但直到现在我们还没有真正成功地开发出纯聚合物材料的全固态电池。每种电解质体系都从不同方面展现了各自的优势，是否存在一种电解质能够满足所有性能要求呢？令人遗憾的是，目前还没有一种固态电解质能够满足作为锂离子导体的全部性能的要求。

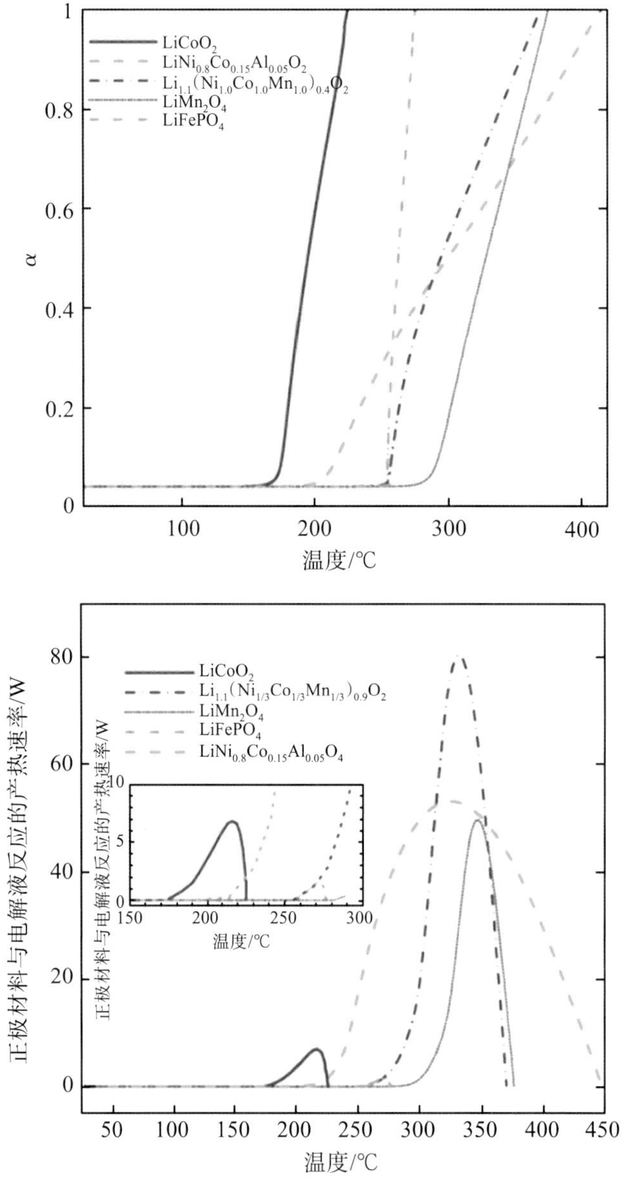

图3　不同锂离子电池正极体系与电解液的热反应起始温度与产热速率

在全固态电池设计中，我们采用金属锂或其他材料作为电极，以实现高能量密度。然而，要实现高能量密度和高安全性需要满足许多参数条件，要达到这些条件我们需要同时解决全固态电池的材料和制造技术问题。

固态电解质优化设计

无论是氧化物、硫化物还是聚合物，我们都可以通过组合的手段将各种材料的优势结合起来(图4)。但是，它们的劣势可能也会被结合在一起。电池材料存在“木桶效应”，其最薄弱的环节会优先成为电池失效的诱因。我们需要更优性能的材料，固态电解质作为全固态电池的核心部件，除需要具有高的离子电导率，高度的致密性和力学性能也是实现电池高性能和长寿命的必要条件。比如，固态电解质必须具备极高的离子电导率，甚至要达到液态电解质的水平，但同时也要求具备非常高的力学强度。

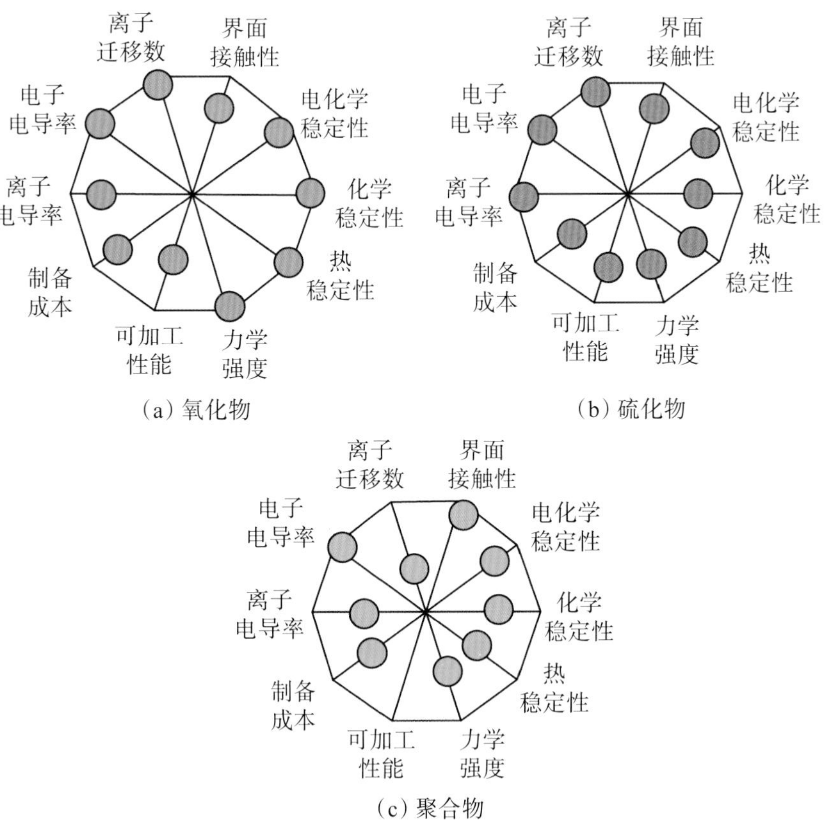

图4　固态电解质的综合性能

（一）固态电解质材料体系解决穿梭效应

我们在开发固态电解质时更多地从离子导电性的角度出发，期望其具备高离子电导率。在电池应用中，通常将这种材料称为快离子导体，并要求其达到10^{-2} S/cm的水平，目前，硫化物已经能够满足这一要求。当应用于全固态电池时，界面问题是迄今仍难以克服的瓶颈之一。当我们将两种固体材料组合在一起时，界面总是不协调，容易分离，这点与我们熟知的锂离子电池不同。在锂离子电池中，一个材料是液态的，能包容另一个材料，因此不存在这个问题。

那么，固态电解质到底有何优势？在锂离子电池中，如果将致密的陶瓷电解质与液态电解质简单组合，一些关键问题便能迅速得到解决。众所周知，锂硫电池的理论能量密度非常高，但存在一个严重问题，即在类似于常规锂离子电池的设计中，硫化物会溶解，其中的活性物质会直接在电解液中溶解并扩散至金属锂电极端，从而与金属锂直接发生化学反应，导致能量损失。如果加入一种固态电解质，特别是陶瓷电解质，此时其扩散通路被阻断，因为陶瓷只能通过晶格迁移离子，其中间没有任何孔洞。事实上，只要有一个孔洞，分子仍会穿透过去。

这也解释了为什么聚合物在锂硫电池中无法获得长寿命。即使是纯聚合物，它仍然是一种溶剂，可以将锂离子溶解进去，其他离子也会在其中溶解和扩散。所以在锂金属电池中，纯聚合物电池是否最终能够实现还存在疑问。然而，一旦引入陶瓷材料，结果立刻有所改变，穿梭效应将不再存在。常规锂硫电池通常在几十次充放电循环后便会出现短路情况。但是，使用陶瓷电解质材料后，电池的寿命立即提升至数百次充放电循环，并且没有自放电问题，将电池静置72 h，其充放电平台也不会发生任何变化。由此可见，固态电解质在电池中的作用非常显著且立竿见影。

（二）固态电解质的密度与耐电流特性

然而，仅仅加入陶瓷并不能确保其能够真正应用于实际中。我们期望固态电解质具备极高的综合性能，其中很重要的就是机械性能。机械性能的好坏很大程度上依赖于陶瓷的密度。目前，研究较为热门的NASICON结构电解质尽管离子导电性较好，但实际上其作为陶瓷电解质时，密度仍然相对较低，无法满足二次电池长寿命使用的要求。

尽管经过我们大量的实验研究，设计的对称电池、锂金属电池循环寿命达到了几百小时甚至一千小时，然而我们面临的挑战是，电池需要能够使用长达十年甚至二十年。如果我们能将金属锂制成电池，即使电流密度不高，只要能够在低电流密度下持续运行5年以上且不短路，那么这种材料就满足了一定条件下电池的长寿命需求，但这种技术路线仍需评估可行性。

钠离子电池是一种典型的固态电解质电池。它使用陶瓷电解质作为隔膜，但其电极是液态的。目前，市场上使用的钠硫电池寿命最长可达十五年，甚至接近二十年，主要应用于大型储能电站。它之所以能够长时间使用，是因为其中有高密度、几乎没有缺陷的陶瓷电解质。这种陶瓷材料的密度接近100%，相比之下，目前研究中的锂离子导体的密度有80%的，也有90%的，但很少有超过96%的。虽然硫化物材料经过压力处理后可以替代陶瓷材料，但在电池中使用时，它的机械性能无法满足要求。因此，我们需要制备一种高密度的陶瓷材料，并确保其与电解质以及其他的界面都能完美结合。只有这样，才能保证活性物质没有可渗透的通道，从而确保电池的长寿命运行。

锂离子导体也是如此。以现在研究非常热门的石榴石(garnet)锂离子陶瓷电解质为例，如果其密度仅为92%～93%，则其能承受的电流密度小于0.2 mA/cm^2；而若其密度达到97%时，则其承受的电流密度可以达到0.7 mA/cm^2。相比之下，钠硫电池能承受的电流密度可以达到100～200 mA/cm^2。

（三）固态电解质电池的晶界强化设计

真正能被利用的固态电解质电池对材料的要求非常高。要获得高质量的电解质，除了需要获得高密度且生长完好的材料，还需要确保两个固体结合时能够紧密接触。此外，在长期运行中，电池界面必须保持稳定，不能在几次运行后出现脱离的情况。

碳材料能提供更稳定的基体和更长久的界面稳定性。然而，它与金属锂或正极之间的结合性能较差。因此，我们试图通过各种方法来提高陶瓷电解质的性能，从而提高其对外界环境的适应性。其中，石榴石型电解质作为一种氧化物电解质，具有非常高的离子导电率和电化学稳定性；相比之下，硫化物电解质总体上稳定性较差。因此，氧化物电解质成为优选。

为了提高固态氧化物锂离子导体的综合性能，我们提出了许多技术方案来提高其强度，但根本上还是要提高其密度。由于碱性电解质在制备过程中容易挥发，因此，需要加入一些添加剂，以提供额外的锂源。例如，向固态氧化物锂离子导体中添加钛酸锂（Li_2TiO_3（LTO））体系。钛酸锂的特点是含有较高的锂成分，钛酸锂分解的产物氧化锂可以补充陶瓷材料在烧结过程中可能损失的锂，形成的钛酸镧能原位增强LLZTO晶粒的结合，从而提高陶瓷材料的强度。如果没有经过这种制备工艺，其强度只有一半。这意味着电池内部的陶瓷电解质存在大量缺陷，金属锂在短时间内发生枝晶生长和短路，导致电池失效。

此外，两个晶粒中间形成的钛酸镧材料的电子导电性很弱。电子不会在晶界上传导，从而确保锂离子不会在陶瓷电解质内部沉积。但实际上，由于缺陷或杂质的存在，锂离子总是在陶瓷电解质内部沉积，这是电池最终失效的原因之一。

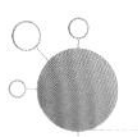

界面技术优化电解质电流特性

固态电解质和固态电极活性物质这两个刚性物质难以融合在一起，甚至在工作后还会发生分离。钠硫电池使用的是固态电解质，但其电极呈熔融态，能够包住固态电解质；而锂离子电池则相反，液态电解质包住固态电极材料。只有这样，电极和电解质之间才能永久地融合在一起。

在我们进行的一项实验中，将陶瓷直接与金属锂接触，发现其所能承受的临界电流密度非常低。然而，如果在其中的界面上加入少量液体，其能承受的电流密度立即提高几个数量级。那么，为何钠硫电池的临界电流密度可以达到100～200 mA/cm^{2}的水平，比固态锂电池高出两个数量级？这与其界面的完全融合直接相关。只有让界面柔性化，使两种固体材料更好地贴合在一起，才能确保固态电池不仅具备理想的功率特性，还能拥有更长的寿命。否则，锂容易在界面的缺陷处沉积，导致电池的局部区域迅速遭到破坏。此外，合金化等方法也常用来增加金属锂和陶瓷之间的强度，以提升全固态电池的性能。

将固态电解质应用于大容量固态电池也是我们关注的一个方向。我们尝试将陶瓷和聚合物固态电解质简单地组合成复合材料。这种复合材料中由无机物形成的离子通道可能是不连续的，因为将陶瓷和聚合物简单混合在一起，陶瓷会被聚合物包围，其性能远不及纯陶瓷。为此，我们研发了具有连续陶瓷相和连续聚合物相的复合材料的合成方法。首先，我们制备了一种具有连续陶瓷相的薄膜，为了使这个薄膜能够在电池中真正发挥作用，其厚度仅约为12 μm。将陶瓷材料做到如此薄而不断裂是很困难的，因此我们利用了聚合物的特性，将聚合物覆盖在多孔陶瓷上（图5）。在制备的过程中，我们将有机物单体在陶瓷孔中进行原位聚合，从而形成双连续相的复合材料。最终，我们成功地将这种复合材料应用于电池中，得到的导电率达到 10^{-3} S/cm。

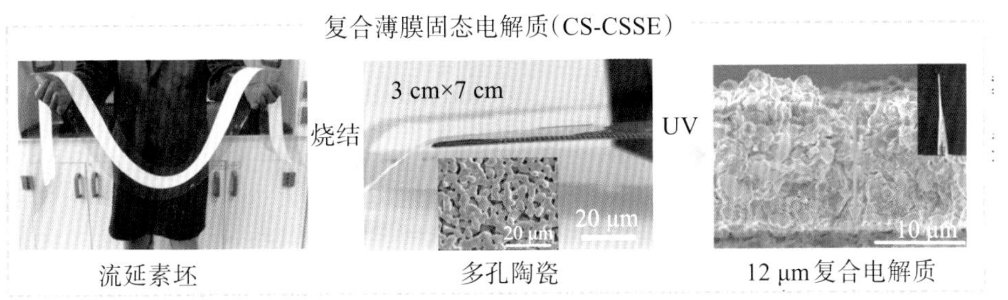

图5　超薄固态电解质设计

展望未来，我们希望能将固态电解质应用于固态电池中。尽管不同种类的固态电解质电池，包括钠离子电池、钠氯化物电池等，都在推动示范产业的发展，但全固态电池的推广难度仍然非常大。因此，未来我们需要在现有基础上进一步提高相关材料的性能。另外，还需要在二次电池中深入贯彻安全理念，例如，固态电解质薄膜化技术、电极-固态电解质复合技术、固态电池组件组合技术等优化问题需要进一步解决。通过将电极材料、电解质材料、界面、单电池甚至模块技术相结合，我们有望更早地实现全固态电池的应用。

周豪慎

南京大学教授

教育部长江学者，日本国立东京大学特任教授，日本国立产业技术综合研究所(AIST)首席研究员。长期从事能源材料、气体传感器、太阳能电池、超级电容器、二次电池、锂离子电池、锂空气电池、下一代储能器件等的研究和开发。在 *Nat. Mater.*、*Nat. Energy*、*Nat. Catal.*、*Nat. Commun.*、*Energy Environ. Sci.*、*Adv. Mater.*、*Angew. Chem. Int. Ed.*、*Adv. Energy Mater.*、*PNAS*、*JACS*等刊物上发表论文500余篇，论文他引50000余次，授权专利50余项。

开发高比能锂二次电池和新型固态电池

国轩高科第12届科技大会

回顾二次电池的发展历史，高能量密度和高安全性是二次电池两个永恒的研究主题，本次报告将围绕"如何通过阴离子氧化还原设计高比能二次电池"展开介绍。

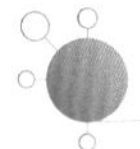

通过阴离子氧化还原设计高比能二次电池

研究锂/钠离子电池正极材料中的阴离子氧化还原行为，是突破现有电池材料容量瓶颈的有效手段，也是提升电池整体能量密度的一个新方向。

锂钴氧($LiCoO_2$)材料在充电过程中，阳离子进行电荷补偿，钴的价态发生变化。在富锂的材料中，不仅阳离子，阴离子也可以参与电荷补偿。也就是说，富锂材料的大容量既来自阳离子，又来自阴离子。这是由于锂在材料的过渡层，并且锂和过渡金属构成了面内超格子的结构。

锂进入过渡层会对整个电池的材料产生何种影响呢？理论物理学家西德(Ceder)发现如果锂原子嵌入了过渡金属层，那么整个氧的电子轨道与过渡金属电子轨道就会形成重叠形态，也就是说，氧可以提前参与电荷补偿，这就使得阴离子氧化还原行为成为研究的创新点。从球差电镜观测Li_2TmO_3(Tm：过渡金属，又称213)体系的富锂材料可知，在充电前和充电后与氧相连的键的键长发生了变化，这个变化刚好表明了氧从氧化物转化为过氧化物，这说明氧化物中氧的化合价从-2变到-1是一个可逆的过程。

基于上述原理，我们团队研发了一种材料，将钠离子与锂离子进行离子交换，与所有富锂材料一样，该材料的锂是在过渡层，锂离子的含量占比为20%，锰离子占比为80%，循环较为稳定。在小电流情况下，它的比容量超过300 mA·h/g。在大电流情况下能稳定循环500圈。由此可见，富锂材料中的氧离子可以被有效利用。

得到这个结论以后，富锂材料相图则一目了然（图1）。该相图最早由美国萨卡雷（Thackeray）提出，也是112及213体系的典型相图。图中第一个斜坡是112体系阳离子参与反应，后一个平台是阴离子参与反应，氧沿着213体系向生成二氧化锰的方向前进，晶格里的氧损失导致晶体结构的破坏，从而导致容量和电压、倍率衰减。

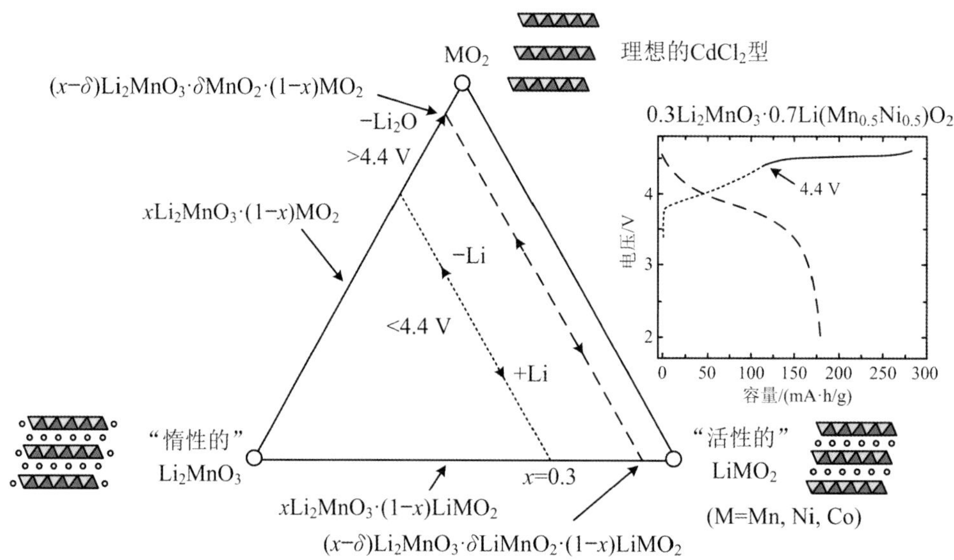

图1　传统的带有电化学反应路径的组成相图

在此基础上，我们团队绘制了新的相图（图2）。由图可见，氧并不是朝着生成二氧化锰的方向变成0价的氧原子，而是生成了三氧化锰。三氧化锰中的氧一个是-2价，两个是-1价，这样才能把阴离子的氧化还原反应有效地利用起来。

一般富锂材料的过渡层夹在一个比较弱的锂氧键里形成Li—O—Li结构，两个锂离子在充电过程中脱离，中间的氧可以和周围的氧成键，由此O—O就会变成过氧化物，然后变成超氧化物甚至变成零价的氧气离开晶格，导致晶格氧损失。我们团队在Li—O—Li中引入了一个很强的钠离子，形成Li—O—Na结果，由于Na—O比Li—O要强，因此可以与氧紧密结合。

考虑到在极端情况下氧离子会发生氧化还原反应，因此我们对氧化锂（Li_2O）进行了研究，发现充电时锂脱离，氧提供电荷补偿生成LiO（即Li_2O_2），这不同于传统的锂空气电池。因为锂空气电池是开放体系，开放区域空气中的水会通过电解液进入负极，给负极带来很大的安全隐患。

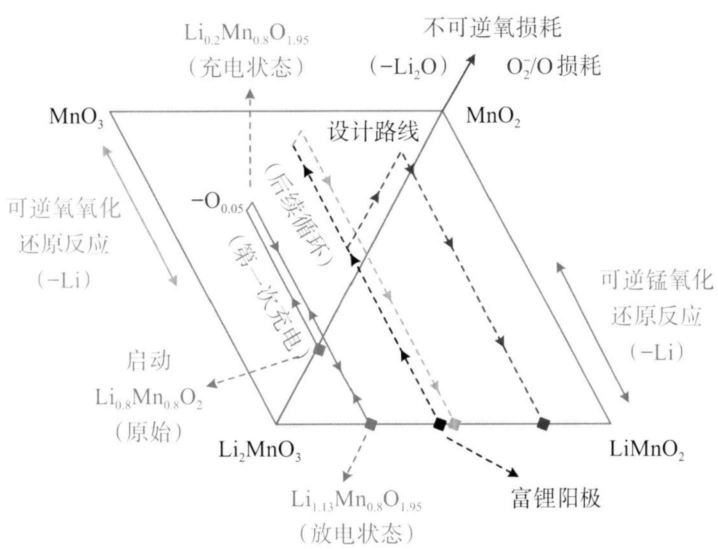

图2　改进的组成相图

在封闭的锂空气电池中，氧化物充电后变成过氧化物，且不产生超氧化物，因为超氧化物会破坏电解液从而导致很大的安全隐患。随着充电时间变化，氧化锂越来越少，产生过氧化锂，当反应完成70%以上时有超氧化锂产生，并且可以发现超氧化锂和电解液反应生成了碳酸锂。在70%以下的安全区域时，该封闭体系锂氧电池可以实现2000次以上的高稳定循环。

上述反应最大的问题是需要用到较为昂贵的催化剂，我们在思考如何使用较为便宜的催化剂用作替代产品。2019年，我们团队据此成功研制了400 W·h/kg和500 W·h/kg的软包电池，实现了500 W·h/kg的目标。

通过调控电解质设计新型固态电池

与传统的多孔碳基材料和无机氧化物材料相比，MOFs材料不仅具有丰富的空腔结构和高比表面积，还有高度有序的多孔结构、可控的孔径和拓扑结构，以及兼具无机、有机特性的混合性质等优点（图3）。

电解液对各种电化学储能设备，尤其是高能量密度的锂离子电池/锂金属电池体系的成功运行至关重要。然而，常规的电解液（稀电解液或浓电解液）存在一些固有的缺陷（与溶剂分子有关的电解液分解问题），影响电池的容量和循环寿命。我们团队将锂离子的去溶剂化过程从高反应活性的电极表面转移到稳定且绝缘的MOFs

孔道内，得到了特殊的“去溶剂化的锂离子(醚基)电解液”。这种特殊的电解液构型在充放电过程中，仅有去溶剂化的锂离子接触电极材料表面，因而从源头上抑制了高能态的溶剂分子与高反应活性的电极表面直接接触，解决了常规液态电解液分解等固有缺陷(图4)。

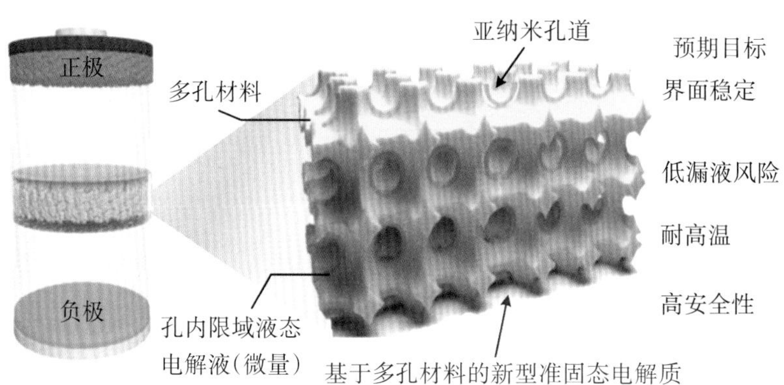

图3　基于微孔材料的新型准固态电解质

得益于这种电解液结构设计，醚类电解液的电化学稳定窗口大大拓宽。我们在此基础上，成功开发出稳定的高比能NCM-811//Li电池。我们对该电池分别进行了25 ℃和90 ℃的耐高温测试，研究发现在90 ℃的情况下，电池的性能和在常温情况下相当。

图5提供了直观的演示，我们对电池进行多次弯折，甚至剪断，都没有电解液漏出，仍然可以保持稳定的充放电循环。也就是说，准固态电池可以解决接触阻抗问题，拓宽电化学窗口，破损以后不会有电解液流出，可以避免起火爆炸发生，同时还可以解决高温(80～100 ℃)情况下的胀气和自燃等问题。

结论

综上所述，第一，电池面临的两个永恒主题是高能量密度、高安全。对于第一个主题，我们团队利用阴离子氧化还原反应开发了富锂层状材料，极大地提高了电池的能量密度，可以达到500 W·h/kg。第二，我们团队开发的新型固态电池兼具液态电池和全固态电池两者的优点，避开两者的缺点，能得到自主的、有原创性的、新型的固态电解质。

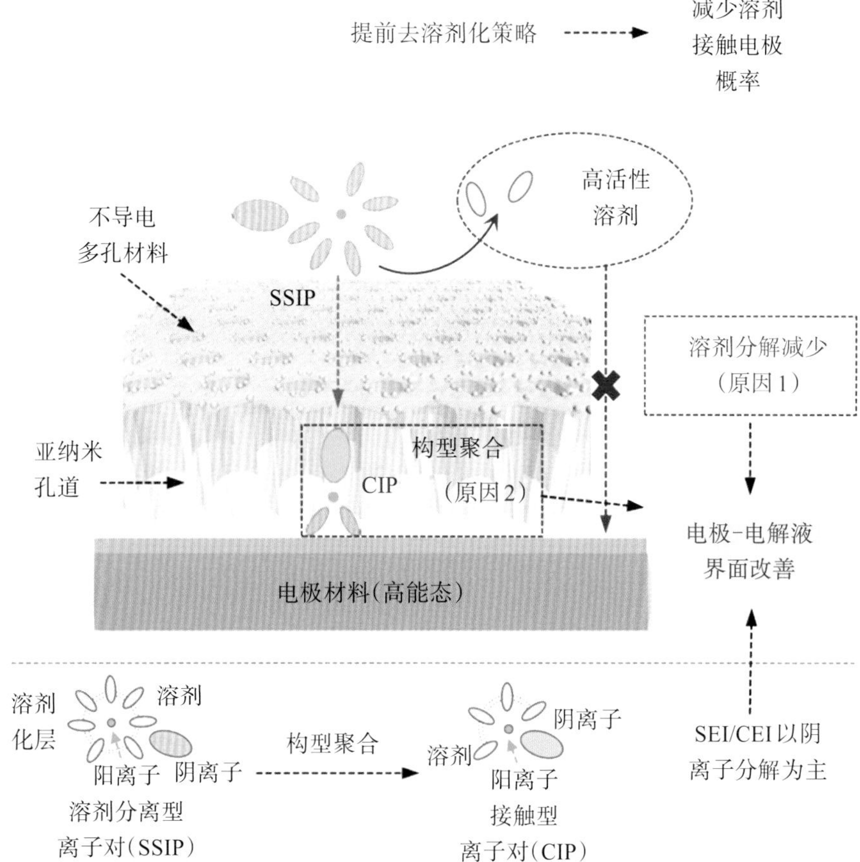

图4　多孔材料亚纳米孔道调控电解液结构

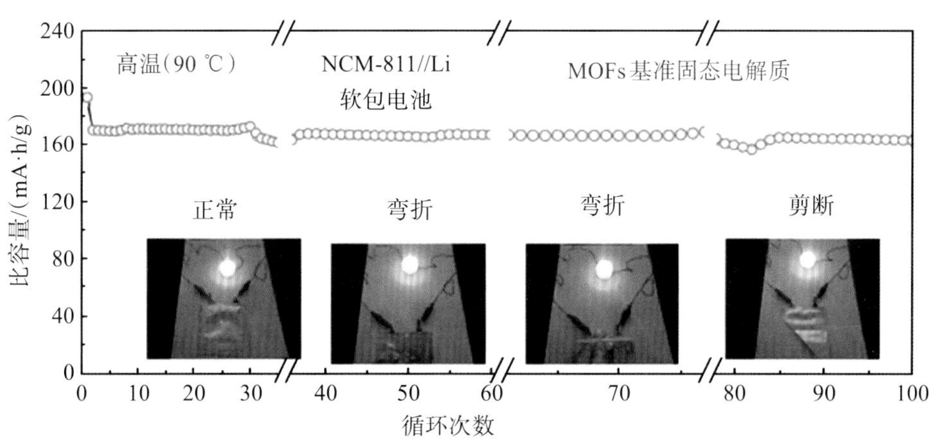

图5　安全性提升

杨全红

天津大学教授

天津大学博士生导师，第十四届全国政协委员，国家重点研发计划“工程科学和综合交叉”首席科学家，天津市有突出贡献专家、科普大使，科睿唯安全球高被引学者和爱思唯尔中国高被引学者。从事碳功能材料、先进电池、储能技术和“双碳”战略研究，在碳纳米材料设计制备、致密储能、锂硫催化、钠离子电池筛分型碳负极等方面取得系列进展。

获国家技术发明奖二等奖、天津市自然科学奖一等奖。指导的学生团队获全国先进储能技术创新挑战赛一等奖和全国博士后创新创业大赛金奖。担任*Energy Storage Materials*和*Industrial Chemistry & Materials*副主编，*Advanced Energy Materials*、*National Science Review*、*Carbon*等期刊编辑组成员或编委；出版《石墨烯：化学剥离与组装》《石墨烯电化学储能技术》《动力电池技术创新及产业发展战略》等专著；发表SCI论文300余篇，他引40000余次，H因子为110；拥有中国和国际授权发明专利50余件；担任多家电池头部企业技术委员会委员、中国超级电容器产业技术联盟副理事长等行业兼职。

高比能二次电池的“碳”方案

国轩高科第12届科技大会

2022年，我们团队提出电池“幸福指数”的概念，“电池人”的使命是开发高“幸福指数”的电化学储能技术。换言之，一块“幸福指数”高的电池应该克服以下几种焦虑：容量焦虑、快充焦虑、安全焦虑、资源焦虑、寿命焦虑、价格焦虑和空间焦虑。这与国轩高科的理念不谋而合。

无论是过去、现在还是未来，碳材料始终是电池体系重要的活性材料和关键组分。近十年来，我们团队主要通过调控碳界面、碳网络和碳孔隙来使电池充电更快、容量更高！下面择要介绍我们团队近年来的两项研究成果：其一，通过优化碳网络，我们提出使锂离子电池实现1000 W·h/L高体积能量密度的材料学方案；其二，在资源非限制型的钠离子电池方面，我们通过优化碳孔隙，提出了筛分型碳模型，基于这种负极端的储钠新范式，碳负极储钠容量攀新高，钠离子电池未来可期。

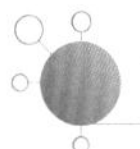

高性能致密微米硅负极

构建“可再生能源+绿色储能”的能源供给体系是践行“双碳”战略的必由之路，而锂离子电池是智能互联时代储能器件的最佳选择。在电池“幸福指数”中，空间焦虑是最高层次的“幸福指数”。为了克服空间焦虑，研发具有高体积能量密度的致密储能器件势在必行。换言之，我们希望在尽可能小的体积内存储尽可能多的能量，这与企业界的许多理念非常契合。从比亚迪的刀片电池、宁德时代的麒麟电池、国轩高科的磷酸锰铁锂体系L600启晨电池可以看到，业界通过优化电池结构，提升模组的体积利用率，从而提高电池包的体积能量密度。

硅因其优异的理论容量，被认为是有前景的下一代锂离子电池负极材料之一。相比传统石墨负极，硅负极兼具高质量比容量和高体积比容量（表1）。

表1　负极材料性能对比

负极材料	钛酸锂负极	石墨负极	Li 金属	硅负极
密度/（g/cm³）	3.5	2.25	0.53	2.3
锂化相	$Li_7Ti_5O_{12}$	LiC_6	Li	$Li_{4.4}Si$
理论质量比容量/（mA·h/g）	175	372	3862	4200
理论体积比容量/（mA·h/cm³）	612.5	837	2046.9	2100
体积变化	1%	12%	100%	420%
对锂电位	1.6	0.05	0	0.4
安全性	优秀	良好	不安全	良好

数据来源：《锂离子电池负极材料产业化技术发展》。

据预测，到2025年，全球硅负极材料市场规模将达297.5亿元。同时，随着电动汽车市场份额扩张，硅负极渗透率提高，短期内可达到千亿元规模（图1）。然而，硅负极的关键技术问题在于充放电过程中硅材料剧烈膨胀，影响电极稳定性，即硅材料在充放电过程中存在严重的体积变化（≥300%），容易引发硅颗粒破裂、材料粉化、极片脱落等问题，导致电池循环性能及库仑效率较差，大规模商业化仍存掣肘。

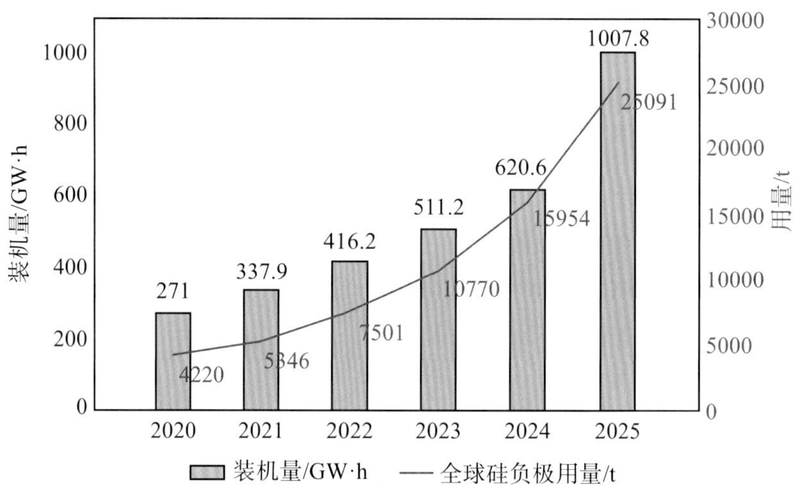

图1　全球锂离子电池装机量及硅负极用量预测

1997年，还在中国科学院物理研究所攻读博士学位的李泓在国际上首次申请了“高容量纳米硅负极材料”的发明专利，并于两年后在国际上发表了第一篇关于纳米硅负极材料的学术论文。继此，纳米硅负极材料逐渐成为产业化热点。然而，纳米硅负极材料面临产业化问题，即将硅负极材料纳米化的策略虽然可以有效缓解结构膨胀带来的高比表面积问题，但成本高昂。具体而言，纳米硅基材料虽然能缓解体积变化问题，但是纳米硅基材料较小的颗粒尺寸和更多的孔隙会影响体积性能的发挥，仍需要在此基础上对微米硅进行高能球磨，这一步会导致过高的成本。

相较于主流的纳米化造粒策略，将纳米颗粒进一步组装成微米颗粒，直接使用原料微米硅(<10 μm)不仅在成本上具有显著优势，而且可以有效提高电极密度，避免复杂的合成步骤，减少界面反应。然而，大尺寸颗粒内应力较高且易破碎粉化，是二十年以来制约硅负极产业化的瓶颈。我们团队经过十余年的探索，首创了基于石墨烯毛细收缩的碳网络致密化技术，并在此基础上开发了类细胞结构的双重碳包覆策略，旨在为微米硅的产业化提供一条可行路径。

所谓碳网络致密化技术，实际上是通过石墨烯凝胶在脱水过程中的毛细作用，实现三维网络的收缩和致密化。精准调控这个收缩过程，比如通过软、硬模板和流动模板策略，可以对碳网络进行收放自如的调控。具体的致密化过程是，通过石墨烯单元的三维凝胶化，在碳材料中构建一个三维连通的孔隙网络，继而通过脱除内部富含的水分，即利用毛细管力的法线分力，使稳定的三维网络不断致密化，从而在碳材料中实现“孔”与“密”两者兼得。

致密化后的材料不仅具备高密度和孔隙率，还具备极高的强度和韧性。我们利用这种高强度、高韧性的碳网络构筑了类细胞双层碳笼，具体而言，首先采用CVD方法在微米硅上构筑第一层碳笼，即类细胞膜结构，然后将包覆碳笼后的硅颗粒投入石墨烯水溶液中，使其在石墨烯水溶液中成胶，并通过毛细收缩形成致密的石墨烯网络(类细胞壁)，从而构筑第二层碳笼。

类细胞膜双层碳笼的内层类似于功能性半透膜，能够使锂离子选择性地通过，而有机溶剂无法通过；外层则为毛细收缩石墨烯网络，即类细胞壁结构，具有强大的支撑性能，宛如强度与韧性并存的金刚软甲。

在类细胞膜双层碳笼中，整个微米硅及电化学循环都在“细胞膜”内进行，该“细胞膜”为半透膜，其作用是在壳层外表面形成SEI膜，并且在电化学循环过程中SEI膜不随壳层内硅颗粒的破碎而重复形成。

类细胞膜双层碳笼为何需要“细胞壁”结构？因为微米硅是形状不规则、各向异性的大颗粒，若仅利用一层“细胞膜”碳笼结构则很难支撑、应对膨胀过程中强大的内应力。我们团队曾对100多个样品进行了平行测试，观察到单层碳笼仅能维持一个循环便会破碎，即一层“细胞膜”无法支撑强大的内应力。但若“细胞膜”加上紧附其上的“细胞壁”，经过多次循环后，碳笼依然非常完整。这是因为石墨烯的层状结构可有效缓冲微米硅颗粒各向异性嵌锂膨胀，保证了整体结构的稳定性。“细胞壁”也具有外抗压的功能。例如，当极片辊压时，若为单层碳笼（仅含“细胞膜”），则碳笼必破碎；若为双层碳笼（含“细胞膜”及“细胞壁”），则碳笼保持完整。

最终，微米硅双层碳笼负极能够实现从实验制备到电化学循环，从单体颗粒到复合材料再到整体电极的稳定性。研究发现，微米硅碳电极在长达1000次的循环后，其结构依然能够保持稳定。采用该工艺制备得到的锂离子软包电池的体积能量密度高达1048 W·h/L。

最后，对本部分内容进行总结：第一，微米硅有望再次崛起，占据硅负极产业的一席之地；第二，力学网络和电化学界面是决定微米硅负极性能的关键；第三，高界面能SEI膜结构可以抑制电极副反应发生；第四，固态微米硅双层碳笼体系在未来行稳而致远。

从锂到钠——筛分型碳负极的前世今生

何时是钠离子电池产业化的元年，这是一个不太好回答的问题。但不可否认，钠离子电池的全面产业化正在向我们走来。首先，发展钠离子电池是一个时代命题，与能源安全有关。其次，这也是一个产业命题，如果未来全产业链构建完成并突破技术瓶颈，钠离子电池必将具有成本优势。

作为一个从事碳材料研究的工作者，我从2015年开始研究钠离子电池的负极材料。因为无论从学术界、产业界还是投资界的角度来看，碳负极都是钠离子电池产品化的关键所在。锂离子电池之所以能够在1991年成功商品化，最重要的原因就是以石墨为代表的层状晶态碳的应用。石墨是一种晶态碳的层状结构，不像锂离子和碳之间有很强的作用力，当钠离子扩散进入石墨层间后，它与晶态碳之间没有作用力，无法形成插层化合物。目前，产业界已达成一个共识：非晶碳（又叫非石墨化碳或富含缺陷的碳）才是可用的储钠负极材料。

回顾锂离子电池的发展历史，为什么产业界选择了石墨作为负极材料呢？原因在于：一方面，石墨层间可以筛分溶剂分子；另一方面，石墨的层状晶态结构可以与锂离子形成稳定的插层化合物。这两点使得石墨具有低电位的充放电平台。

非石墨化碳被认为是较理想的储钠负极材料，然而，与石墨化碳有所不同，非石墨化碳存在一些不足之处。石墨化碳具有确定的层状结构，所以其性能（如372 mA·h/g的储锂容量）可以较为准确地预测。相比之下，非石墨化碳无论是软碳还是硬碳，其微观结构复杂且无序，每个研究团队用来研究储钠机理的模型碳都不尽相同，导致其低电位平台机制尚不明确：究竟是插层、吸附、孔填充还是孔中成簇，仍存在争议。那么，对于钠离子电池来说，理想的碳负极材料究竟是哪种呢？对于负极端材料，不论是储锂、储钠还是储钾，都应该有一条长且可逆的低电位充放电平台。从这个角度来看，对于储钠而言，非石墨化碳更具优势。而由非石墨化碳形成的石墨微晶结构必然会存在孔口，无论是开孔还是闭孔，都应该具有较小的孔口尺寸，从而可以对钠离子起到筛分作用（筛分其溶剂化的外壳）。同时，碳储钠和储锂的机制区别很大，非石墨化碳具有多缺陷的孔道结构，而储钠实际上就是通过吸附作用，利用缺陷捕获钠离子。换句话说，无论是硬碳还是软碳，关键在于能够有效地捕获钠离子。也就是说，与石墨储锂不同，碳储钠需要的是大的缺陷浓度和丰富的内孔来容纳钠离子。

接下来，我将深入探讨一些具体的科学问题：如何产生低电位平台？如何延长低电位平台？如何实现低电位平台的可逆性？

上文提到的储钠碳的理想模型，我们将其称为筛分型碳（图2），其具有闭孔结构以及非常大的孔容。我们通过可控调节多孔碳的孔口尺寸，构建类闭孔结构。一旦其由开孔变为闭孔，效果将立即显现，首次循环库仑效率从15%提高到78%～92%，低电位平台也从无到有。那么，筛分型碳的储钠机制是什么呢？我们团队用小角度X射线衍射进行表征时发现，对于多孔碳，其内部充满了溶剂杂质，而钠离子根本没有机会与碳发生作用，反而是溶剂杂质与碳发生作用，SEI膜在孔内外均匀分布。而筛分型碳则将溶剂中的所有有机组分完全筛分在孔外，并且形成SEI膜，只有裸的钠离子才能进入孔洞。

低电位平台的产生是由于孔口的筛分。我们使用固体核磁共振（Na）和拉曼光谱（C）相结合的方法，明晰了钠团簇在筛分型孔内的形成机制。在储钠的斜坡段，去除溶剂杂质的钠离子扩散进入孔洞后，首先吸附于富含缺陷的孔表面，在缺陷位发生Na-C作用，钠离子带电状态几乎不变。在平台段，钠和碳不发生作用，而是逐渐获得电子形成团簇（即Na-Na作用产生团簇，钠离子团聚并共享电子）。此外，平台的长度与孔腹内表面积密切相关。通过使用不同表面积的多孔碳进行实验，发现只要提高孔腹内表面积，平台的长度就可以相应增加。

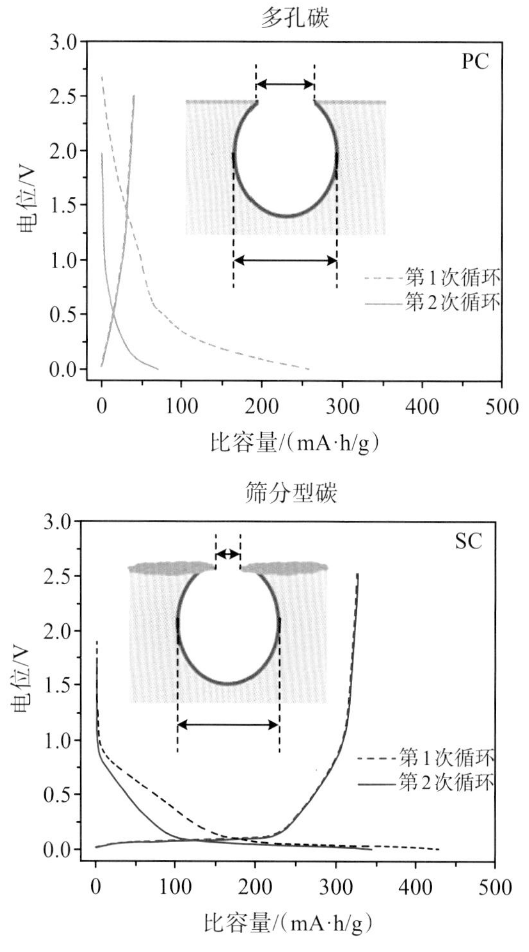

图2　筛分型碳设计思想：闭孔+大孔容

研究结果显示，比表面积越大，低电位平台比容量越高，其中平台比容量可达400 mA·h/g，可逆比容量可达480 mA·h/g。而最新的结果显示，可逆比容量能够达到600 mA·h/g。为什么可逆比容量能够不断提高呢？因为筛分型碳与石墨的固定层状结构完全不同，只要孔腹内表面积可以增大，就可以增加平台长度。筛分型碳是一种具有闭孔结构和大表面积的碳材料。闭孔结构能使其形成低电位平台，大的表面积有助于增加孔内形成的钠团簇的数量并避免钠金属的形成，从而实现低电位平台的可逆延长，显著提高能量密度。

综上所述，决定钠离子电池性能的碳负极结构参数包括微晶、缺陷和孔隙。微晶提供结构骨架、缺陷的载体以及具有孔隙的孔壁；缺陷使其具备吸附钠离子的能力，从而贡献了斜坡段的容量；孔隙为成簇提供空间，但此簇不能过大，进而贡献了平台段的容量。

筛分型碳是一种无定形碳，无论是软碳还是硬碳，只要具备上述孔结构特征，就会表现出优异的储钠特性。值得一提的是，筛分型碳不止为钠，也为锂、钾等元素的筛分型碳机制提供了良好的参考模型。其制备工艺简单、易于规模化生产且原料成本低廉，未来有望助力钠离子电池的产品化进程。

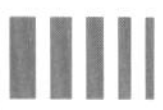

李　峰

中国科学院金属研究所研究员

国家杰出青年科学基金获得者，中国科学院金属研究所新型电化学储能材料与器件组组长，博士生导师。

主要从事新型电化学储能材料与器件的研究，在*Advanced Materials*、*Nature Energy*等期刊发表论文350余篇，被引用60000余次，发明专利30余项，2006年获国家自然科学奖二等奖（排名第二），2018年获辽宁省自然科学奖一等奖（排名第一），2018年获中国颗粒学会自然科学奖一等奖（排名第一）。

宽温域电池材料及其设计

国轩高科第12届科技大会

引言

能源作为需要在过程中体现出来的资源，只有在转换过程中才能展现其功能。因此，开展储能和能源相关研究的目的是将能源固化，转换成需要的形式加以利用。研究的核心是能源的按需分配，实现能源自由的目标。实现能源按需分配的关键环节在于将能源转换过程与社会基础设施相结合，例如，将电网作为社会基础设施的一部分。因此，我们需要在此领域开展众多应用方向的研究，其中，电池是最好的应用。对于中国而言，气温地域性和季节性差异大，温差范围大。如何适应巨大的温差，实现资源最大化利用，是电池面临的巨大挑战。例如，在低温下，电池应用之一的电动汽车，将出现续航里程减少、转换效率降低、循环性能变差等问题；而在高温下，电池容量下降、寿命大幅度缩短，甚至会引发安全事故。由此可见，电池作为不耐寒且不耐热的器件，只有在适宜的温度下，才能发挥最佳性能。因此，能适应不同气候环境的宽温域电池显得尤为重要。此外，针对深海装备、航空航天、钻井勘探、极地科考等特定应用场景，需要特定温区的特种电池，以适应更加极端的环境。为了解决这些问题，电池中最基本的材料和体系仍然是研究重点，尤其是考虑负极材料、正极材料、电解液、电芯以及整体电池组的设计如何保障电池在极限条件下正常工作。

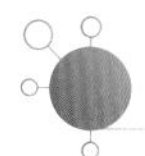

从系统角度进行关键材料、电芯工艺、工程化设计

随着环境的变化，电池内部会相应地发生变化。电池内部发生的重要反应是在电池充放电过程中，溶剂化锂离子通过电解液到达反应界面，然后脱溶剂化，进入活性物质中，完成插层或脱嵌反应。在这个过程中，我们需要思考如何在两种极限环境下，电池内部仍能按照设计进行反应。一是压力极限，即在非常高的压实密度下，电化学反应如何进行。二是温度极限，即在不同温度特别是低温情况下，电化学反应如何随着温度变化而正常进行。

电极是电池中非常重要的组成部分，其组成部分很简单，主要包括活性物质、导电剂、黏结剂、孔隙以及集流体。不同的组成会影响电子和离子输运，进而影响电池的充放电性能。例如，活性物质在锂离子电池中完成锂离子的嵌入和脱出；导电剂提供电子的传导路径，形成导电网络，使电化学反应产生的电子能够顺利传输；黏结剂的作用是将活性物质、导电剂和其他组分黏合在一起，形成稳定的电极结构。电极整体体积分数由孔隙率、活性物质体积分数、导电剂体积分数与黏结剂体积分数相加而得。实际上，液态电池与全固态电池的最大区别在于活性物质是否被无流动性液体包围，当被流动性液体包围时则具有更好的离子传输效果。

那么，如何才能形成有效的锂离子传导呢？在极片中，影响锂离子传导的因素主要包括两个部分：第一部分是电解液本身的特性，包括电导率、扩散系数和锂离子迁移数等；另一部分是电极的多孔结构，包括孔隙率和孔形状，其中直孔和弯曲孔之间存在很大差异。电解液通过孔在极片中进行渗透。由极片孔隙率公式（图1）可知，孔隙率主要受材料、配方和工艺的影响。如果在孔隙中充分填充电解液，那么更易于实现锂离子的传导，而孔隙越大，电解液的体积分数就越高，其离子电导率也越大。在孔隙中是否有碳材料（如碳纳米管、导电炭黑），及其在孔隙中的比例，会影响电子在整个极片中的输运。孔隙率过大会降低碳材料和黏结剂在极片中的比例，导致碳材料体积降低，即离子和电子传导存在差异。因此，调控孔隙中电解液以及电子和锂离子之间的输运是研究的重点。

在关键材料方面，以磷酸铁锂材料为例。在极限条件下使用磷酸铁锂，与其在压实、低温下的电池性能有关。近期发布的新型电池产品所采用的材料，仍然是以磷酸铁锂为主流，并且其质量能量密度以每年5 W·h/kg左右提高，这得益于压实密度的提高。在活性物质中，其压实密度一直受到高度重视。压实密度决定了封闭空间内活性物质的数量，压实密度越高意味着在单位空间内可容纳的活性物质越多。电池作为一个封闭的空间，活性物质越多，其容量越高。实际上，磷酸铁锂材料的密度包括真密度、振实密度和压实密度。真密度指去除材料内部孔隙或颗粒间空隙的密度，振实密度指规定条件下容器中经振实后所测得的单位容积的密度，而压实密度等于面密度/(极片辊压后的厚度－集流体厚度)。

$$\varepsilon = 1 - \rho_{coat} \cdot \left(\frac{\omega_{act}}{\rho_{act}} + \frac{\omega_{CB}}{\rho_{CB}} + \frac{\omega_{B}}{\rho_{B}} \right)$$

ε：极片孔隙率

ρ_{coat}：极片涂层的压实密度

ω：涂层组分质量百分比

ρ：涂层组分真密度

图1　极片孔隙率公式

磷酸铁锂颗粒通常具有闭孔、通孔和交联孔等结构。其中，交联孔和通孔是离子传输的主要通道，半通孔可以作为电化学反应发生的位置，闭孔则是无效的孔隙。因此，在制备活性物质时，需要考虑适当的孔隙率。由于目前所使用的活性物质都是粉体，而粉体的堆砌方式决定了压实密度，其中包括粒径大小、粒度分布以及颗粒形貌，这些因素决定了最终的压实密度及离子传输的效果。在加工过程中(主要是指辊压过程中)，在活性物质完成涂布后对其进行辊压。辊压会使材料的孔隙率降低，因为原本较松散的颗粒经过辊压后变得紧密，同时活性物质接触也变得紧密。未经辊压之前，极片表面呈现凹凸不平的情况，而辊压后表面趋于平整。然而，如果辊压时施加的压力过大，就会导致颗粒出现裂纹。因此，在高压实的情况下，需要颗粒具有一定的硬度。

总而言之，要实现高压实的材料研发，需要从以下四个方面进行考虑和调整：① 考虑正常体系的密度分布；② 确保形成的颗粒具有一定的硬度，以避免在辊压过程中破裂；③ 使用原材料的分类配置，采用更均匀的碳包覆技术，实现颗粒的均匀搭配；④ 降低碳含量，以在保持良好电化学性能的情况下提高压实密度。

电化学反应时温度越低，性能受到的影响越大。根据阿伦尼乌斯公式，当温度从室温降至0 ℃时，反应速率将下降为原来的1/10；而当温度降至-40～-20 ℃时，反应速率会再下降1～2个数量级。温度下降导致反应速率下降，通过采用掺杂/纳米化，均匀包覆，新型电解质、导电剂和黏结剂优化等技术手段可以进行调整。开发具有良好的低温性能材料，需要明确扩散距离和扩散系数之间的关系。减小扩散距离，即锂离子或电子在传输过程中的长度变短，在相同时间内的传输速率将更快。同时，作为低温材料，磷酸铁锂的导电性更好，所以需要更高含量的碳包覆。因此，低温型磷酸铁锂材料具有均匀的纳米颗粒结构。而制备这种磷酸铁锂的方法包括：新型碳源原位掺杂、高价金属离子掺杂、前驱体制备技术，以及包覆技术、工程化技术和低温材料应用技术等。

目前，市面上主要采用固相法制备磷酸铁锂，其颗粒相对较大，而通过液相法制备的磷酸铁锂，特别是在超临界条件下制备的磷酸铁锂，其颗粒较小。采用水热法制备低温型磷酸铁锂材料，再在高温临界条件和后续烧结过程中进行结合，就可形成均匀的磷酸铁锂，且具有物相均一、纳米颗粒大小可控、晶面生长可调、缺陷少、均匀性高、纯度高等特征，有利于提高低温性能。图2简要介绍了水热法制备过程，其中涉及碳源、锂源及原料（磷酸铁）的调整。水热法比现有的固相法制备出的磷酸铁锂比表面积略大，且其碳含量高0.2%～0.3%。同时，虽然水热法压实程度低于固相反应制备的材料，但其低温性能更好，在-20 ℃时半电池测试比容量可达120 mA·h/g。

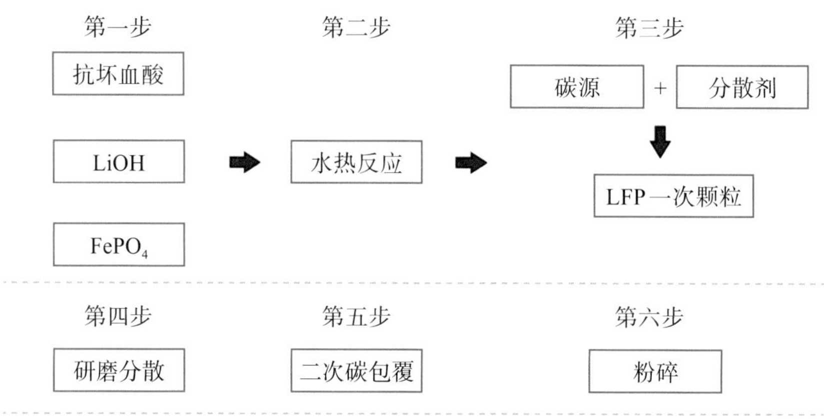

图2 水热法制备低温型磷酸铁锂材料的路线

当然，采用固相法也可获得低温型磷酸铁锂，需要在其制备过程中进行调整，主要包括以下三种方法：方法一是通过采用低温脱水工艺保持磷酸铁多孔形貌以提高离子电导；方法二是通过使用碳纳米管和双重碳包覆以提高电子电导；方法三是通过分散剂和新型导电剂提高扩散，进而提高电极电导。例如，在纳米化和碳包覆中使用两次碳包覆，包括无机（如碳纳米管）和有机碳源分解形成的碳包覆。研究结果表明，二水磷酸铁在低温脱水过程中形成多孔结构，后续固相反应中锂离子扩散距离显著缩短。通过常规材料和低温材料扣式电池的电化学性能比较（图3），

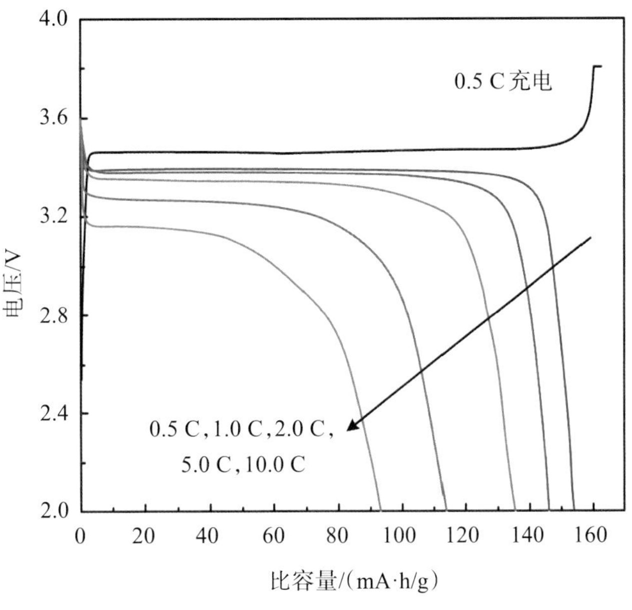

（a）常规材料

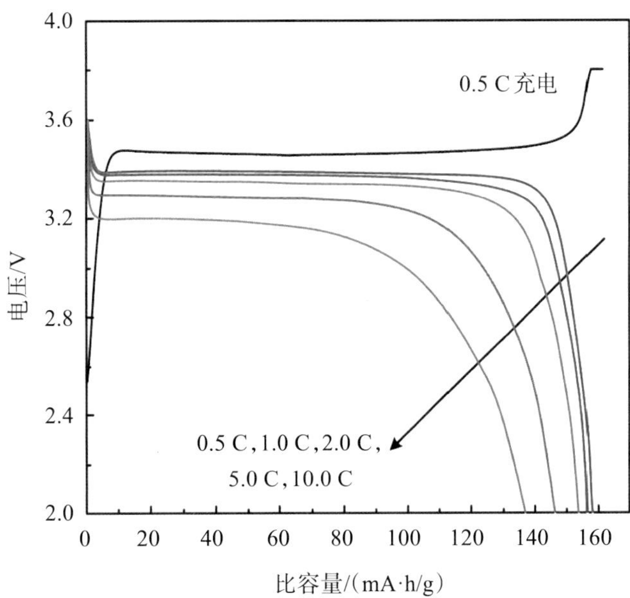

（b）低温材料

图3　常规材料和低温材料电化学性能比较

可知：低温材料在0.5 C时，比容量接近160 mA·h/g，而在10 C时比容量为140 mA·h/g，与常规材料相比差距明显。将低温材料分别制成两种电芯：低温型电芯，在−20 ℃时，其比容量为室温时的91%，在−40 ℃时为73%，且在−60 ℃时也能放电；宽温电芯，在−20～55 ℃范围内其比容量保持率较高，放电过程相对容易实现，但充电过程仍具挑战性，取得的最好结果是在−30 ℃时实现0.2 C的充电。

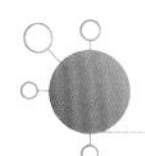

正极、负极、电解液的针对性研发

上文介绍的是磷酸铁锂材料的研究，下文将简单介绍目前正在进行的几种适用于低温或高温环境的正、负极材料及电解液体系。低温和高温主要影响反应速率，低温下反应慢，而高温下反应快。其中，高温反应涉及过渡金属溶解、气体产生。在正极材料方面，宽温高镍三元材料通过细化一次颗粒、抑制相变来提高其宽温性能；（无钴）镍锰酸锂材料则可在宽温度范围（−20～60 ℃）内添加掺杂剂。在负极材料方面，新型石墨材料包括高温型石墨、低温型石墨和快充型石墨，可通过特定方法提高其性能。如高温型石墨可通过一次颗粒、低表面积及软碳包覆来实现；低温型石墨和快充型石墨都需要采用低取向指数值材料，并且通过调整二次颗粒及低石墨化程度来实现，其中，快充型石墨最好使用硬碳包覆。实际上，发展新型掺混技术可以实现按需定制石墨负极，其中包括天然石墨与人造石墨的掺混以及软碳与硬碳的掺混，前者能够均衡性能和降低成本，后者能够提高倍率和低温性能。

除了材料，电解液的研究也至关重要。前文讨论的正极、负极两部分在不同温度下发生的作用相当于固相扩散过程，而电解液决定了溶剂化结构和液相扩散，是调控电池温度性能的关键。制作低温电池需要使用低熔点的电解液，通过减弱溶剂之间的相互作用来避免凝固现象发生。新型电解液需要考虑配方调节便捷、成本低且不改变制造流程。同时，新型电解液添加剂也可以满足高温和低温应用的需求，研究结果表明，使用添加剂具有成本低、易调控、可降低内阻、抑制产气等优势。例如，使用了添加剂的电池在−30 ℃下其容量提高了1.5倍。

工艺设计方面需要考虑增加箔材厚度，降低面密度和压实密度，以提高反应速率、吸液能力及离子迁移速率。在工艺流程中，可以通过专门的设计在低温条件下降低极片的电阻：① 在混浆时使用复合导电剂；② 在涂布时增加集流体厚度，降低面密度；③ 在辊压时降低压实密度；④ 在叠片时采用多极耳设计。

综上所述，从关键材料、系统设计以及正负极与电解液等方面来看，只有针对不同的特定温度进行研发，才能获得宽温域电池结构和电芯结构。同时需要构建批量稳定制造的关键质量控制点与工艺精细化流程，根据不同需求来研发新材料及电芯技术。

西吉塔·特拉贝辛格

保罗·谢勒研究所教授

西吉塔·特拉贝辛格(Sigita Trabesinger)教授是保罗·谢勒研究所(Paul Scherrer Institute,PSI)电极与电池团队负责人,在先进电池表征技术、硅碳负极、锂金属电池、钠离子电池正极材料等方向有着丰富的科研经历。通过先进的在位、原位、离位等表征手段分析硅碳负极的失效机理,有针对性地筛选硅碳负极配方和适配的电解液,不断优化硅碳负极体系电池的性能。

全固态电池和液态电解质电池的先进电池表征

国轩高科第12届科技大会

本文主要介绍全固态电池和液态电解质电池的先进电池表征，以下简要介绍我所在的保罗·谢勒研究所以及我在研究所的研究工作：氟代碳酸乙烯酯（FEC）微球和固态电池。

保罗·谢勒研究所（简称PSI）员工人数达到2200人，是瑞士最大的研究机构。目前，我们正在进行多领域的科学研究，包括材料科学、放射学、生物学。此外，我们还有医疗方面的研究，例如眼癌的治疗。保罗·谢勒研究所拥有四个大型设施，如同步辐射光源（即瑞士光源）、中子源、缪子源和自由电子激光，这是比较难得的。我在电化学实验室工作，从事电池和氢能技术研究，实验室团队约有70人。

团队的电池研究工作涉及多方面，我先从“神秘微球”说起。这些微球是在石墨中添加增容添加剂时意外发现的。从图1可以看出，在石墨中加入8%的硅，其质量能量密度从370 W·h/kg增至500 W·h/kg；如果再添加少量金属锂，则质量能量密度和体积能量密度都会增加。这一计算是在2015年完成的，我们考虑了所有现实的参数，如电极的孔隙率、材料密度、包装等。

在电池内部，界面的活性非常重要，当我们研究负极材料，比如硅、石墨或金属锂时，总是会遇到这样的情况，负极电解液在电位下不稳定，需要有一种可以自发形成的界面保护层。

当我们在完成循环后取出电极时，在没有添加FEC的情况下，看起来都和我们预想的一样，但添加了FEC后，出现了一种神奇的现象。我们可以看到，根据电极材料的不同或电芯中电位下降的速度不同，有不同大小的球体形成。通过仔细观察发现，当只有石墨时，它的粒子总是比带有氧化锡的石墨要小得多。开始，我们认为这可能是由FEC和$LiPF_6$的组合导致的。后来，我们在含有$LiPF_6$和2% FEC的不同溶剂体系下再次实验后发现，在碳酸乙烯酯(EC)中，这些粒子要大得多；而在DMC碳酸二甲酯中，它们则变得非常小，尤其是在DMC石墨体系中几乎未形成球形(图2)。

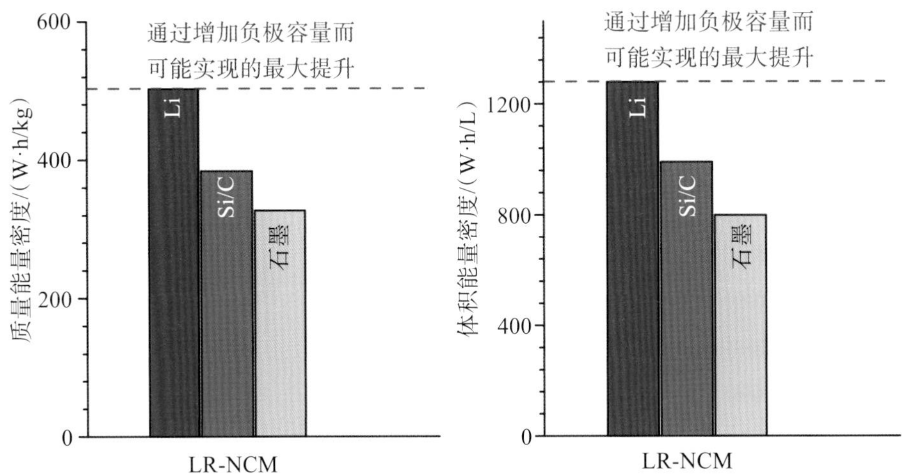

图1　石墨中添加增容添加剂的变化情况

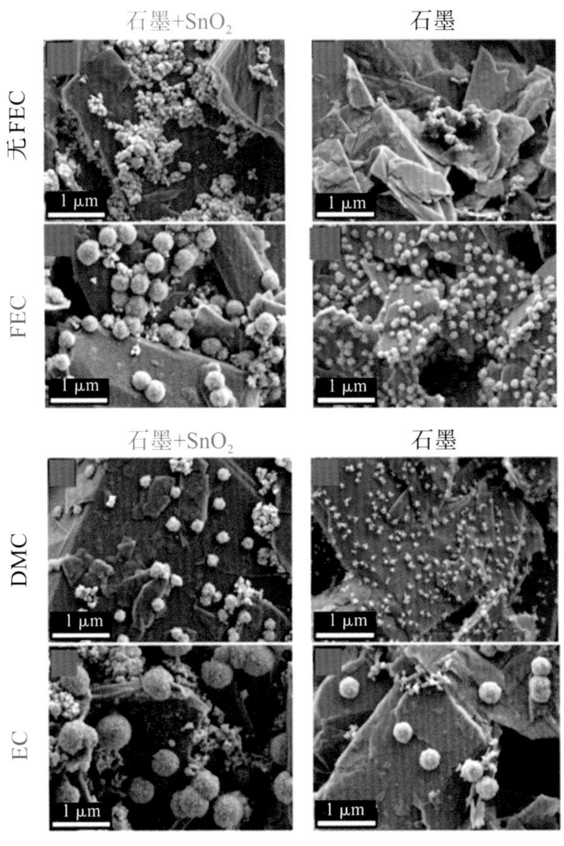

图2　添加剂对电极的影响情况

我们在这方面研究了10年，但一直未能取得突破。后来，我们找到了发现微球的唯一方法，用到了同步辐射光源，使用一种叫作X射线光电子显微镜（XPEEM）的技术。该项技术是由我的同事迈克尔·李（Michael Lee）与光束线科学家在PSI合作开发的。

图3是NCM电极的示例，通过此显微镜观察NCM镍钴锰酸锂电极，会看到粒子和碳的分布。该显微镜的横向分辨率约为17 nm，分析深度约为3 nm。我们可以从每个测量点获得光谱，并且可以看到过渡金属碳、氧和氟的L边和K边。那么，为什么不在扫描电子显微镜（SEM）中使用能量色散X射线光谱仪（EDX）呢？实际上我们已经这种做了，我们看到了氟，也看到了碳和氧，但是这些元素你在任何地方都能看到。

我们还试图了解电势情况，因为碳酸盐被分解后会产生8 V的电压。通过观察高氯酸盐和加入FEC的LP30电解液，我们发现，在高氯酸盐中能更早地出现微球，而在LP30电解液中直到1.4 V左右才发现第一个球体。同时也可以看到，在LP30电解液中微球数量增长得更快；而在高氯酸盐电解液中没有额外的氟源，粒子数量少，但体积大。由此可见，在不同的电解液中，平均粒子尺寸的增长速率是不同的（图4）。

此处我尝试解释一下从XPEEM中实际发现了什么。在我们得到的氟的光谱中，当我们选择氟的K边时，会看到粒子。在此光谱中，碳的区域内红色部分是碳、氟和氧的信号，绿色部分，可以看到来自周围粒子的信号。在碳上面，我们看到的是正常的纯碳，没有碳酸盐。这意味着在石墨上没有任何碳酸盐成分。

但若我们观察这些粒子，将会看到一些碳酸盐。同样，在石墨上看不到氟，但在粒子上是有氟的。从氧边可以看到来自FEC的氧气信号，但在碳区域看不到任何东西。虽然我没有发现锂，但可以看到由氟化锂和一些碳酸盐混合形成的美丽粒子。

有趣的是，此时我们没有任何来自石墨的信号。如果将FEC称为成膜添加剂，实际上并不完全正确。因为经过一次循环后，情况会变得更加有趣。在最终的碳和一些粒子上，可以看到形成了碳酸盐膜。然而，如果你观察氟边，会发现氟信号只出现在粒子上，红色的碳上没有氟的信号，这意味着如果你看到石墨上的成分，那么所有的FEC实际上都分解成了微球。我们还可以看到，氧边也与碳酸盐重叠，因此这只是富含碳酸盐的膜，里面没有任何FEC，这是一种新型的FEC分解机制。在此之前，我们一直认为FEC会到处分解并覆盖所有地方。

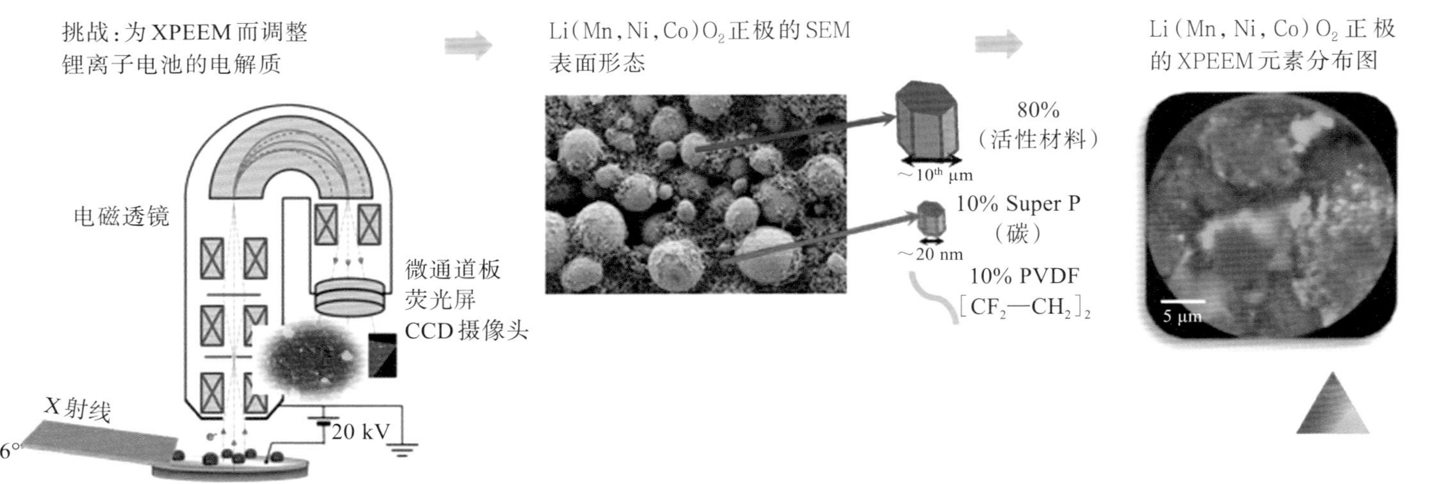

图3　XPEEM下的NCM电极

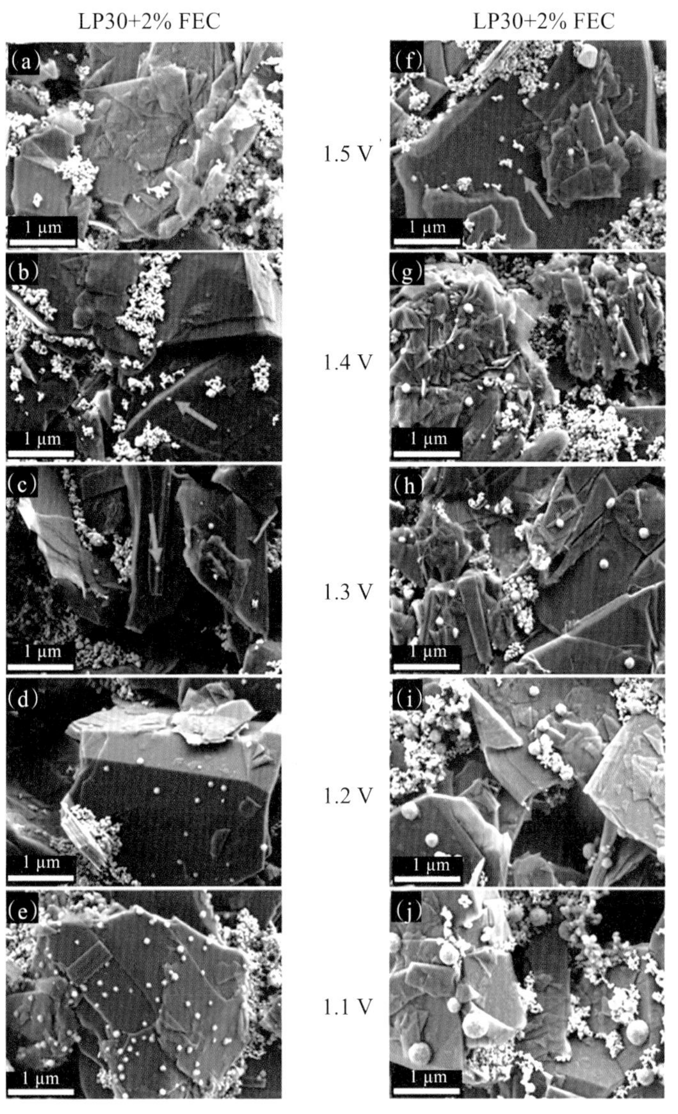

图4　不同电解液在添加剂下的粒子变化情况

由图5可知，在1.1 V以下会形成第一批微球。之后会形成一层富含碳酸盐的SEI膜，这层膜会覆盖石墨和微球。这些微球主要由LiF组成，孔隙中夹杂着一些碳酸盐，形成的膜主要是有机膜。若我们很想了解这层薄膜是仅来自溶剂，还是来自其他部分。为此我们可能需要对其进行同位素标记，在本文中我们没有设法用实验来验证这一点。

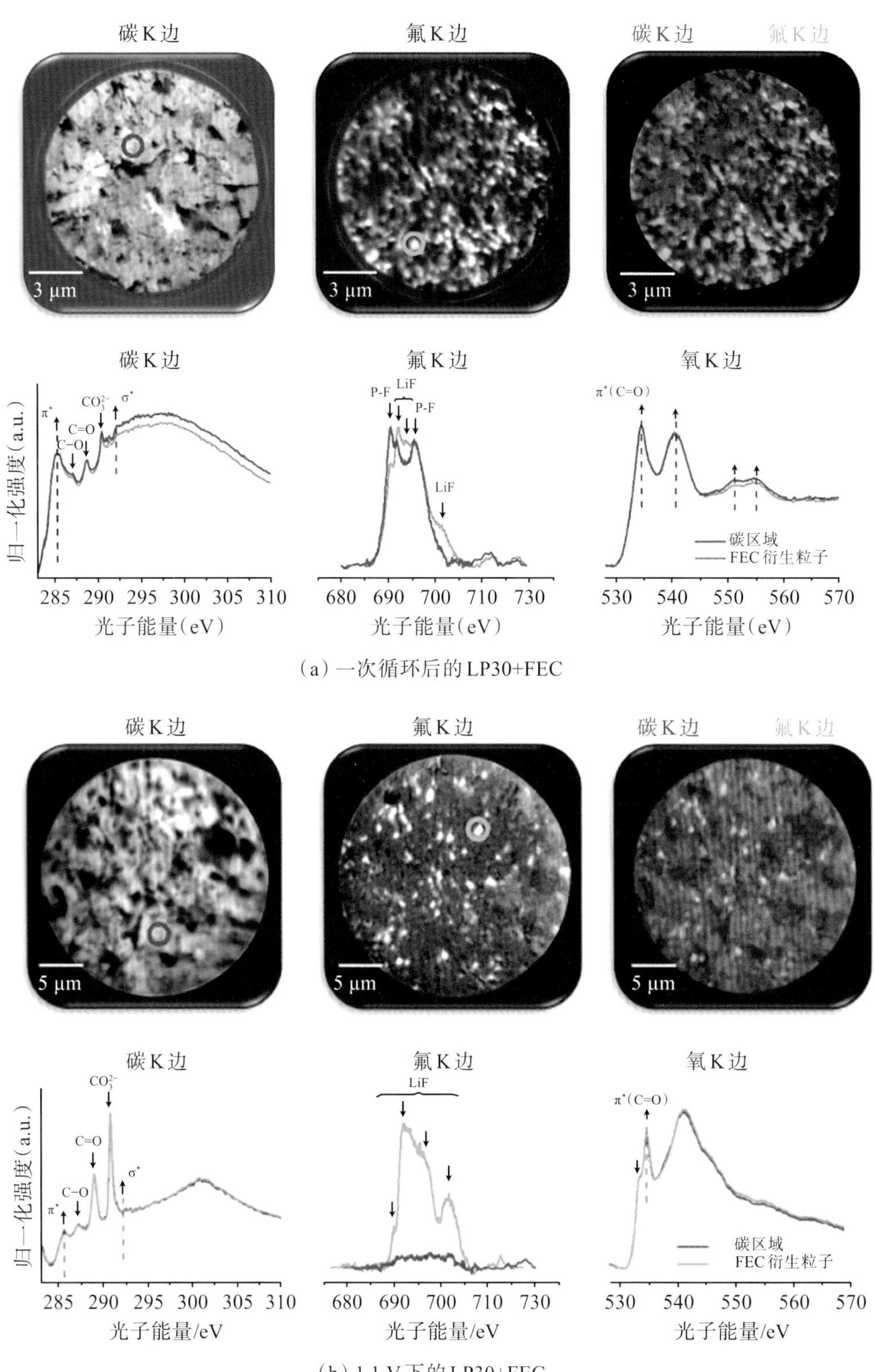

(a) 一次循环后的LP30+FEC

(b) 1.1 V下的LP30+FEC

图5

当我们试图分析这些微球的生长是如何遵循晶体生长理论时，我们通过调节电解质溶剂或盐的不同成分、温度，甚至是电解质不同部分的浓度，来调整微球的大小。我们通过改变活性材料的成分来改变电位下降的速度，即如果是石墨，那么电位下降的速度会非常快，将形成小的粒子；如果是氧化锡或硅，那么电位曲线下降的速度就会慢得多，将会形成大的粒子。

我们调整电压为10 kV，做了实验，然而我们什么都没有发现。而后我们在4 kV下进行实验，我们开始看到粒子。你可能已经猜到了，之前的实验是在2 kV的SEM低加速电压下进行的。如果我们想看清表面的东西，最好使用较低加速电压下的SEM。如果我们想得到EDX的结果，根据成分的不同，我们可能需要更高的加速电压来获得正确的信号。此外，我们也可以认为是样品中没有水的原因，如果有水，我们就会看到这个峰值。10 kV和4 kV下的样品表面也会比我们以前的标准电解质要乱得多。

接下来，我介绍一下我们在固态电池方面所做的一些工作。要获得固态电池并对其进行研究分析实际上是非常困难的。因为我们需要对硫化物固态电解质施加很大的压力，才能打开电芯并进入界面，就像我们在液态电池中所做的那样，这实际上是不可能的。因此，我们需要找到分析固态电池的新方法。但是电池仅仅在25次循环之后，其阻抗就会迅速上升，很快电池就会停止工作，尤其是在高电位时会出现一些界面降解现象，一些氧化还原副产物将妨碍电池的性能。

降解机制之一是电化学反应，其中与硫相连的键断裂。我们得到了硫化物和磷化物。若反应中有过渡金属参与，还有硫酸盐和磷酸盐生成。要检测这些物质其实并不容易，特别是如果你想研究得更深入，那么就需要开发新的方法。于是我们开始研究用于固态电池的XPS和同步加速器。

同步加速器检测结果包含两个部分：总电子产额和总荧光产额。XPS一般可以提供10 nm深度，如果要查看总荧光产额的信号，需要看到数百纳米的深度。这意味着，如果同时收集这两个信号，就能看到表面发生了什么。我的同事和他的学生制作了一个特殊的操作电芯，可以同时使用XPS和X射线吸收光谱（XAS），并能看到与固态电解质接触的过渡金属表面和深处的氧化演变。

这对液态电解质来说是不可能的，因为一切都要在真空中进行。图6是NCM111（活性材料$LiNi_{1/3}Ca_{1/3}Mn_{1/2}O_2$的简写）、LPS（$(Li_2S)_3$-$P_2S_5$的简写）与$InLi_x$的对比示例，我们观察的不是电芯的中间部分，而是从顶部开始观察，我们还将固态电解质混合到正极中。固态电解质与活性颗粒之间有一个界面，我们可以看到，从这个特殊的电芯到实际工作中的电芯，都有很好的对应关系，因此该数据具有代表性。此外，我们还需要使用X射线进行分析，其能量为0.1～1000 eV。这样可以接触到过渡金属的L边和氧的K边，因此可以研究过渡金属和氧的氧化还原过程以及表面降解机制。

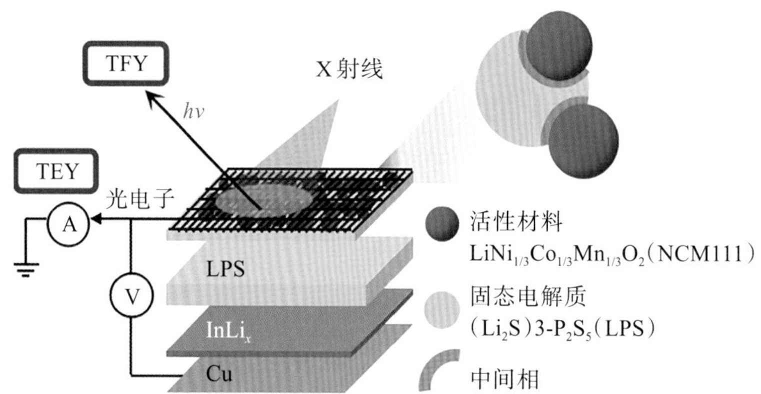

图6 NCM 111、LPS与$InLi_x$的X射线观察对比

XPEEM是非常强大的先进工具，可以用来获取具有横向分辨率的化学信息。如果没有这项技术，那么我们永远不会知道界面中的这些微球是什么。要获得所有固态电池的界面信息并不容易，这需要大量的实验工作。在此，我要感谢所有为此做出贡献的同事，以及为我们提供资金等支持的各相关方。

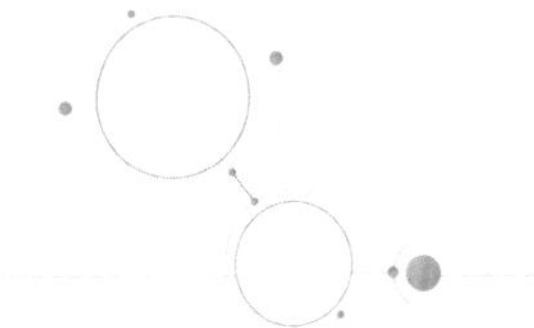

材料科学：能源转型的有力支撑

孙世刚

中国科学院院士

厦门大学教授、自然科学学部主任，中国化学会第二届监事会监事长，高端电子化学品国家工程研究中心（重组）科技领军专家，国家自然科学基金基础科学中心项目“化工纳微尺度过程强化”首席研究员，国际电化学学会会士，英国皇家化学会会士。担任*Electrochimica Acta*副主编，*Journal of Electroanalytical Chemistry*、*Journal of Materials Chemistry A*、*ACS Energy Letters*、*Journal of Solid State Electrochemical*、*Electrochemical Energy Reviews*、*National Science Review*、*Functional Materials Letters*等编委，《化学学报》《化学教育》《光谱学与光谱分析》副主编，以及《电化学》主编。

主要研究电催化、表/界面过程、能源电化学（燃料电池、锂离子电池）和纳米材料电化学等领域。长期致力于发展系列电化学原位谱学和成像方法，从分子水平和微观结构层次阐明表/界面过程和电催化反应机理，提出了电催化活性位点的结构模型。创建电化学结构控制合成方法，首次制备出由高指数晶面围成的高表面能铂二十四面体纳米晶，显著提高了铂催化剂的活性，引领了高表面能纳米材料研究领域的国际前沿。曾主持国家基金委员会重大科研仪器设备研制专项“基于可调谐红外激光的能源化学研究大型实验装置”和创新研究群体项目“界面电化学”，牵头中国科学院学部“我国电子电镀基础与工业的现状和发展”等项目。获国家杰出青年科学基金、国家自然科学奖二等奖、教育部自然科学奖一等奖、国际电化学会Brian Conway奖章、中法化学讲座奖和中国电化学贡献奖。

二次电池电极材料结构设计、界面构筑和性能调控

国轩高科第12届科技大会

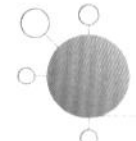

二次电池的发展和挑战

储能电池的应用可以促进可再生能源的开发和利用。自2016年以来，我国在可再生能源生产和消费方面一直位居世界首位。截至2022年底，我国累计风电装机容量达到3.66亿千瓦，累计光伏发电装机容量达到3.93亿千瓦。然而，其中存在3.5%的弃风率和1.8%的弃光率。尽管这两个比例相加仅为5.3%，但由于发电量庞大，我们必须配套大规模储能设施。储能技术有多种方式，包括抽水蓄能、物理储能、化学储能、电磁储能等，其中电化学储能是最为便捷的方式。借助储能技术，我们可以驱动众多终端设备，如移动通信、空间应用、电动汽车以及智能电网等。

目前，化石能源的发电量仍然占据我国总体发电量的大约75%。然而，随着"碳中和"进程的推进，化石能源发电量的比例将会降至20%以下。与此同时，风电和光伏能源将成为增长最快的领域。预计到2060年，我国实现"碳中和"时，风、光发电占比预计提升至50%以上(图1)。按照20%储能电池的配比计算，需要储电4600 TW·h (2021年全国锂离子电池产量为324 GW·h)，相当于46个三峡电站一年的发电量，需要配备约300亿吨电池。这将带来一个巨大的市场需求，成为储能领域的一个重要增长方向。

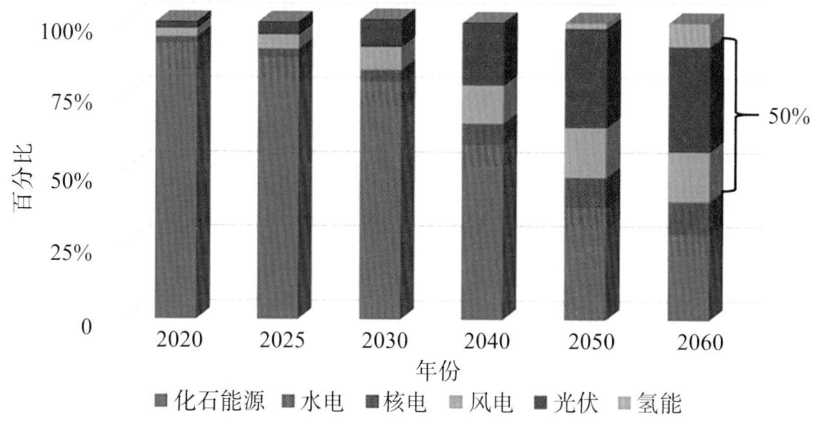

图1　我国碳中和进程中能源结构变化

动力电池的应用推动了新能源汽车的发展，同时也有助于减少CO_2的排放。自2019年起，我国连续4年原油对外依存度超过能源安全底线（70%）。目前，我国的石油产量每年不到2亿吨，但我们却额外购买了超过5亿吨的石油来满足需求，导致国家原油净进口量占本国石油消费量的70%以上，这已经触及了国家安全底线。因此，我国在能源领域投入了大量资源，包括拓展能源市场，这是推动我国发展的重要动力。新能源汽车的发展不仅可以减少对原油的依赖，还可以降低CO_2排放，并高效利用可再生能源。一方面，可再生能源可用于生产燃料，例如将CO_2电化学还原为燃料，或者将氮还原为氨，从而通过燃料电池发动机驱动汽车。另一方面，动力电池可应用于驱动汽车，如国轩高科和宁德时代等公司生产的动力电池。在我国，大巴士、卡车等多用燃料电池驱动，而乘用车则多采用动力电池驱动。

新能源汽车市场发展迅速。自2016年起，我国新能源汽车拥有量超过100万辆。在2022年，全球新能源汽车销量达到1055万辆，其中中国销量达688.7万辆，占全球销量的65.3%。全球新能源销售总量突破2800万辆，中国累计销售1580万辆，占56.4%。根据规划，到2030年，我国新能源汽车保有量将达到8000万至1亿辆，增长速度非常迅速。然而，受限于催化剂等核心材料的开发，燃料电池技术相对发展较慢。目前，我国也是全球燃料电池商用车最多的国家，并且累计建成加氢站358座，位居全球第一，这将推动燃料电池汽车的发展。根据规划，2030—2035年，我国燃料电池汽车保有量将升至100万辆，增长速度加快。

随着电动汽车和储能技术等领域的迅速发展，对电化学能源器件的性能提出了日益增长的要求和新的挑战。这些要求涵盖了高能量密度、高功率密度、高安全性、长寿命、极端环境适应以及低成本等多个方面。因此，这意味着一个全方位的新挑战，同时也对制造商提出了更高的要求。接下来，结合一些新材料，本文从结构层面出发，探讨如何进一步提升电化学能源器件的性能。

二次电池电极材料结构设计和性能调控

实际上，电池的性能在很大程度上取决于电极材料的结构和材料所构成的界面。这两个方面是提升材料性能、制造更优质电池的关键所在。目前，我们所采用的材料主要关注能量密度和功率密度（动力性能）这两个方面，它们与材料自身的一些参数有关。以富锂层状材料为例（图2），当其在不同方向上结晶时，例如对于(001)面而言，表面原子排列非常密集，表面能较低，约为0.937 J/m²。表面能低意味着热力学稳定，较易生成(001)面暴露的材料。然而，如果离子需要穿过这一层表面，就需较高的能量。对于(010)面，它恰好具有锂离子传输通道，锂离子嵌入所需的能量很低。但(010)面具有较高的表面能，热力学不稳定，容易在材料生长过程中消失。因此，对相同材料进行表面结构的调控，可以明显提升其能量密度和功率密度，所以这两方面事实上是相互关联的。总而言之，研究者可通过调控材料的生长过程来提升其性能。

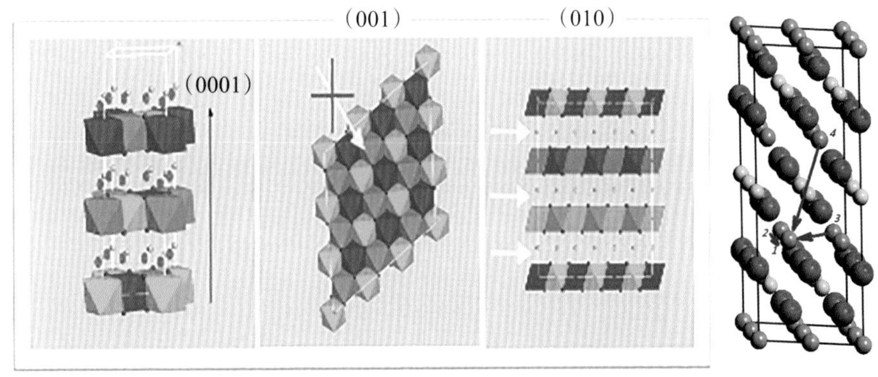

(a)

晶面	表面能/(J/m²)	锂嵌入所需的能量/meV	
(001)	0.937	2280	4→1
(010)	1.467	230	2→1
(110)	1.808	263	3→1

(b)

图2 富锂层状正极材料的表面结构及性能

（一）富锂层状正极材料（LNMO）

目前，(010)面暴露的富锂层状材料已轻松实现超过200 mA·h/g的比容量，并且其倍率性能极佳。当其倍率从0.1 C提升至6 C，即提升60倍时，该材料的比容量仍接近于200 mA·h/g。这表明该材料本身具有出色的稳定性和传输性能。同时，通过调控表面结构，发现其比容量可以从40 mA·h/g（未控制表面结构）提升至106 mA·h/g（对表面结构有一定控制）。这个例子表明，实际上研究者可通过设计表面结构来提高电极材料的性能（图3）。

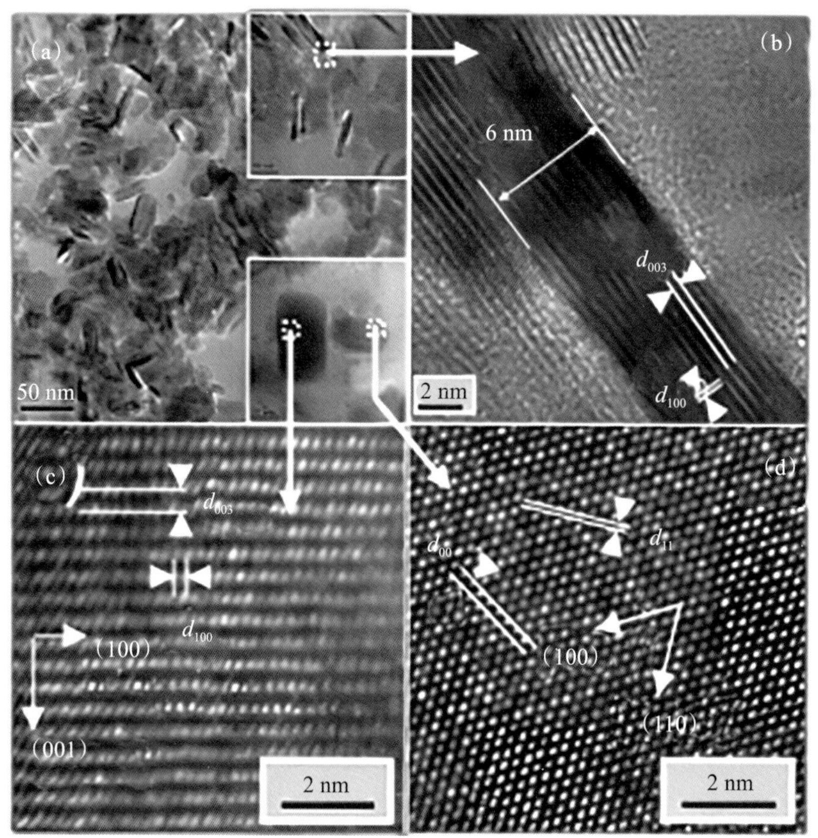

图3 不同晶面暴露的富锂层状材料的表面结构

（二）三元正极材料（NCM）

三元材料作为一种层状材料，研究者可以通过增加其厚度，提升活性面的比例。图4是一个合成机理，控制这个层状材料的(010)面作为侧边，并在晶体生长过程中增加其厚度，那么同时也会增大(010)面的比例。基于活性面的比例会随着晶体厚度的增加而提升这一原理，研究者便可通过控制材料的制备条件，形成一种良好的六方晶体结构的三元材料，并调控其厚度提升活性面的比例。

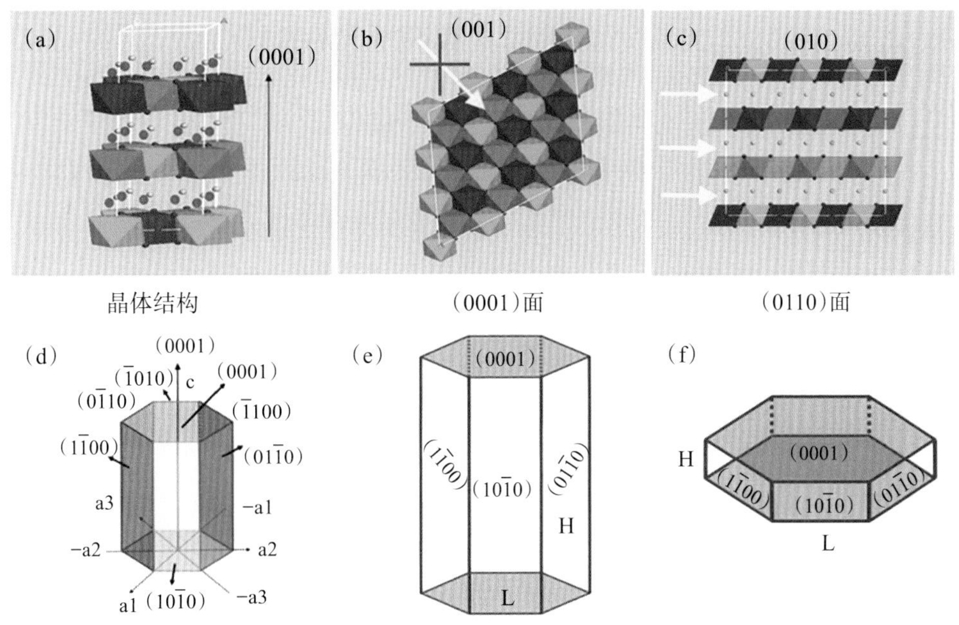

图4　三元正极材料的晶体表面结构示意图

此外，对于$LiNi_{1/3}Co_{1/3}Mn_{1/3}O_2$三元材料，通过计算，(010)面的比例增加(初始为16.4%)有助于其倍率性能提升(超过20%)。在2～15 C倍率范围内，该材料的比容量基本上能够保持较高的水平。对于单种材料而言，在反复充放电过程中容易发生团聚现象，从而导致性能下降。而采用多级结构可以解决这个问题。多级结构的基本思想是控制每个基本单元或控制(010)面，以获得更好的性能。因此，对于团聚的多级结构材料，其动力性能和快速传输性能可以继续保持。例如，当材料的倍率达到10 C时，尽管已经形成了较大的颗粒，但其仍然能够应对高倍率的充放电需求。

(三) 钠离子电池高熵合金正极材料

钠离子电池与锂离子电池相比，在化学性质上非常相似，其区别在于，钠离子由于半径较大，电化学势略低，能量密度也稍低。在储能方面，钠离子电池仍然是一个不错的选择。目前，钠离子电池的电极材料选择相对有限，尤其是正极和负极。相比之下，锂离子电池的电极材料更加丰富，选择更多。经过我们团队大量筛选和考虑后，最终选择了磷酸铁锂作为锂离子电池的材料。当然，我们依然在发展新材料。

钠离子电池的正极材料主要是一些层状材料，以及普鲁士蓝（白）和聚阴离子等，而负极材料则包括石墨、硬碳和软碳等。当然，要发展更高性能的钠离子电池还需更好的材料。从这个角度来看，新材料的发现以及新型电解液的设计都是关键因素。

关于钠离子电池采用高熵合金作为正极材料，原因之一是高熵合金的构型熵可以通过公式计算。例如，研究者在类似于钠锰镍的材料中掺入少量的铜、锰和钛，通过调控这些元素的比例来实现对材料熵的调控，从而影响钠的传输效率。当元素比例从5∶3∶3到5∶5∶2再到5∶7∶1时，高熵合金材料的构型熵会增加，但增加量不是很大。同时，在对材料熵控制的过程中，活性面的比例也会随之逐步上升。因此，与钠锰镍氧材料相比，高熵合金材料的性能有了很大的提升。其中，少量掺入铜、锰、钛形成的高熵合金材料具有非常高的稳定性，并且其倍率性能和长循环性能也都随之得到了显著提升。高熵合金材料作为目前正极材料较优的选择，也是研究较多的一个方面。

（四）钠离子电池负极材料

"双凹缓冲"策略应用于高效钠离子储存。二硫化钼（MoS_2）应用于钠离子电池负极，其具有0.62 nm的层间距，理论比容量为670 mA·h/g。然而，经过COMSOL应力模拟后，中空双凹碳具有最小的应力值，可以缓冲体积膨胀。因此，"双凹缓冲"策略可用来制备霉菌衍生孢子碳/MoS_2（ANDC/MoS_2）负极材料，即储钠材料可置于霉菌孢子的双凹结构内部。由于碳本身具有良好的导电性，这种材料可以实现缓冲效果，从而更好地储存钠离子。

关于钠离子电池负极的电化学性能，首先需要关注的是其长循环（1000次）性能。具体而言，该负极材料的比容量为496 mA·h/g（94.5%），相较于纯MoS_2，其循环性能提升了7倍。为了研究钠离子电池负极材料在循环过程中的机理，我们团队开发了原位/工况透射电子显微镜（TEM）研究装置。我们通过TEM设计了一个芯片反应池，并将电解液和电极引入其中，以观察其变化过程。MoS_2具有快速、均匀、稳定、可逆的特点，而当纯MoS_2纳米片的尺寸从1.1 μm增加到1.3 μm时，归一化膨胀率达到了119.2%，储钠能力有限。尽管MoS_2在循环过程中体积变化较大，然而，一旦将其嵌入双凹碳结构中，其在循环过程中的体积将保持不变，从而展现出卓越的稳定性。此外，研究者借助原位TEM技术研究了ANDC/MoS_2嵌钠过程的反应机制。最终，这一反应机制的研究揭示了一个插层-转化反应机制的存在。

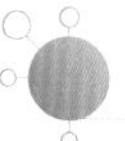

二次电池的界面构筑和性能调控

目前，为进一步提升二次电池的能量密度，电极材料的选择起到至关重要的作用。其中，高容量、低电压的负极材料和高容量、高电压的正极材料更有助于提升电池的性能。然而，使用锂金属作为负极材料和高电压正极材料会带来两个安全性问题。一是当锂金属作为负极材料时，容易产生枝晶，这些锂枝晶会穿透隔膜，导致电池短路。二是高比容量的材料在高压下不稳定，电解液会分解，电极材料结构也会受到破坏，从而导致电池性能下降。由此产生以下几个关键科学问题：锂成核生长规律及其调控，高电压稳定电解液的设计合成，新型高比能正极材料的结构性能及其稳定性机制等。

近期研究进展表明，通过构筑锂金属负极/电解质界面，可以加强物质传输和反应过程，从而显著提高锂金属电池的循环稳定性能。具体而言，一方面，通过构筑人工SEI膜、三维结构锂金属负极，调控锂金属电极/电解质液/固界面等手段，可以明显抑制锂枝晶的生长，提高锂金属电池的循环稳定性能；另一方面，为增强电极和电解液之间的表/界面稳定性，可以通过强化溶剂化结构的聚合度，优化去溶剂化过程，优化结构组分并加强表/界面钝化保护层等方式，提高锂金属电池的循环稳定性能。

下一代锂离子电池为固态电池。固态电池中的固态电解质具有不燃和无液体泄漏风险的特点，然而，其是否能够有效阻挡锂枝晶的生长仍然是一个值得研究者深入思考的问题。由于固态电解质的离子传输速度较慢，并且具有一定的电子导电率，因此锂枝晶仍然可以沿着固态电解质的晶界生长。此外，固/固界面的兼容性较差以及离子传输阻力较大，将极大影响电池的动力性能（图5）。

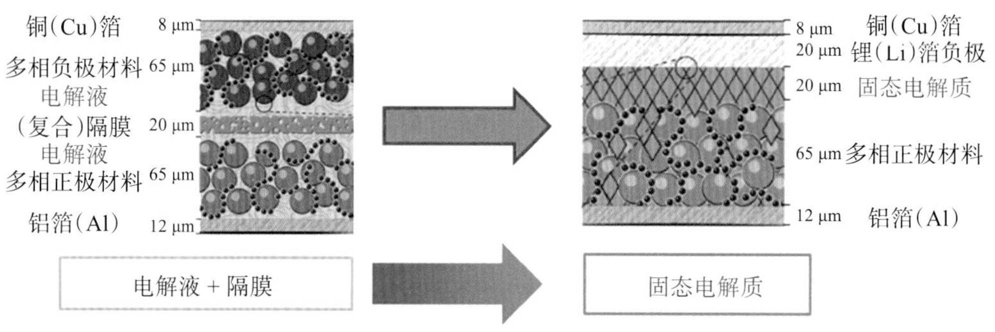

图5　固态电池与传统液态电池的结构对比

研究发现，我们可以利用超薄 $Li_2CoTi_3O_8$ 层来调控 $LiCoO_2$ 与固态电解质 $Li_{10}GeP_2S_{12}$(LGPS)之间的界面，从而提升全固态锂离子电池的性能。为了实现更好的固/固界面兼容性，我们团队选择了 $LiCoO_2$ 作为电极材料。因为当 $LiCoO_2$ 的电压升高时，其容量显著增加，同时能量密度也得到大幅度提升。但是，这也带来了一些问题，比如钴离子会溶解并导致相变的发生，同时还会引发电解液分解和气体产生，从而导致电池的不稳定性。因此，在使用这种固态电解质来解决问题时，我们需考虑固/固界面的相关情况。首先，$Li_2CoTi_3O_8$ 可作为保护层，即合成 $Li_2CoTi_3O_8$ 来保护 $LiCoO_2$ 的表面。这种包覆层是一种超薄的 $Li_2CoTi_3O_8$ 层。我们通过超薄 $Li_2CoTi_3O_8$ 层来实现电极材料与固态电解质之间的良好兼容性。也就是说，在形成固/固界面时，固态电解质和电极材料通过这层薄膜实现了兼容，它们之间形成了一个互溶的界面层，从而实现了良好的传输性能。因此，当我们制作全电池时，采用锂作为负极，$LiCoO_2$ 作为正极，$Li_{10}GeP_2S_{12}$ 作为固态电解质，则电池具有出色的兼容性，并且循环稳定性和容量都得到了显著提升。

结论

储能规模和电动汽车的快速发展对二次电池（储能、动力）的性能提出了越来越高的要求。这些要求涵盖了能量密度、功率密度、安全性、使用寿命、极端环境适应性以及低成本等多个方面，为产业界和学界带来了新的挑战。在应对这些挑战的过程中，我们还需要进行多方面的研究工作，不仅要对材料进行创新设计，还要关注材料结构设计和界面构筑。此外，二次电池电极材料的结构（包括化学、电子、晶相和纳米等方面）及其界面对于电池性能也起着决定性的作用。因此，原子尺度和分子水平表征、高性能材料和界面的设计和构筑，是调控和提升二次电池性能的有效途径。为了推动这一领域的发展，研究界和产业界应该共同努力，加强合作与交流。只有通过共同努力，我们才能更好地满足规模储能和电动汽车快速发展所带来的需求，并为未来的能源存储和交通出行提供更加可靠、高效和可持续的解决方案。

赫克托·D. 阿布鲁纳

美国国家科学院院士

美国国家科学院院士，美国艺术与科学院院士、美国科学促进会会士(2007年)，康奈尔艺术与科学学院埃米尔·查莫特(Émile Chamot)化学系教授，碱性能源解决方案中心(CABES)、康奈尔大学能源材料中心(emc2)主任、电化学学会会员，国际电化学学会会士。研究重点是电池、燃料电池和电解池能源材料的原位开发和表征。曾获多项奖项，包括总统青年研究员奖、斯隆奖、古根海姆奖、美国化学学会电化学奖(2008)和分析化学奖(2021)、英国皇家学会法拉第奖章(2011)、国际电化学学会布莱恩康威(Brian Conway)奖(2013)、国际电化学学会金奖(2017)等。

电能储存的新材料、新结构和实验策略

国轩高科第12届科技大会

本文向大家介绍我们团队于康奈尔大学所进行的一些研究工作，包括电能存储的新型材料、新结构和实验研究。首先，简要介绍锂硫电池，以及原位表征(operando)方法：X射线衍射、体层摄影和共焦拉曼；其次，介绍电池用的有机材料；最后进行总结。

锂硫电池

如果要整合可再生能源，就必须以某种方式将能量储存起来，电能储存就是很好的选择。首先，它效率高、熵值低；其次，它可以通过电网进行传输。电能储存的应用无处不在，覆盖了从汽车到固定设备等各大领域。这里我想用“钓鱼”来类比非原位到原位的过程，即你可以把钓到的鱼挂到线上，也可以放到鱼缸里。但如果你想看到真的尼莫(Nemo)小丑鱼的模样，就必须去海边。正如我们需要了解电池真正的运作方式，虽然你可以在实验部分的手稿中看到电芯被拆开并迅速转移到光谱仪上，但是这并不能给你想要的信息。因为这些电芯的界面活性很高，所以我们需要在它们本身所处的环境中进行表征研究。我们将会在共焦和X射线成像中看到一些锂硫电池的充放电机理、锂金属沉积，以及性能指标非常出色的有机物。

为什么选择以锂硫电池为例？因为与传统的金属氧化物电池相比，锂硫电池的能量密度和容量要高得多，且锂和硫储量也较为丰富。那么，锂硫电池是如何工作的呢？多硫化物的复杂混合体，有些是可溶的，有些是不溶的，因此就出现了所谓的穿梭现象。多硫化物穿梭机制，是指多硫化物在电极之间穿梭造成的内部放电现象，这对电池有不好的影响。图1是循环伏安特性曲线，这是一个典型的曲线，前两个电子会产生多硫化物（图1中的公式（1）），然后依次分解，直到最后成为硫化锂。

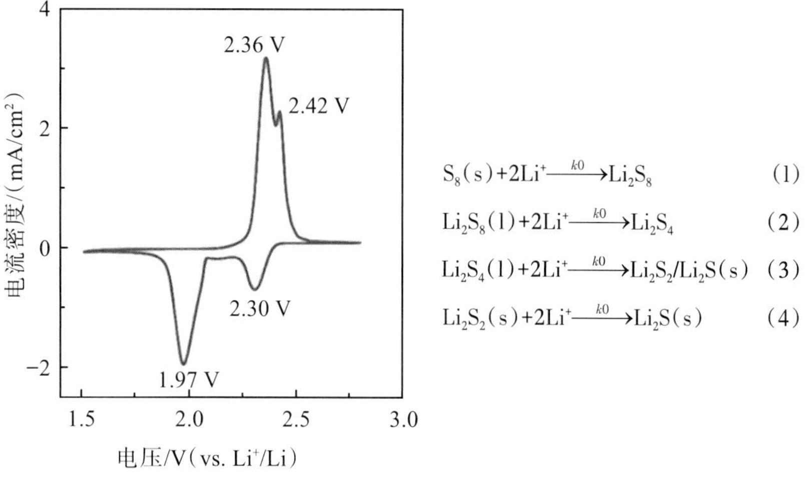

图1　硫化物循环伏安特性曲线

在多硫化物与电荷的耦合过程中，容量会逐渐消失。为了更好地理解这一点，我们团队对锂硫电池进行了大量实验，比如尝试通过X射线衍射和显微镜观察。如图2所示，取一枚纽扣电池放入聚酰亚胺（Kapton）窗口，使用X射线显微镜进行观察，可以看到硫在不同电荷状态下的变化。通过放电曲线，可以看到不同的衍射线，以及各种中间体的衍射峰。

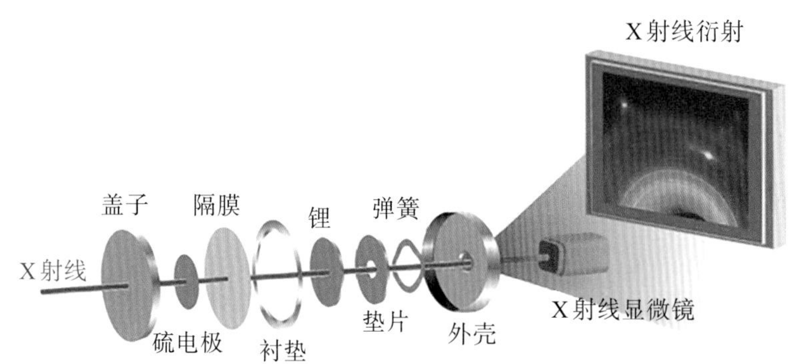

图2　电池的X射线显微镜观察

再对充电过程进行分析，研究结果表明，充电是从多硫化物转向硫单质。图3表示的是充放电过程中硫的成核与溶解，如此重复多次，发现每次都在相同位置上成核，可见表面位置很容易成核。而后我们进行了共焦拉曼测试，从而确定了成核位置上有高含氧量的物质，比如铬的氧化物。

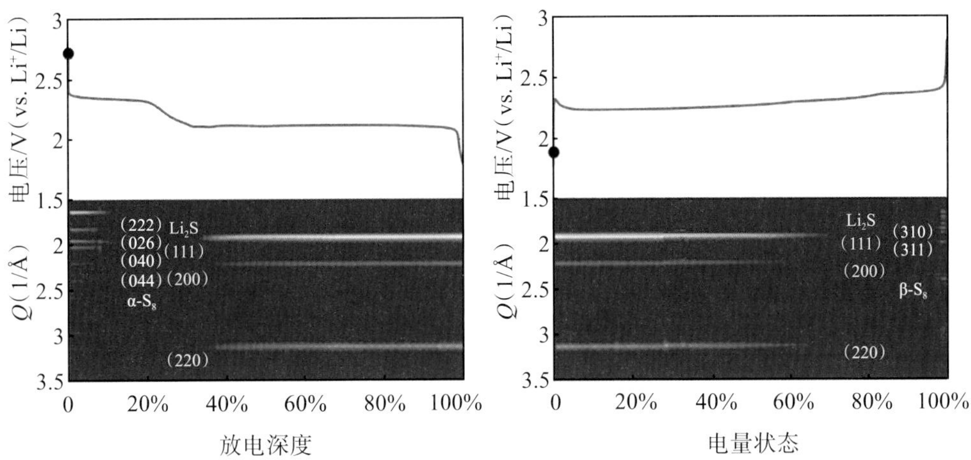

图3 放电过程及充电过程曲线图

观察图4中X射线衍射成像图随电流密度的变化，发现电流密度从0.1 mA到0.2 mA时，沉积逐渐均匀，当电流达到0.5 mA时就更均匀了。如果电流密度非常小，将会看到非常大的团块。在电化学中，电流密度越高，成核位点越多；电流密度越低，成核位点越少，会产生更大的团块，导致沉积不均匀。这表明，如果要应用锂硫电池，假设在动力学允许的条件下，最好采用较高的电流密度。为了更好地理解这一现象，我们团队在研究锂硫电池放电时使用了共焦拉曼技术观察特定的多硫化物。

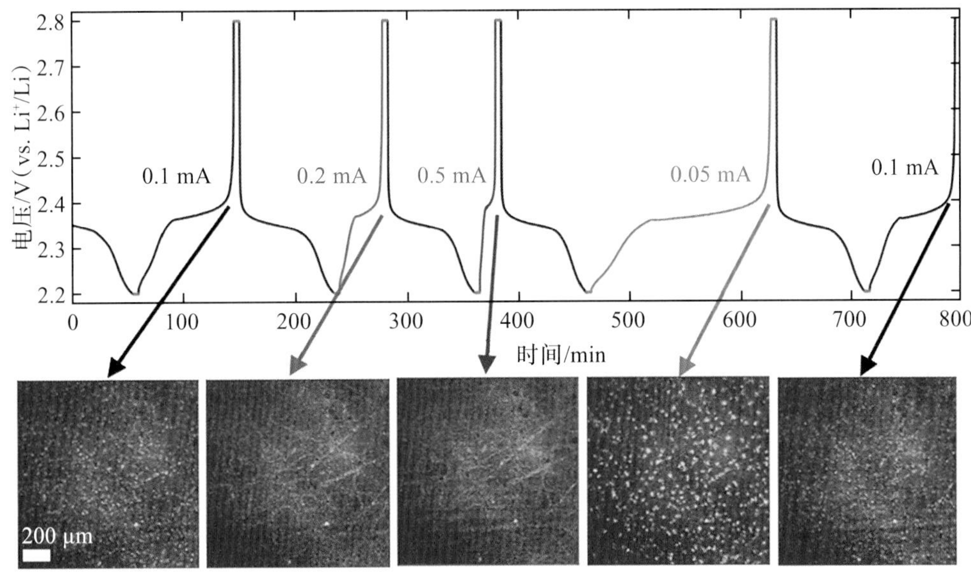

图4 硫成核随电流密度变化的X射线衍射成像图

图5呈现的是硫在2.3 V电压下的还原过程，红色和黄色分别表示硫和多硫化物的分布。通过电极表面不同位置的离散图像，以及跟踪单个拉曼振动峰对应的图像，我们发现，如果对一阶动力学模型进行线性拟合，大约有120个点，其速率常数为$1.02\times10^{-4}\ s^{-1}$，该结果非常符合一阶动力学。如果我们尝试二阶模型或三阶模型，拟合效果显然要差得多。

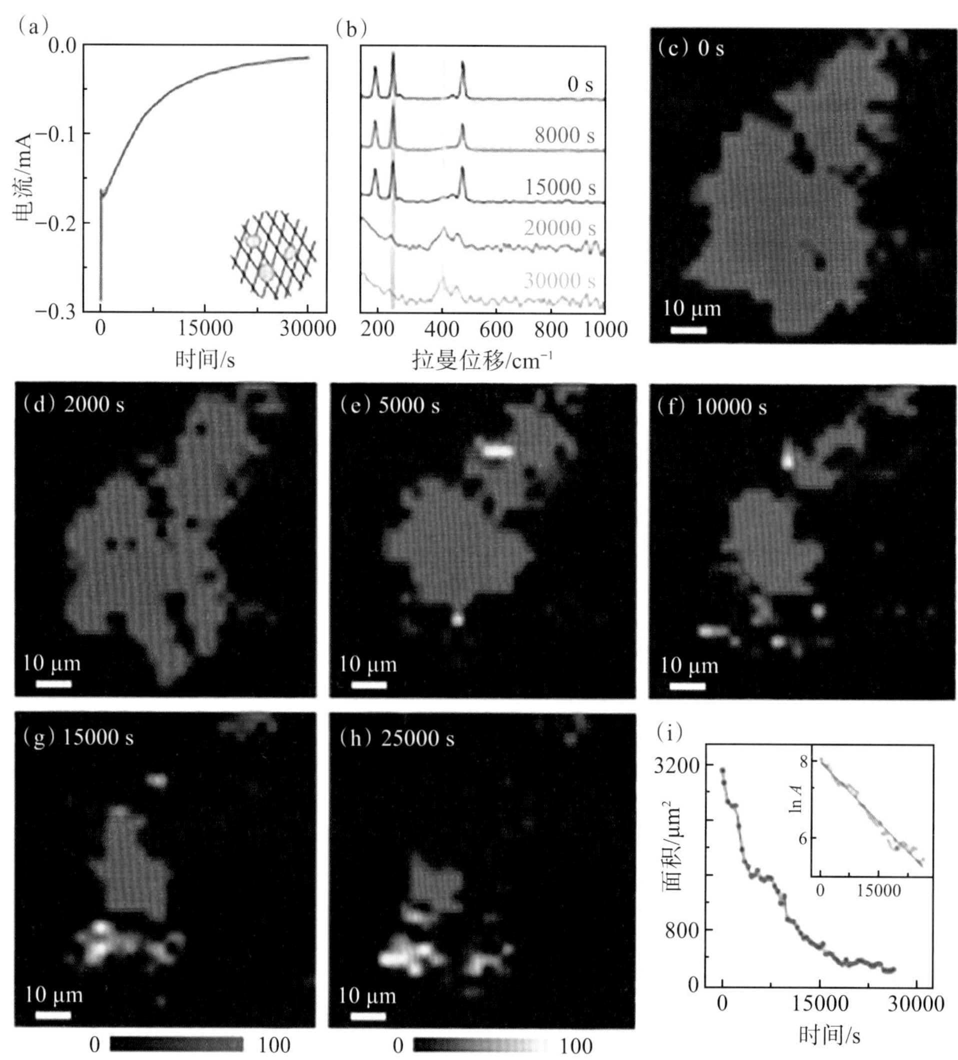

图5　一阶动力学模型的线性拟合实验（2.3 V）

当将电压调到2.2 V，即更高的过电位时，实验在开始时的情况与先前非常相似。当我们加大力度推动该过程时，动力会更快。这不仅是动力学的问题，也是介质导电性的问题。如果我们在复合材料中加入少量石墨烯，速度就会显著提高3

倍。因此，在所有实验过程中，我们不仅要注意动力学的异质性应力传递，还要注意电阻对整个放电过程的贡献。如果将电压调到2 V，就会呈现一个相反的过程。同样是一阶动力学，都会回到一个与初始区非常相似的值。因为最初是从硫变成多硫化物，然后再从多硫化物变为硫。

此外，我们还研究了实验过程中的成核情况，发现有两种基本模型：一种是比威克-弗莱施曼-瑟斯克（Bewick-Fleischmann-Thirsk）模型，该模型是二维成核的；另一种是沙里夫克-黑尔斯（Scharifker-Hills）模型，该模型是三维成核的。在图6中的三张电压成核曲线图（(a)～(c)）中，包括三维瞬时、三维渐进、二维瞬时、二维渐进。我们使用阶梯电压测试法，还可以查看瞬态。图6(a)～(c)分别呈现了在2.0 V、2.05 V和2.1 V电压下的成核情况：在2.0 V电压下，可以看到与三维瞬时成核相一致的早期成核状态；在2.05 V电压下，这几乎与二维瞬时成核完全一致；在2.1 V电压下，得到的是二维渐进式成核状态。这意味着我们可以通过对系统施加驱动力，控制沉积物形态的动态。为什么这很重要？因为这个过程越均匀，电池系统的循环次数就越多。

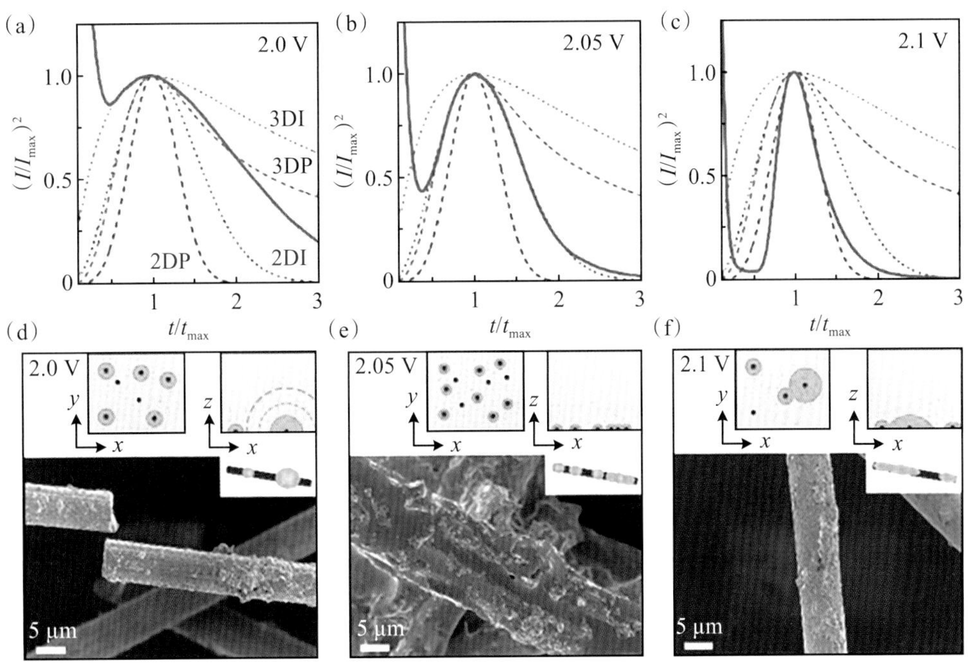

图6　不同电压下的成核情况

由于硫是具有高容量的正极材料，所以需要高容量的负极材料，而石墨难以满足需求。这是因为每克石墨的容量是372 mA·h，而每克硫的容量是1200 mA·h。因此，使用锂硫电池的前提是有锂金属负极。然而，锂会形成枝晶。我们观察锂在集流体上的实时增长情况，这样做的好处是可以查看曲线，并对生长动力学进行量化。正如我们之前提到的，我们使用有颜色的面积表示浓度的比例，这样就可以查看生长曲线。另一个优势是这些X射线可以透过隔膜，原则上可以使用可见光来做实验。但若不能使用隔膜，便不是真正的在电芯中的原位观测。

在较低的离子强度下，阻力容易形成枝晶。我们可以对枝晶进行量化，并观察其与离子强度的依存关系。我们团队进行了一次电解质筛选实验，测试了156种电解质组合，花费数千小时做了500次循环，研究了不同溶剂和不同的电解质。结果表明，如果配制含有双三氟甲基磺酰亚胺锂（LiTFSI）的二氧戊环（DOL）、乙二醇二甲醚（DME）的溶液，可以获得锂沉积99.99%的电流效率。从而证实了在氟化溶剂中，通常会有足够的氟化物分解，作为表面活性剂稳定锂的沉积。

图7显示的是新型电解质，锂层非常均匀。在这一新型电解质中，能够看到锂的保形沉积，通过了解界面动力学以及溶剂和电解质与这些电流收集器的相互作用，可以防止枝晶的形成。

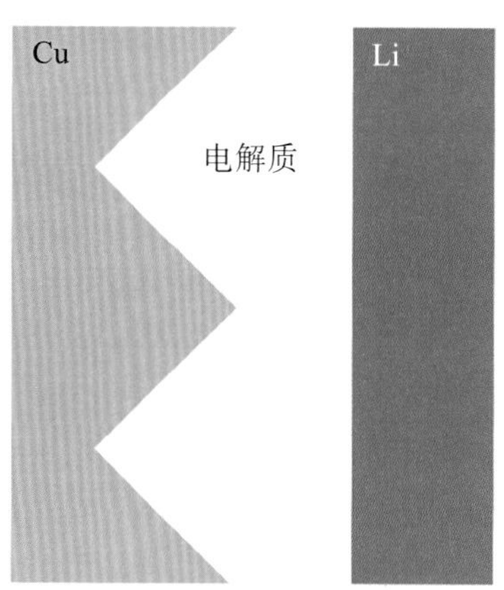

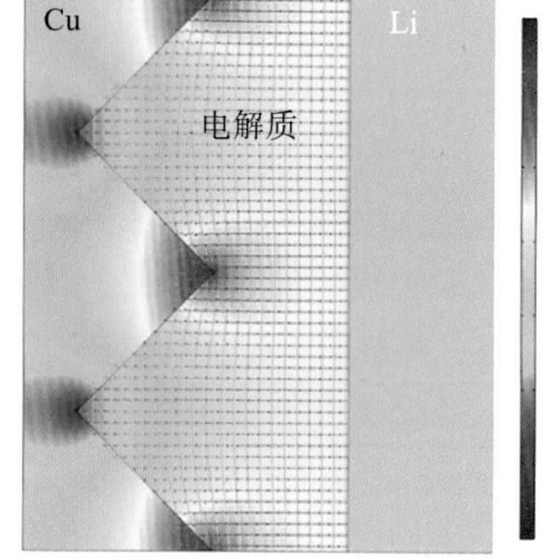

图7　新型金属阳极电解质

有机材料

接下来介绍电池用的有机材料，以及为什么要使用有机材料。第一，有机材料成本较低；第二，有机材料重量轻；第三，使用有机材料可以提高充放电速率。例如，与典型的金属氧化物相比，我们团队开发的一种磷酸铁锂聚合物在性能上有巨大差异。其根据工艺的不同可以制成N型或P型，但大多数都是P型，因为它基本代表了电池的正极。当容量在210～150 mA·h时，由于一些低聚物的溶解，或由于对容量没有贡献的额外质量影响，其数值会降低。

根据交联剂的质量分数，我们可以获得更小的溶解度，且几乎不影响电池容量。将容量为209 mA·h和153 mA·h的聚合物材料提升到203 mA·h和181 mA·h时，相比典型的金属氧化物，其性能要好得多，至少在容量方面更优。

例如，一个典型的纽扣电池，我们通常使用约80%的活性材料。图8展示的是针对三种材料的性能指标，最多可循环500次，容量衰减约为10%。超过每克200 mA·h，我们惊奇地看到从1～60 C的不同充放电倍率，在60 C时，每克电量为189 mA·h时，在20 C时，每克电量约为150 mA·h。可见，将有机材料运用到电池材料中，展现了巨大的潜力。

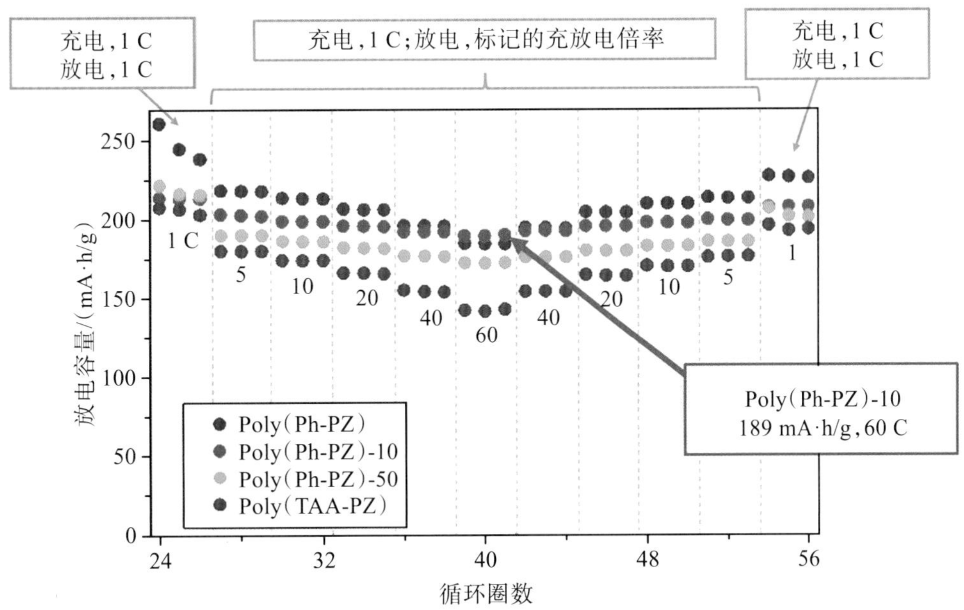

图8　聚合物材料在苛刻条件下的高能量保持曲线

我认为，有机材料在电池中的应用具有非常大的前景，原位表征技术的发展展现了巨大的潜力，这还需要许多人的努力，包括化学家、物理学家、材料科学家、理论家等，每个人都是重要的组成部分，这样才能共同实现这一目标。

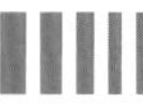

陈国华

加拿大工程院院士

香港工程师学会会士，美国化学工程师学会会士，香港城市大学能源及环境学院院长、讲座教授。主要从事电化学废水处理技术、用于氧/氯析出的先进电极材料、锂/钠离子电池的先进材料、聚合物化学气相沉积表面功能化、高性能储能用锂硫电池、氨的电化学合成等方面的研究。发表350余篇高水平期刊论文，Google学术引用36000余次。

化学气相沉积法制备导电高分子包覆三元材料

国轩高科第12届科技大会

引言

本文概述了我们团队与香港科技大学、香港理工大学、香港城市大学和美国阿岗实验室联合推进的一项研究工作。我将从原始粒子的涂层，特别是多晶高镍三元材料、单晶镍钴锰酸锂材料在极端条件下的表现，以及用于高电压正极的聚3,4-乙烯二氧噻吩(PEDOT)涂层材料等方面，与大家共同探讨化学气相沉积(CVD)法制备导电高分子包覆三元材料这一研究。

(一) CVD法的原理

CVD是一种通过加热具有不饱和化学键的单体使其变成蒸气，然后进入反应箱或反应釜进行包覆的方法。在反应过程中，需要根据涂层厚度的要求来控制温度和压力。首先，需要选择作为包覆材料的单体，并根据需要控制反应的进度来调节温度。温度的控制对于反应的进行非常重要。其次，需要控制压力。这里所说的压力是指真空度。具有真空操作的反应釜通过调节真空度来控制反应的进程。根据聚合原理的不同，可以选择自由基聚合或离子聚合这两种不同的方式。自由基聚合先产生自由基，然后自由基化，再到链的增长，最后是链的终结。

(二) PEDOT涂层

PEDOT的制备需要通过离子聚合来实现。PEDOT通过单体氧化后形成阳离子自由基，然后互相结合形成新的离子，并逐渐排列成长链。这种聚合物具有高导电率的特点。因为主链上排列着一系列的双键，在导电高分子中，PEDOT的导电率是最高的。PEDOT的制备过程基于CVD法，这是凯琳·格林森（Karen Gleason）课题组在2008年率先发现的。格林森是麻省理工学院教授，我与他结缘是在2005年，当时我去麻省理工学院进行学术休假，刚好格林森实验室有空位，所以我在格林森实验室工作了近一年。格林森实验室主要研究CVD法制备聚合物，包括对各种各样的聚合物进行表面改性。

（三）CVD法的优点和应用

CVD法可以应用于光伏电池表面涂敷，甚至光伏电池的电极处理、逻辑电路、电池材料、传感器以及高级印刷等，具体是在非常微小的材料表面规则打印，形成不同的图案。同时，CVD聚合物具有许多优点。首先，它不需要使用溶剂，因此更加环保和安全。其次，它可以更加灵活地控制反应速率、涂层厚度和聚合物种类。通过这种方法，研究人员已经成功地制备了几百种不同的聚合物。此外，整个反应过程的温度并不高，可以在室温下进行，一般温度也只有80～100 ℃。研究人员已经成功地将小规模的实验方法转化为可以大规模生产的卷绕涂层技术。由于聚合物具有主链和支链结构，因此，我们可以根据需要选择性地添加各种功能基团，从而实现多样化的功能。此外，CVD聚合物还可以形成保护涂层。无论材料的形状如何，是方形的、圆形的、扁平的还是厚壁的，都可以在其表面附着一层非常薄的聚合物涂层。这种涂层的厚度可以控制在5～20 nm。总之，CVD法是一种非常有前景的材料制备方法。

团队工作

（一）涂层的最优使用条件

如图1所示，我们团队使用PEDOT，在三元阴极材料（镍钴锰）表面形成了一层非常均匀的涂层。硫是PEDOT的主要组分之一，通过成分检测，结果显示硫不仅在三元颗粒表面均匀分布，也在这些材料的缝隙之间均匀分布。我们团队通过傅里叶变换红外光谱仪（FTIR）对单体的PEDOT和涂层的PEDOT进行了对比分析，结果显示它们的价键结构非常一致。另外，我们还进行了拉曼光谱分析，将原始 NCM111

材料、PEDOT和涂层后的样品进行了叠加。通过TEM观察，可以确认涂层确实是纳米级的。我们还发现在涂层非常薄的情况下，也可以控制其厚度。当沉积时间从20 min增加到80 min时，对应的涂层厚度从7 nm增加到28 nm，基本上与反应时间成正比。进一步实验证实表明，对于这种材料，最优的涂层厚度是20 nm（对应的沉积时间为1 h）。

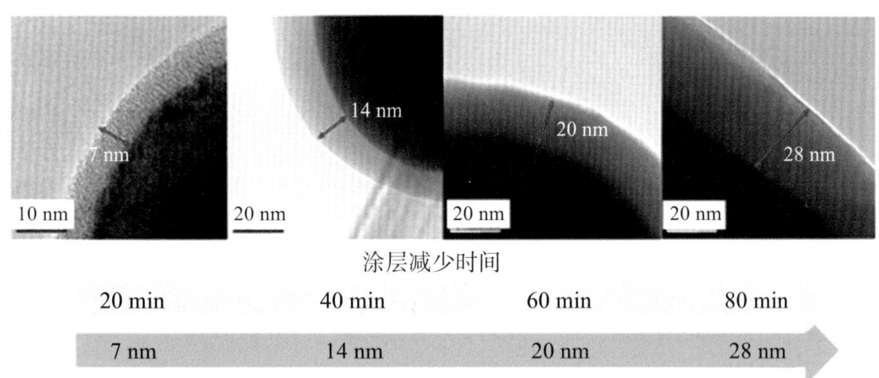

图1　可调节厚度的涂层

（二）有无涂层的比较

涂层是保形的，能够适应不同形状的材料。我们团队对比分析了有无涂层的三元材料，结果表明，循环200次后，无涂层材料发生了明显的变形；而有涂层的材料形状保持完好。此外，针对循环寿命，在没有涂层的情况下，循环50次后容量已经降到初始容量的70%以下；而在有涂层的情况下（经过60 min沉积20 nm涂层），循环50次后容量保持率仍在96.6%以上。更令人惊讶的是，当循环到200次时，在没有涂层的情况下容量已经降到50%以下；而在有涂层的情况下，容量仍然保持在91%以上。到目前为止，该涂层材料在充电至4.6 V时仍然表现出很好的稳定性，被认为是性能优异的涂层材料。

（三）涂层保持颗粒完整性

我们团队使用阿岗实验室的设施进行了充放电测试，以观察材料的结构变化。在没有涂层的情况下，发现在4.3～4.6 V的充电过程中，材料发生了从层状结构到尖晶石结构的转变。然而，当对材料进行涂层处理后，发现材料的层状结构保持得非常好，没有出现尖晶石峰，即没有发生相转变。此外，我们还对组装的电池进行了

200次循环测试，然后打开电池观察涂层的情况。如图2所示，涂层完好无损，PEDOT的分布也没有明显变化。此外，材料的结晶度也保持得不错。通过观察截面，发现无涂层的材料表面出现了明显的颗粒间破裂和颗粒内部破裂；而在有涂层的情况下，破裂现象并不明显，单一颗粒的完整性得到了保持。

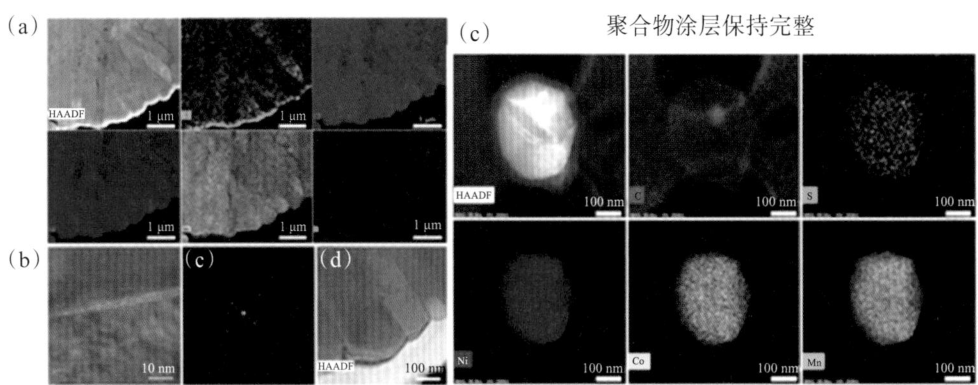

图2　循环200次后的PEDOT涂层

（四）涂层在其他材料上的应用效果

虽然单晶NCM具有许多优点，但在极端条件下其稳定性不佳。因此，我们团队尝试使用CVD法来改善其性能。最初收到的SC-NMC83粒径为2～3 μm，在实验过程中发现可以将其表面涂覆上约10 nm厚的PEDOT。通过元素分析，发现涂层非常均匀，并且保形性良好。继而对其表面进行了测试，发现经过循环后，涂层表现出良好的表面重构能力。微观分析显示，涂层表面的结晶度也非常好，涂层与本体之间存在一个明显的过渡区，涂层的存在有效地降低了电解液对本体颗粒的侵蚀。

结论

（一）涂层具有优异性能

我们在升温过程中观察晶格结构的变化，发现涂敷样品对温度的敏感性有所延迟，与未包覆样品相比其温度低了20 ℃。在高压稳定性方面，我们发现包覆和未包覆样品之间存在很大差异（测试电压≈4.6 V）。

（二）包覆后电池性能更好

在45 ℃下将电池保持在4.6 V的条件下72 h，循环100次后，未包覆的电池容量已经降到60%以下，而包覆的电池容量仍维持在85%以上。这表明在未包覆的情况下，金属溶析确实发生了。另外，在颗粒表面，未包覆的表面看起来比较松散，但包覆后的界面非常清晰和完整。这能够有效防止金属溶析的发生。与之相比，在未包覆的情况下，颗粒破裂在4.3 V时已经开始发生并且逐渐明显，整个颗粒的晶格结构趋于坍塌。循环测试结果也证实了包覆样品明显优于未包覆样品。

通过CVD技术，我们团队获得了一系列关于小颗粒表面均匀涂敷的薄膜聚合物涂层的成果。这种涂层能够同时涂在颗粒的内部和外部，有效防止HF的腐蚀，并提升材料的容量、电压和热稳定性。此外，我们也进行了氧析出实验，结果表明涂层能够有效防止氧析出。

（三）技术展望

将来，我们希望能够将这些方法应用于千克甚至吨级别的材料生产中。这项新兴的高镍正极设计策略在实验室规模已经取得了成功，并且已经有了放大的可能性。未来，我们也将探索用连续式涂层来生产更大批量的材料。

黄云辉

华中科技大学教授

华中科技大学学术委员会副主任、博士生导师，教育部长江学者特聘教授，国家杰出青年科学基金获得者，新世纪“百千万人才工程”国家级人选，国务院政府特殊津贴获得者。

获北京大学本科、硕士和博士学位，曾在东京工业大学、美国得克萨斯大学奥斯汀分校从事博士后研究，师从诺贝尔奖得主、“国际锂电之父”约翰·古迪纳夫（John B. Goodenough）先生。长期从事锂离子电池等新能源材料与器件领域的研究工作，在*Science*、*Joule*等学术期刊上发表论文600余篇，他引60000余次，2018—2023年连续入选全球高被引科学家和中国高被引学者，授权专利近100项，所研发的磷酸铁锂复合正极材料，以及电池超级快充、电池超声扫描成像等技术已获广泛应用。获国家自然科学奖二等奖1项、省部级自然科学奖一等奖2项。

金属锂负极与固态电解质界面

国轩高科第12届科技大会

二次电池的发展趋势

近年来，随着新能源汽车和信息技术等国家战略新兴产业的发展，锂离子电池这类可充电的二次电池应用前景广阔，是多领域的核心和关键技术。2019年，诺贝尔化学奖被授予三位科学家，“国际锂电之父”古迪纳夫、惠廷厄姆和吉野彰(Akira Yoshino)，以表彰他们在开发锂离子电池方面所做出的杰出贡献。

锂离子电池的性能受限于嵌脱反应机制和材料体系，其能量密度、功率密度、循环寿命、安全性、成本等方面仍有待提高，以满足越来越高的应用需求。为了进一步推进锂离子电池的规模应用，需要协同提升其综合性能，并同时发展新型高比能电池体系。在高比能电池的研究发展中，金属锂作为负极材料起到极其重要的作用。早在20世纪70年代，惠廷厄姆发现二硫化钛材料可以嵌入锂离子，从而作为锂离子电池的正极，同时采用金属锂作为负极，构筑出了可充电锂离子电池的雏形，电压可达到2 V。然而，由于充放电循环过程中，金属锂表面会形成锂枝晶，存在安全风险，且该问题一时难以解决。因此，这一阶段的可充电锂离子电池并未实现商业化应用。古迪纳夫提出了采用金属氧化物替代金属硫化物作为正极材料，这种电池具有更大的容量和应用潜力。1980年，他证明了嵌入锂离子的氧化钴即钴酸锂可以产生近4 V的电压，但仍未摆脱使用金属锂作为负极的限制，这在一定程度上影响了实际应用。随后，吉野彰在1985年发现可容纳锂离子的石油焦比金属锂更适合作为锂离子电池的负极材料，开发出首个接近商用的锂离子电池。石油焦是一种常见的石油工业副产品，价格低廉且资源丰富。当对其进行热处理后，会呈现足够低的电位，使得锂离子可以在其中反复嵌入和脱出，表现出较高的比容量。基于这一发现，他成功构建了以钴酸锂为正极、石油焦为负极的锂离子电池。到了1991年，日本索尼公司研制的第一个商用锂离子电池问世，从此揭开了锂离子电池规模应用的序幕。

经过三十多年的发展，尽管锂离子电池的能量密度和功率密度不断提高，安全性和循环寿命不断改善，但实际应用中仍存在众多制约因素。随着国轩高科等企业的不断努力，磷酸铁锂电池等新型电池的能量密度已经取得了显著提升。例如，国轩高科最近发布的新产品能量密度已经达到了170～180 W·h/kg，磷酸锰铁锂电池的能量密度甚至高达190 W·h/kg。这些突破性的成果无疑是对磷酸铁锂电池发展的极大鼓舞。近几年，磷酸铁锂体系发展势头日益强劲，目前该体系在市场上的占有率已接近70%，这充分说明了磷酸铁锂电池在市场上的受欢迎程度，其发明者古迪纳夫先生对此感到十分欣慰。实际上，本人自2004年师从古迪纳夫先生开始，就一直从事磷酸铁锂电池等的相关研究工作，在这个领域已经积累了近二十年的经验。

对于下一代电池的研发，例如，能量密度更高的锂硫电池、锂空气电池等，都需要使用金属锂，因此金属锂扮演着至关重要的角色。另外，对于现有的电池体系来说，如果能真正地将金属锂应用起来，其能量密度将会有一个巨大的飞跃。特别是在固态电池体系中，其负极在大部分情况下都需要使用金属锂。目前商业化锂离子电池负极材料的主要选择仍以石墨为代表，实际应用中虽然也会使用其他材料替代石墨，比如硅基材料，但硅在充放电过程中会发生体积膨胀和枝晶生长等不利现象，这不仅会降低电池的库仑效率，还可能导致电池内短路。金属锂作为可能替代的负极材料，也存在类似的问题，其在充放电过程中体积膨胀非常严重，同时也会出现枝晶现象，这些现象都是不可忽视的安全隐患。由于金属锂和金属钠的比容量都相当高，因此它们被认为是下一代高性能电池较理想的负极材料，但前提依然是要解决其稳定性和安全性的相关问题。

金属锂稳定性和安全性的提升策略

金属锂在空气中非常活泼，容易与氧气、水蒸气等反应生成锂氧化物和氢氧化物，这会导致金属锂表面的腐蚀和性能下降。因此其保存、运输和使用过程中都存在巨大的安全隐患。要实现金属锂在现实场景中的应用，我们需解决金属锂的稳定性问题，以此提高电池的安全性。目前，提高金属锂稳定性和安全性的方法多样，主要包括表面修饰和合金化等措施。主要可以从两方面提高金属锂的稳定性：一方面，降低金属锂的反应活性，可以通过降低锂活性、采用稳定的电解液、形成稳定界面以及使用固态电解质等方法来实现；另一方面，确保锂离子在循环过程中的均匀沉积和溶解，包括使用电解液添加剂、调控充放电电流、纳米化负极以及负极亲锂化等策略。目前，在国内有很多从事基础研究和产业化的团队，其中“如何提升金属锂负极的稳定性”已成为一个重要课题。并且在这一领域，国内外学者已经发表了大量相关的研究文章，在产业化方面也进行了诸多尝试。例如，我国科技部“十四五”重点研发计划“高端功能与智能材料”专项，在2021年就部署了一个高比能的固态电池项目，采用金属锂作为负极，旨在实现350 W·h/kg以上的能量密度和2000次以上的循环寿命，挑战性很大。

（一）金属锂负极

构筑稳定的金属锂负极通常可以采用以下几种方法：第一，气相沉积法，通过化学气相反应和物理气相沉积来制备均匀、高纯度、厚度可控的无机、有机涂层以及多层复合膜。其中，化学气相反应包括化学气相沉积、原子层沉积与分子层沉积，物理气相沉积则包括真空蒸镀和磁控溅射。第二，液态涂布法，包括刮涂、旋涂、喷涂等方式，可制备高分子、无机、高分子-无机复合膜，如石蜡或聚环氧乙烷复合保护膜、聚氨酯-二氧化硅复合保护膜。第三，原位反应法，在金属锂表面通过原位化学反应形成保护层或金属锂与高纯气体反应，生成单相钝化层（如LiF），而与溶液或其蒸气反应，生成复合钝化层。第四，利用石墨烯等包覆材料形成3D锂负极，疏水的石墨烯可以作为支撑体来提高金属锂在空气中的稳定性，如防水石墨烯包裹层、防水石墨烯屋顶等。第五，复合和合金化，合金化金属锂也是一个行之有效的途径，如锂铝合金化或锂锡合金化能显著提升其稳定性。具体而言，将金属锂与锡箔进行合金化处理，不仅可使其在空气中稳定存在两天以上，还可通过制备超薄结构或卷对卷方式构筑合金化负极材料，进一步提高其稳定性和可加工性。采用锂锡铝等合金作为负极材料，不仅可以提升金属锂在空气中的稳定性，还有助于固体电池在穿刺实验中的表现。因此，通过多种手段的综合应用，可以有效稳定金属锂负极。

除了采取措施稳定金属锂负极本身，还可以通过解决界面问题的方法来稳定金属锂负极。

例一，聚合物保护层助力金属锂稳定。将含聚合阳离子的聚二烯丙基二甲基氯化铵（PDDA）和三氟甲磺酰亚胺（TFSI）组成的聚合离子液体作为人工保护层，涂覆在金属锂上。前者提供静电屏蔽效应，将锂离子富集在锂负极表面促进均匀沉积或剥离，后者带来疏水特性以提高水分稳定性，同时促进稳定的SEI膜形成。通过超声成像研究电池产气和稳定性，发现当与NMC811（由镍、锰和钴组成的三元正极材料，其比例为8∶1∶1）和LFP（磷酸铁锂）正极配对时，PDDA-TFSI@Li（一种复合物）负极呈现优异的电化学性能，在与空气或水接触后性能稳定，有效提高了LMBs（锂金属电池）的安全性。此外，还可使用超声成像技术检验，采用以上负极材料构筑的全电池的产气情况。结果显示，采用纯金属锂时，产气情况十分严重，而采用改进后的金属锂负极时，经过若干次循环后，电池稳定性仍然非常好，基本上看不到产气。

例二，TiO_2与聚乙烯吡咯烷酮（PVP）复合负极在碳酸酯类电解液中能获得稳定的循环性能，这是因为TiO_2可以有效抑制金属锂枝晶的生长。

例三，天然蚕丝助力锂金属电池3000次超稳定循环。采用天然蚕丝衍生物改性商用PP隔膜（SF-PVA/PP）来保护金属锂负极，锂离子通量因SF中均匀分布的极性N—H和C═O而均匀分布。同时，SF-PVA（一种复合物）还可在锂负极表面形成高离子导电性和高机械稳定性的富Li_3N的SEI膜，促进均匀的锂成核和致密的锂沉积（图1）。

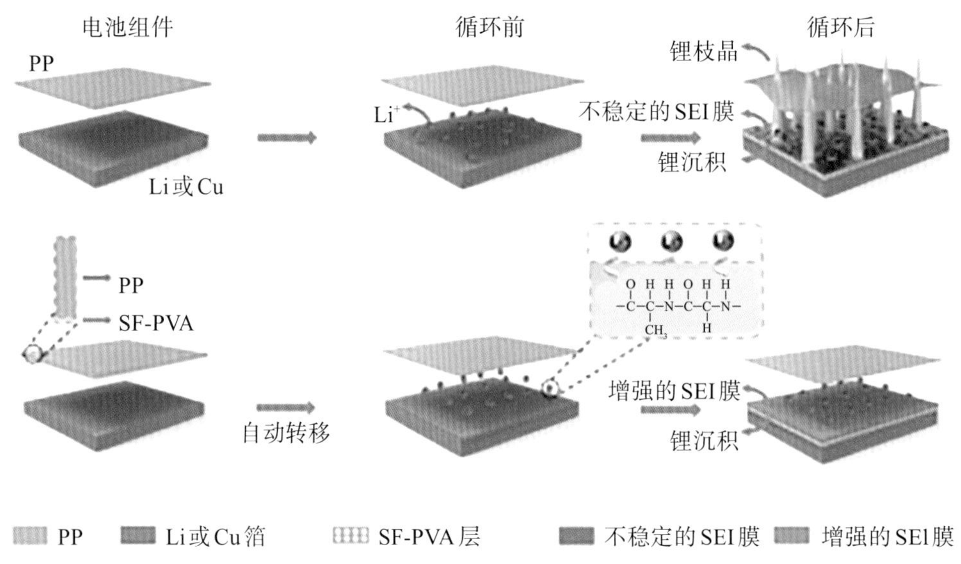

图1　SF-PVA改性层的作用机理

例四，电解液整平剂提高锂负极的循环稳定性。例如，采用氮化硼纳米片，其模量高达950 GPa，能够物理压制枝晶生长，且其边缘接枝的NH_2与TFSI阴离子作用，促进锂离子解离。因此，采用高模量、电化学惰性的氮化硼纳米片作为商用电解液添加剂，可促进锂离子的均匀沉积、抑制锂枝晶生长，降低电池内部短路的风险，从而提高锂金属电池的稳定性。

例五，通过亲锂化作用，如金属锂对金、银等修饰点的定向生长，可以疏解金属锂的沉积。金颗粒诱导锂离子在碳纤维底部逆向沉积，同时改善锂离子沉积的均匀性。通过这种方式，即使使用复合负极构筑的锂硫全电池也可以获得良好的循环稳定性能。同样地，也可以利用银对金属锂进行压制，以构筑无枝晶的锂金属电池。

例六，利用β-PVDF(β型聚偏氟乙烯)薄膜产生压电效应，能够促进金属锂界面处锂离子的迁移，改善其分布均匀性。

例七，构筑共价耦联SEI膜抑制锂枝晶生成(图2)。B—O共价耦联，以及具有隔水、导锂、自支撑结构的固态SEI膜，能够有效抑制锂枝晶生长，缓解饱和氧气电解液的腐蚀。

$$2m\mathrm{LiOH} + 2n\mathrm{B(OH)_3} \longrightarrow (\mathrm{Li_2O})_m(\mathrm{B_2O_3})_n + (m+3n)\mathrm{H_2O}$$

$$m\mathrm{Li_2O} + 2n\mathrm{B(OH)_3} \longrightarrow (\mathrm{Li_2O})_m(\mathrm{B_2O_3})_n + 3n\mathrm{H_2O}$$

图2　B—O共价键耦联SEI膜的设计原理

例八，不可燃电解液助力生成富含无机物的SEI膜(图3)。我们提出一种不可燃且对金属锂具有极高相容性的电解液配方：局部高浓度的锂盐溶解到氟代碳酸乙烯酯+低黏度醚(如DME、THF、DOL等)/高度氟化+非极性醚(如HFE、TFTFE、HFPM等)的组合溶剂。阴离子和氟化溶剂进入第一层锂离子溶剂化结构中，在金属锂负极表面生成高氟量、富含无机物质的SEI膜，同时实现快速的去溶剂化过程。

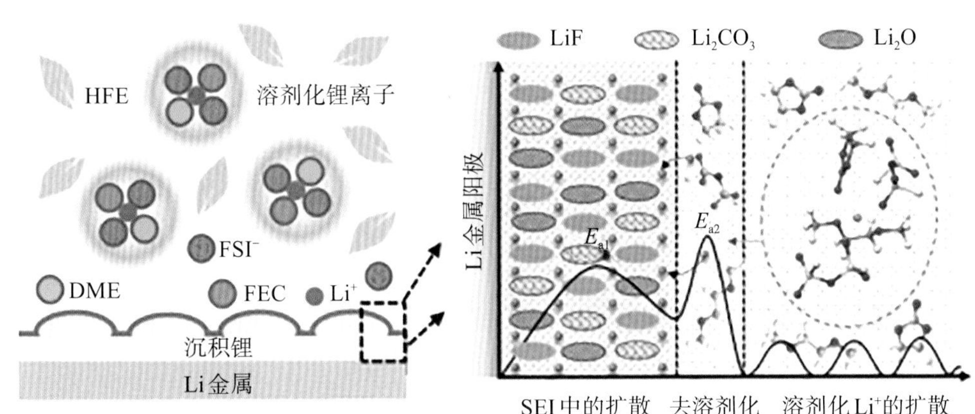

图3　电解液设计理念

例九，原位聚合阻燃聚合物电解质应用于锂金属电池。利用原位聚合方法制备的新型聚合物电解质聚二氧戊环电解质(PDE)具有稳定的电极界面、优异的阻燃性能、良好的离子电导。一方面，PDE在锂硫电池中表现出优异的电化学性能，并有较宽的工作温度区间；另一方面，PDE在高压三元电池中也具有优异的电化学性能，并通过超声成像发现PDE电池在循环过程中没有明显的气体产生，证明了其优异的界面稳定性。

(二) 复合固态电解质

固态电解质包括氧化物电解质、硫化物电解质、聚合物电解质、复合固态电解质等。其中，复合固态电解质具有良好的锂离子电导率、优良的机械性能和可加工性，其电化学窗口宽且对金属锂稳定，同时具备热稳定性。然而，复合固态电解质在循环过程中存在锂枝晶生长、死锂堆积，以及锂金属体积变化导致界面接触变差的问题。因此，为了实现负极界面稳定性，可以采取一些改进策略。例如，采用无机填料或锂盐界面化学耦合，调控复合电解质的介电特性，抑制枝晶的产生，并进行复合电解质的分子尺度功能化设计等。

我将举例说明我们团队在此领域所做的一些代表性工作。其一，采用LSTZO ($Li_{3/8}Sr_{7/16}Ta_{3/4}Zr_{1/4}O_3$)体系与聚氧化乙烯(PEO)结合构建复合电解质。LSTZ陶瓷与LiTFSI化学键合，可以促进锂离子解离，形成高稳定、富无机相的SEI层，从而实现固态锂金属电池的稳定循环。其二，构建PVDF与Si_3N_4的复合体系。一方面，无定型Si_3N_4的不饱和键被外电场极化，屏蔽电场作用所引起的金属锂尖端放电，能抑制锂枝晶生长；另一方面，$LiSi_2N_3$界面相生成有利于促进锂离子传输。其三，使用锂化酞菁铜复合PVDF-PTFE(PVT-CuPCLi)固态电解质。锂化酞菁铜π-π共轭结构有利于提高聚合物电解质的介电常数，促进锂盐解离，形成富LiF的稳定SEI膜。通过这种方式构筑的电池在超声测试中展现出良好的稳定性能，可以抑制界面副反应，无明显产气。其四，通过原位聚合生长的方法构建复合固态电解质体系。比如，在原位聚合电解质中引入高电负性的碘官能团，通过静电作用与锂离子结合，驱动其在聚合物链上快速传输，使电解质表现出单离子传导特性，而良好的界面稳定性能够抑制固态锂金属电池产气，并使电池在实际应用中更加稳定。

通过原位测试方法特别是利用超声成像等技术，能够很好地研究固态电池的性能。一方面，可以观察固态电池的副反应情况；另一方面，可以监测固-固界面和固-气界面的变化情况。因此，超声方法可以长期监控固态电池的界面，有利于固态电池的界面可控设计。目前，第六代超声成像产品已经问世，并且该产品也能应用于生产线。超声成像技术不仅可以观察制作浆料的过程和电池的化成过程，还可以将其用于良品率的检验等方面，使其成为有效的监测手段。

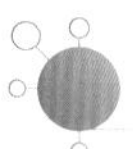

碱金属负极从实验室走向产业化

在所有可充电电池的负极材料中，碱金属因其比容量大、氧化还原电位低而被认为是最有前景的电极材料。碱金属负极的商业化过程可分为三个阶段：第一阶段是基础研究，主要在实验室里进行，现已有大量的工作积累；第二阶段是碱金属负极在高比能体系中的应用研究，特别是锂硫电池和固态电池体系，以验证金属锂负极、金属钠负极的可行性；第三阶段是碱金属负极的商业化应用，不仅满足工业化生产需求，也能满足与产业界合作的应用需求。目前，碱金属负极已进入商业化的关键阶段，正处于第二阶段和第三阶段之间。如果未来能够解决稳定性和安全性等问题，金属锂负极有望实现商业应用。

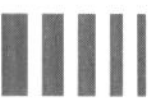

王　伟

北京科技大学教授

北京科技大学博士生导师，美国物理联合会*APL Materials*客座编辑；*Tungsten*青年编委，*International Journal of Minerals*、*Metallurgy and Materials*、*Electronics*客座编辑，《有色设备》编委，北京科技大学-大力储能校企联合实验室副主任。

主要从事新能源材料及器件、冶金电化学、锂/钠/钾/铝离子电池、有色金属资源功能材料冶金与能源材料物理化学、低碳冶金方面的研究。迄今已发表SCI学术论文100余篇，申请授权专利20余项，以通讯/第一作者在国际顶级学术期刊*Nature Communications*、*Advanced Materials*、*Angewandte Chemie Intenational Edition*、*Energy Environmental Science*等发表SCI学术论文70余篇，其中高被引论文15篇，被引用10000余次。主持国家级(国防)、省部级和企业项目等10余项，入选北京市科技新星人才计划，担任河北省产业创新创业团队负责人，被评为北京航空航天大学青年拔尖人才，获第三届发明创业奖成果奖一等奖。

低成本二次电池电极材料多尺度设计与调控

国轩高科第12届科技大会

本文是我近几年的工作成果总结，主题是“低成本二次电池电极材料的多尺度设计与调控”，共分为以下四个部分：① 研究背景；② 低成本、高安全储能熔盐铝电池设计；③ 碱金属离子电池多尺度调控；④ 总结。

北京科技大学是一所以冶金专业而闻名的院校，学校相关院系包括冶金学院、经管学院、文化学院等，都和冶金这个行业有着紧密的联系。冶金虽然是一门小学科，但是冶金是一个大行业。在冶金领域，我们学校研究团队一直在探索“双碳”战略问题。由于冶金企业是用电大户，每年产生的碳排放量非常高，如果想要实现碳减排，就需要改进冶金流程，比如铝电解、炼钢、炼铁等。但是，由于供电离不开火力发电，碳减排执行起来非常困难。在这种情况下，我们学校研究团队通过近些年的研究工作，提出了“全新近零碳冶金流程再造”方案。这个方案不仅适用于冶金行业，还可以应用于化工、建筑等领域，实现绿电驱动的低碳发展。

研究背景

目前，锂离子电池是商用最广泛的电池类型，虽然它有很多优点，但也存在一些缺点。首先，全球范围内锂资源分布不均匀，地壳中的储量相对较少。其次，近几年锂离子电池的成本急剧上升，尽管在最近有所回落，但成本仍然偏高，难以满足我国迅速增长的储能市场需求。此外，锂离子电池的安全性也是一个棘手的问题。基于此，我们团队开始研究电化学储能技术，希望利用资源丰富、成本低、安全性高的钠、铝、钾、镁等元素进行储能研究。与锂元素相比，这些元素在我国的储量和年产量都要大得多。基于钾、铝、镁等元素开发低成本、高安全性的大规模储能系统将成为未来的趋势之一。

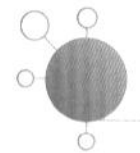

低成本、高安全储能熔盐铝电池设计

2015年，我们团队开始对铝基能源新体系进行研究，同时期，斯坦福大学戴院士（戴宏杰）也在这个领域工作。铝是一种非常丰富的资源，而且相对较轻，价格也比较便宜。2022年，我国铝产量为4021万吨（表1）。同时，电池系统中采用高比容量的铝负极及低温熔盐电解质体系，会非常安全。与锂离子电池不同的是，铝离子电池即使被针刺或撞击甚至放入火堆中，也不会有安全隐患。因此，铝离子电池的安全性是其鲜明的特点之一。基于国内较高的铝产值，研究者可以使用铝金属作为负极，研究铝离子电池的应用。

表1　全球铝土矿产量示意

	地壳储量（丰度）	中国储量（矿石）	中国产量（2022年）	体积比容量（mA·h/cm^3）
铝	7.73%	42亿吨	4021万吨	8046
锂	0.0017%	500万吨	20万吨（矿）	2061

我们团队针对熔盐电解质体系作为铝离子电池的电解质进行了相关研究。首先，研究人员组装安时级电池及铝电池的单体和模组，并将绿电储存于铝离子电池中。其次，研究人员利用铝离子电池为冶金化工等工业和居民供电，形成了绿色能源应用链条。最近在欧盟发布的《面向未来的100项重大创新突破》中，第八十六条特别提到铝离子电池被认为是众多锂离子电池的替代品之一，拥有非常广阔的前景。

（一）如何实现铝离子电池在高工作电压下稳定循环

铝离子电池的构建需要考虑其正极、负极和电解质的选择。在正极方面，我们选择了具有高反应活性位点的层状正极材料，其中石墨碳正极是一个经典的选择。在电解质方面，我们选择了室温熔盐电解质或高温熔盐电解质。我们通过合理的电池设计，构建了耐高电压并能稳定反应的正极，并匹配了高稳定性的氯熔盐体系（图1）。

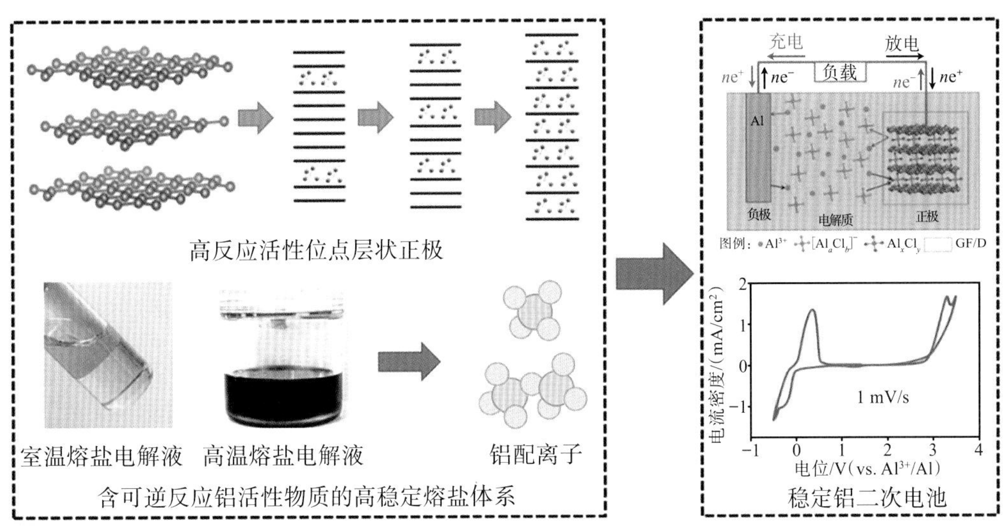

图1　高工作电压下稳定循环的铝二次电池构建流程

（二）低成本、高安全储能熔盐铝离子电池在高工作电压下的可逆储能机制

高工作电压和宽温域的铝离子电池，主要涉及两个研究体系：室温体系和高温体系（图2）。

室温熔盐体系是指采用室温离子液体（又称室温熔盐离子液体）作为电解质材料，这种液体是由有机物和氯化铝混合而成的。研究发现，当用石墨作为正极材料时，室温熔盐体系能够展现非常好的电压平台。而在高温熔盐体系中，我们采用了传统的偏冶金熔盐体系。我们在研究中积累了一定的经验，当使用氯酸钠等氯化物溶盐作为电解质材料时，电池能够在90～150 ℃下运行良好。不过，这种高温体系只适用于某些特殊场合。而当温度提高到400～500 ℃时，可能会限制其应用领域。

（三）解析$AlCl_4^-$在石墨正极层间嵌入-脱嵌的储能机制

铝离子电池与锂离子电池的区别在于，锂离子可以在正、负极之间进行可逆嵌入，而铝离子则是以$AlCl_4^-$基团在石墨正极嵌入，在负极则是$Al_2F_7^-$与铝离子反应，这使得铝离子电池有些特殊。在锂离子电池的石墨层间嵌入$AlCl_4^-$会导致很大的层间距变化和体积变化，这在一个可视化实验中得到了证明（图3）。

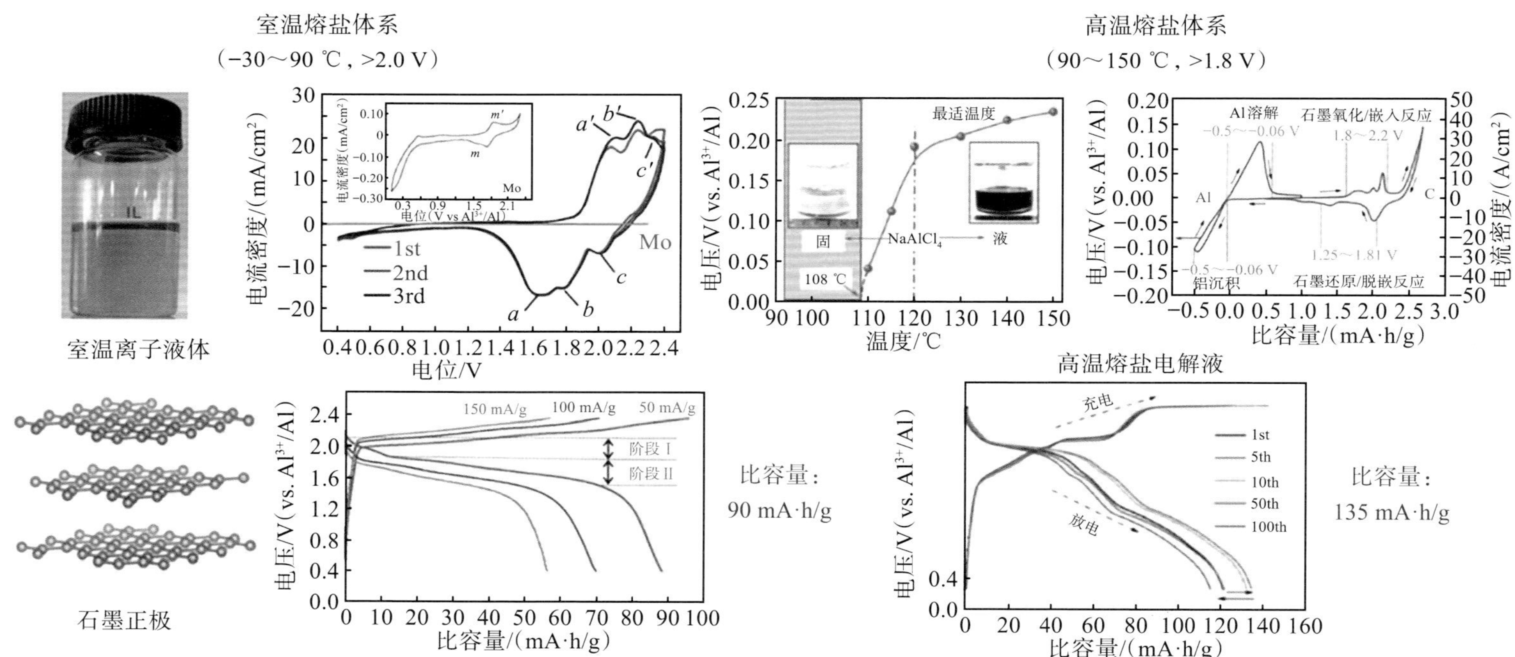

图2　室温熔盐体系和高温熔盐体系

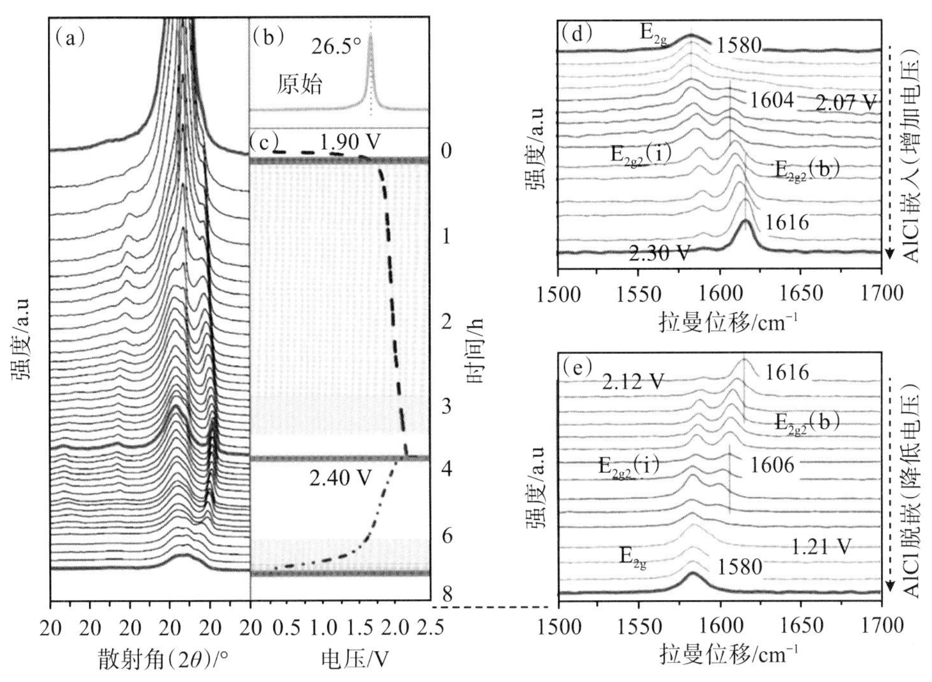

图3 石墨层间可逆嵌/脱 $AlCl_4^-$

同时，我们还研究了石墨的可逆膨胀收缩机理，并阐明了 $AlCl_4^-$ 在石墨层间可逆嵌入的储能机制。

（四）设计可实现多种电荷协同存储的MOFs正极材料

前文所述的石墨是一种比较好的铝/锂离子电池正极材料，但其缺点是比容量非常低，只有60～70 mA·h/g甚至不到100 mA·h/g。我们思考能否使用一些有机物扩大容量，于是便想到了MOFs，这是一种常见的材料，具有稳定性、可调性和多孔性，能够有效促进活性位点的利用。然而，MOFs分子量较大，活性位点有限，因此需要使用双极有机物，如卟啉配体作为锂离子电池正极材料，这样可以扩大容量2倍以上。MOFs中也含有活性金属离子，针对不同的金属离子，它也具有对铝离子电池中活性离子的吸附和脱附功能。研究发现，将双极性卟啉配体和活性金属离子集成到MOFs材料中，制备卟啉基MOFs正极材料，可以协同提高铝离子电池的能量密度和循环稳定性。相比于石墨60～70 mA·h/g的比容量，卟啉配体可以达到100～178 mA·h/g的比容量，远高于石墨。

相应的机理解释如图4所示，合成的卟啉MOFs材料具有18π结构，中间产物为卟啉环。在其进行充电时，卟啉环相当于让两个 $AlCl_4^-$ 嵌入其中，使该材料变为16π

结构，成为充电终端产物。充放电过程实际上是在16π和18π之间的可逆反应。在放电时，先脱出两个$AlCl_4^-$，使环空出来，确保该环能够继续嵌入$AlCl_2^+$。

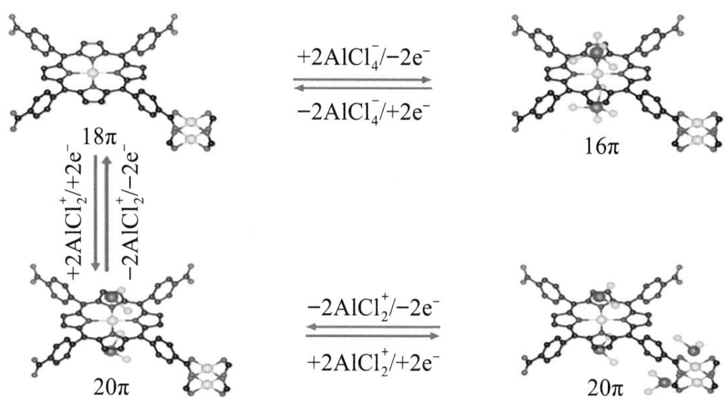

图4　多位点异性电荷（$AlCl_4^-$/$AlCl_2^+$）交替存储机制解析①

同时，在铜位点上，铜和$AlCl_2^+$也能反应，使整体发生6个电子转移，因此其比容量相比传统电池有很明显的提高。这也说明了铝离子电池材料的多位点异性电荷交替存储机制。

（五）高比容量、高稳定性正极结构的设计

有机物可能有助于改善石墨的低容量情况，但有机物的比容量也仅为100～178 mA·h/g。因此，我们团队开始探索硫化物材料的使用和改性。比如制作铝硫、铝硒和铝碲电池，并发现其容量明显提高。尽管这些硫化物的电压较低（相较于石墨正极的电压在2 V以上，硫正极的电压在1 V左右），但硫化物正极表现出的高比容量，大幅度地提升了使用石墨正极的电芯能量密度。我们团队利用硒、碲进行实验也得到了类似的结果。

进一步以碲为例进行分析，我们发现其中存在涉及6电子转移的过程，从而导致其比容量大幅提高。

铝硫电池、铝硒电池和铝碲电池的实验中生成了多硫化物，这与锂硫电池类似。我们对多硫化物的溶解和穿梭现象进行分析，发现它是硫族正极材料衰减的重要原因之一。此外，在电池失效机制方面，铝负极存在枝晶生长和严重的腐蚀现象，这也是其缺点之一。

① Guo Y, Wang W, Lei H, et al. Alternate storage of opposite charges in multisites for high-energy-density Al-MOF batteries[J]. Advanced Materials, 2022, 34(13): 2110109.

（六）构建双微半固态反应区，实现极限电子转移

研究固态电解质的目的是改善正极多硫化物的溶解和负极铝的严重腐蚀问题。我们采用双微区结构，在第一个微区中，一部分多硫化物会在此生成，但大部分仍能被限制（然而，仍有少量进入第二个微区）。在第二个微区中，存在大量含有有机基团的碳纳米管，这些碳纳米管能够吸附从第一区中过来的部分多硫化物，并通过导电性将电子转移到外部电路，使得这些多硫化物能够继续反应并得到彻底氧化。

经过电池充放电曲线和循环寿命等测试，我们发现通过抑制正极多硫化物的溶解，电池性能够保持良好。

（七）如何建立稳定的电池界面？如何设计安时级铝离子电池结构

关于铝离子电池相界面的研究，主要包括对安时级铝离子电池的结构设计及后续相关的研究。石墨电解质界面的研究涉及电解质在空气和水中的稳定性，即电解质的热稳定性和安全温度等。在集流体方面，我们团队进行了MXene膜的相关研究，并在膜上引入了正、负电荷以及中性电荷（图5）。

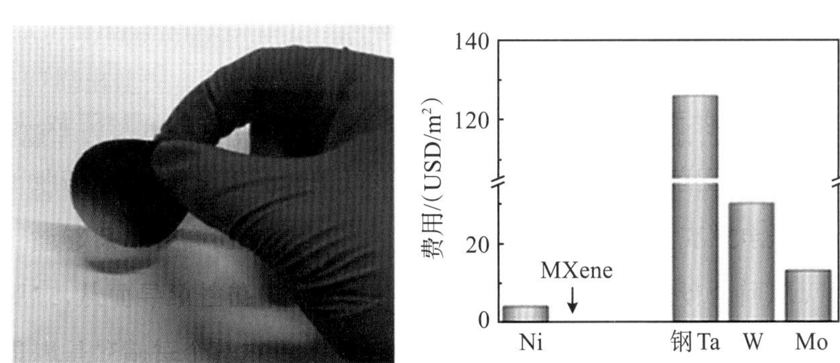

图5 低成本、柔性、轻质MXene集流体

此外，我们团队还在实验室中进行了一些1 A·h和2 A·h方形铝离子电池的组装工作，以及针对20 V、50 A·h铝离子电池模组的相关设计工作。

碱金属离子电池多尺度调控

我们团队以低成本为目标，选择使用钠和钾这两种材料。尽管它们的工作原理

与锂离子电池相同，但由于钠和钾的半径相较于锂的半径要大得多，因此在电池充放电过程中会引起严重的晶格畸变和体积膨胀，这导致电池循环稳定性、倍率性能以及可逆容量都比较差。

为解决这一问题，我们团队研究发现，氟化钾锰晶体可以作为钾离子电池的负极进行嵌入，但嵌入量非常有限。经计算，得出如下结论：一些空位的形成可以让大量钾离子嵌入其中。因此，我们团队通过精心设计和验证，成功合成了具有K/F空位的氟化钾锰晶体。经过电池测试，这些带有空位的晶体表现出零应变特性，在充放电过程中晶格几乎不发生变化（图6）。而且，这项工作还实现了钾离子电池10000次循环的里程碑。

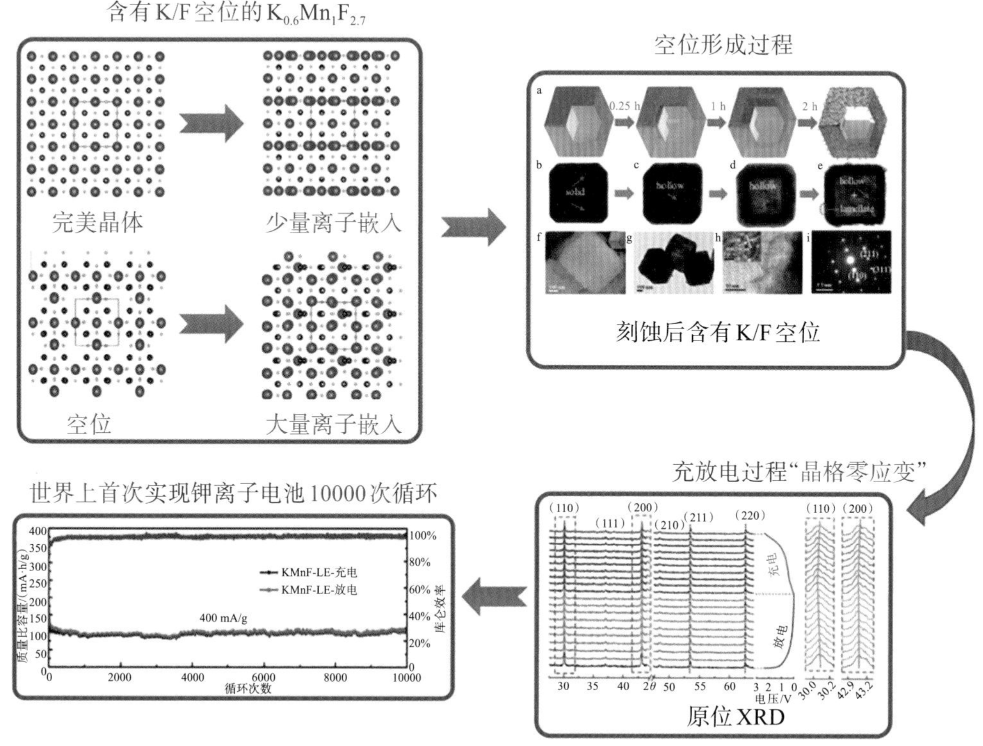

图6　晶格零应变研究流程图①

本人和一位来自剑桥大学的师弟进行了合作研究，研究对象是钛酸钾，这种物质也被认为是一种优秀的钾离子电池负极材料。然而，其储能容量相对较低。因此，在低温条件下，我们团队利用原始氧化钛和富含缺陷的氧化钛分别与氢氧化钾

① Liu Z, Li P, Suo G, et al. Zero-strain $K_{0.6}Mn_1F_{2.7}$ hollow nanocubes for ultrastable potassium ion storage[J]. Energy & Environmental Science, 2018, 11(10): 3033-3042.

进行反应，最终富含缺陷的氧化钛合成了富含缺陷的钛酸钾(图7)。尽管这项研究成果发表的期刊影响力不是特别突出，但在这一领域，这项工作仍然具有重要意义。

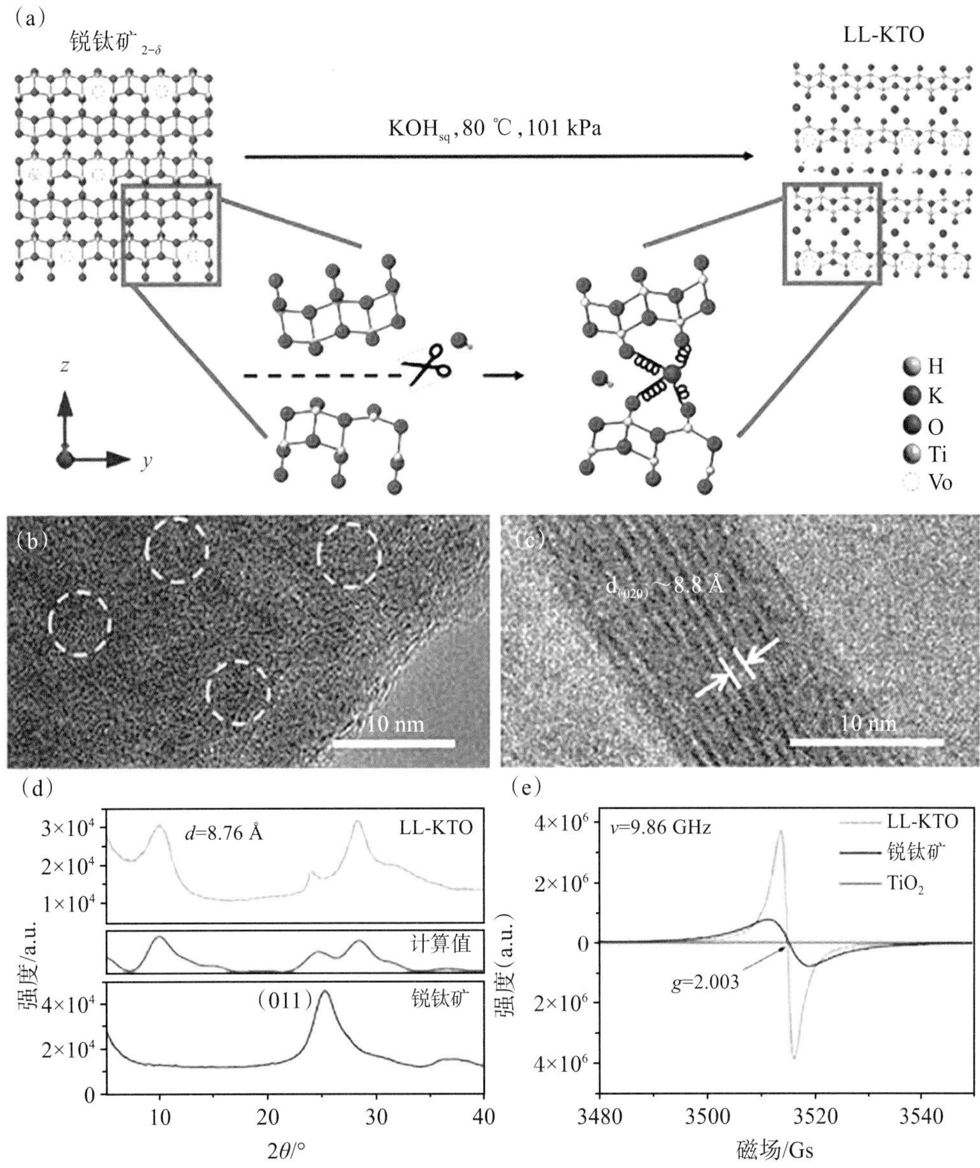

图7　氧缺陷松散结构层状钛酸钾实验过程①

这项研究的目标是让这些材料能够提升其一部分的储能容量，但实验结果却远远超出了预期。进一步的特征分析表明，合成的钛酸钾具有三维结构，然而在充

① Lao C Y, Yu Q, Hu J, et al. Oxygen defect chemistry for the reversible transformation of titanates for sizeable potassium storage[J]. Journal of Materials Chemistry A, 2020, 8(34): 17550-17557.

放电过程中，钾离子的嵌入导致了结构从三维到二维的转变，形成了层状结构。这种转变使得更多的钾离子得以嵌入，并且吸附在片层上，大大提高了电池的比容量。

通过实验和计算，我们团队发现缺氧空位是导致钛酸钾发生三维到二维转变的原因，这种变化促使了钾离子的嵌入。

虽然目前已有很多人研究硒化物和硫化物，但我们的优势在于合成了一种碗状的硒化物，并且这个“碗”的内表面和外表面都被覆盖了一层超薄的碳，只有几个原子层的厚度。我们研究发现这种硒化物具有很大的层间距，这可能会有助于离子的嵌入和脱嵌。并且其内表面和外表面的超薄碳层可以起到限域的作用，同时也提高了其导电性。此外，这种硒化物具有敞开式的结构，这意味着其密度相对较低，但是其强度能够被提高。我们团队也对硫化物进行了类似的研究，不同之处在于研究引入了小分子来增加硫化物的层间距。

当一个体积较大的离子被嵌入电极材料时，会导致其体积膨胀、颗粒粉化和分布不均匀。一般来说，行业中通常制造包括空心结构和多孔结构的材料。若是实心球体的材料，在循环过程中大概率会导致颗粒破碎。因此，我们团队制造了许多不同类型的材料，包括多孔、空心和空心多孔结构，以此来解决体积膨胀问题。然而，这些结构自身也存在缺点，其中一个是无效空间太多，这会导致材料的比容量降低。因此，我们尝试制造一种敞开式的空心多孔结构，它既具有前面提到的缓冲体积膨胀的特点，又因为具有堆叠属性而能够提高材料的密度（图8）。我们团队通过使用碳、硒化物和氧化铁等材料进行合成，并对材料的应力等进行了相关研究和分析。

总结

我们团队研发的这些材料具有以下特点：① 具有微米级别的高振实密度；② 具有纳米级别的多孔和空心结构，这使得它能够有效缓解体积膨胀。

总而言之，我们团队主要围绕绿色可再生能源、储能和工业用电展开相关研究。其中，最核心的部分是储能系统，因为它相当于连接两个不同行业的中介，同时也是将碳载能源转换为无碳绿色能源的重要环节（图9）。

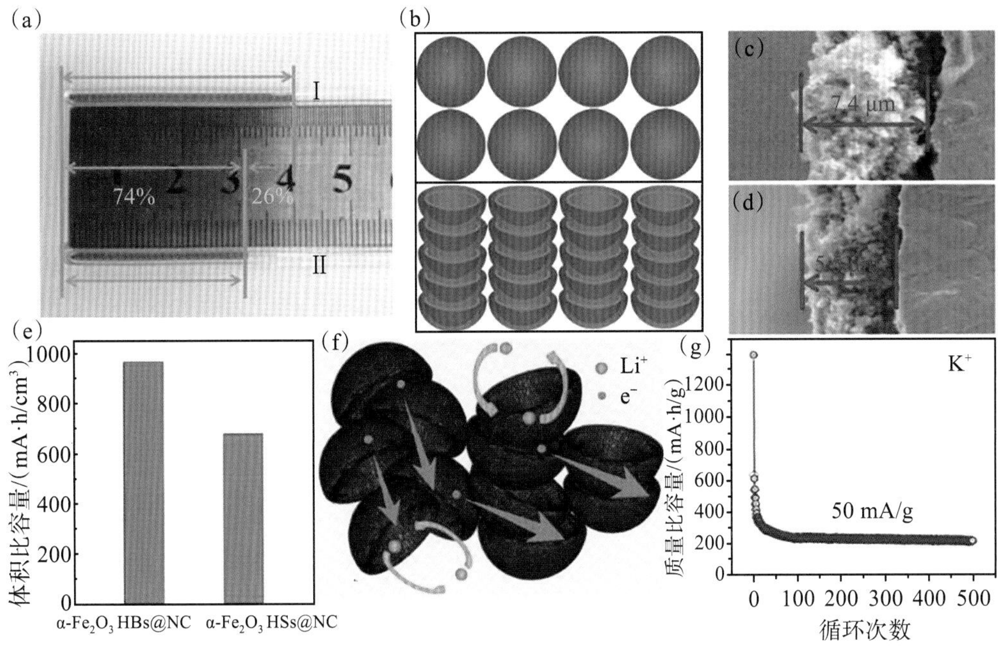

图8　堆叠结构提高质量/体积比容量

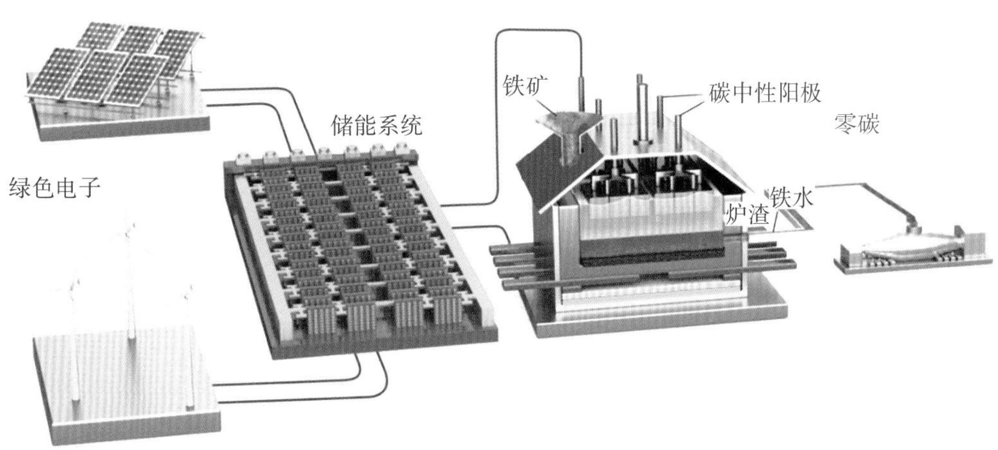

图9　“绿电—储电—工业用电”未来零碳工厂流程

对未来的冶金化工产业而言，由绿电驱动的零碳工厂是大势所趋。此外，我们团队在焦树强副校长的带领下，还进行了一些与电池研究相关的冶金金属提取工作。

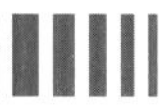

胡小丽

中国科学技术大学特任副研究员

中国科学技术大学管理科学与工程博士，合肥微尺度物质科学国家研究中心博士后，中国科学技术大学科技战略前沿研究中心特聘研究员。

主要从事人工智能与领导力的交叉研究、科技信息智能平台研究、新能源材料研究。主持国家自然科学基金青年基金项目、中国科学院战略研究与决策支持系统建设专项项目等，参与科技部创新战略研究专项、中国科学院学部咨询项目等。曾在*Energy*、*Journal of Knowledge Management*、*Journal of Managerial Psychology*、*Ecological Indicators*、《管理科学学报》等国内外核心期刊发表多篇论文。

太阳能电池的原理与应用

2023科创文化建设圆桌会

新能源材料是在环保理念推出之后，新近发展或正在发展的性能优异的且符合节约利用不可再生资源科技理念的一种功能材料。2023年全球30大前沿新材料中，超过90%可直接用于新能源领域。太阳能是典型的“又老又新”的可再生能源。“老”表现在人类对太阳能的利用有着悠久的历史，“晴则以金燧取火于天，阴则以木燧钻火也”，人们早已学会如何使用光学仪器来利用太阳能了。地球上绝大多数能源追根溯源几乎都来自太阳能的间接转换，比如传统化石能源也可以说是远古时代以来贮存在生物体内的太阳能。“新”表现在对太阳能利用的方式随着科技的发展而不断进步，利用效率逐渐提高。太阳能分布广泛，取之不尽、用之不竭，也是典型的清洁能源，在其产生过程中很少产生环境污染物质。近年来，在“双碳”理念下，太阳能的有效利用取得了令人瞩目的进展，成为发展快、具有活力的研究领域之一。我们比较熟悉的应用场景有太阳能热水器、太阳能路灯、太阳能发电站、太阳能电池等，这些利用方式的核心原理都是基于PN结的光伏效应。下文将详细介绍太阳能电池的原理、应用及前景。

太阳能光电原理：光伏效应

从物理学角度来看，半导体分为N型和P型，当这两种半导体接触时就会形成PN结，分别处于P区和N区。PN结形成的物理过程如下：在N区，电子为多子，在P区，电子为少子，浓度差使电子由N区流入P区，电子与空穴相遇又要发生复合，这样在原来是N区的结面附近电子变得很少，剩下未经中和的给体离子ND^{+}形成正的空间电荷。同样，空穴由P区扩散到N区后，由不能运动的受主离子N_A^-形成负的空间电荷。在P区与N区界面两侧产生不能移动的离子区（也称耗尽区、空间电荷区、阻挡层），于是出现空间电偶层，形成内电场（称内建电场）。此电场对两区多子的扩散有抵制作用，而对少子的漂移有帮助作用，直到扩散流等于漂移流时达到平衡，在界面两侧建立起稳定的内建电场。

太阳光照在半导体PN结上，当光子的能量超过半导体的能隙时，电子（或空穴）吸收能量发生跃迁，形成新的空穴-电子对，在PN结内建电场的作用下，空穴由N区流向P区，电子由P区流向N区，接通电路后就形成电流。这就是光电效应太阳能电池的工作原理。

太阳能电池（太阳能芯片、光电池）的工作原理便基于此，这种利用太阳光直接发电的光电半导体薄片，只要满足一定照度条件的光照，瞬间就可输出电压，并在有回路的情况下产生电流。这种现象被称为"光生伏特效应"，也称"光伏效应"，即光照使不均匀半导体或半导体与金属组合的不同部位之间产生电位差的现象（图1）。法国物理学家亚历山大·爱德蒙·贝克勒尔（Alexandre Edmond Becquerel）于1839年首先发现光伏效应，他声称导电液中的两种金属电极用光照射时电流会增强；1883年，美国物理学家查尔斯·弗瑞兹（Charles Fritts）在一个薄层的黄金上镀上一层硒，制成了世界上第一块太阳能电池，虽然其光电转换效率小于1%，但在太阳能电池的发展过程中具有深远意义；1954年5月，随着半导体性质及技术的进一步发现，贝尔

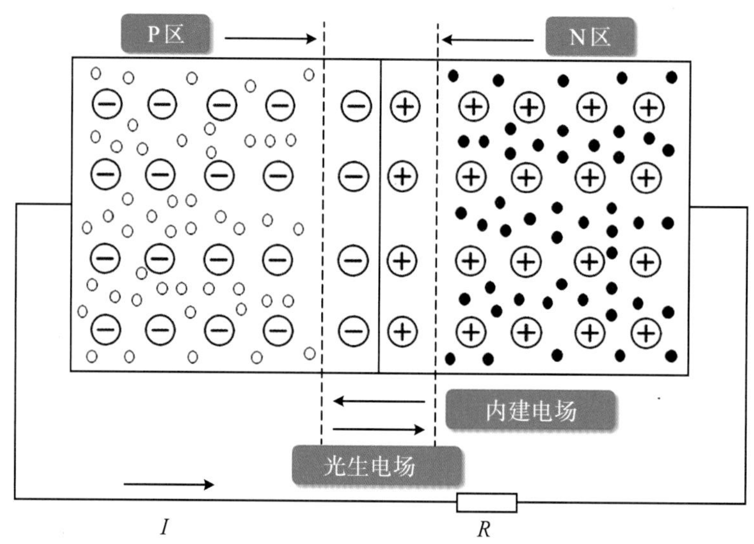

图1 光生伏特效应

实验室的科研人员发现在硅中掺入一定量的杂质后对光更加敏感这一现象后，开发出世界上第一个有实用价值的太阳能电池——效率为6%的单晶硅太阳能电池，光伏发电技术由此诞生，现代硅太阳电池也进入了技术展开期。

根据所用材料的不同，太阳能电池可分为硅太阳能电池、纳米晶太阳能电池、功能高分子材料制备的太阳能电池，以及以无机物如砷化镓等Ⅲ～Ⅴ族化合物、硫化镉、铜铟硒等多元化合物为材料的太阳能电池，等等。材料不同，太阳能电池的功能特性也存在一些差别。

第一代太阳能电池以硅太阳能电池为代表，包括单晶、多晶和非晶硅太阳能电池，占据全球光伏市场的90%。硅太阳能电池的主体结构是一个PN结，工作原理的基础是半导体PN结的光伏效应。当一束太阳光照射到半导体表面时，其中一部分被表面反射，其余部分被半导体吸收或透过。被吸收的光有一些变成热能，另一些光子则与组成半导体的原子价电子碰撞，在电池内部激发出大量的电子空穴对。在内部电场的作用下，电子和空穴分别向P区和N区移动，同时，电池的前表面和后表面分别有金属栅线和背接触场作为电极，用以收集电荷。当外部加上负载并与太阳能电池的正负极相连时，完整的导电回路就此形成。

太阳能电池“新秀”：钙钛矿电池

第二代太阳能电池主要是Ⅲ～Ⅴ族化合物半导体太阳能电池，这类电池具有较高的理论转化效率，但生产成本较高，难以民用化，通常只用于航空航天、军事等领域。第三代太阳能电池发展时间较短，但拥有较高的理论转化效率且成本相对较低，具有极大的发展潜力，主要包括无机、有机薄膜太阳能电池，染料敏化、量子点敏化太阳能电池和钙钛矿太阳能电池(PSCs)，等等。

钙钛矿太阳能电池是太阳能电池领域里的一位“新秀”，是一类以钙钛矿材料为吸光材料的太阳能电池，属于第三代高效薄膜电池。钙钛矿的化学式为ABX_3，正八面体结构(图2)，它不是一种矿物质，而是一种晶体结构，包括上百种化合物。这一类材料具备高光电系数、长载流子扩散长度、可人工合成等特点，特别是对可见光具备非常高的吸收和转化效率，天然具有能制备高效率太阳能电池的特性。

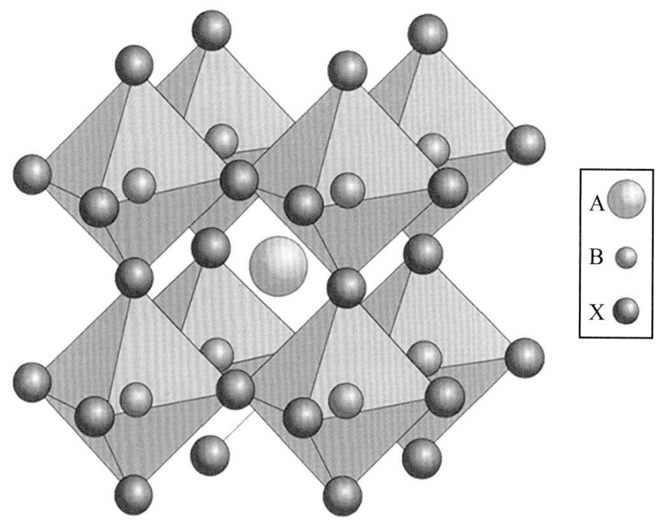

图2 钙钛矿晶体结构

钙钛矿太阳能电池的效率提升速率是前所未有的(图3)。晶硅太阳能电池效率由最初的3%提升到目前的26%左右,花了将近80年时间;而钙钛矿太阳能电池效率

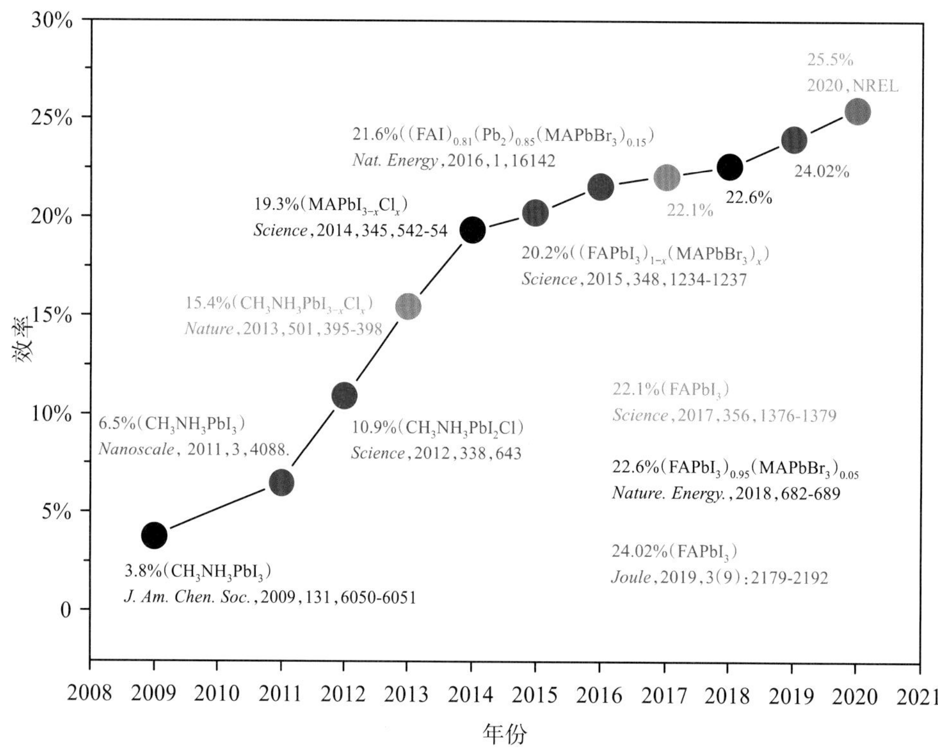

图3 钙钛矿太阳能电池的效率提升[①]

① 来源:https://doi.org/10.3390/cryst11030295。

由2009年诞生时的3.8%已经提升到了目前的26%左右，只用了10多年时间（表1）。2023年，美国能源部国家可再生能源实验室（NREL）证实，中国隆基绿能公司制造的钙钛矿-硅叠层太阳能电池的效率达到了33.9%，这一数字再次打破了先前的世界纪录。相比之下，晶硅电池效率在1989年达到22.8%后，之后近40年没有很大的突破。

表1　钙钛矿电池和晶硅电池的性能对比①

项　　目	钙钛矿电池	晶硅电池
单结最高效率	25.7%	26.1%
理论极限效率	31%	29.4%
器件厚度	500 nm	>150 μm
吸光范围	350～800 nm	400～1200 nm
禁带宽度	约1.4 eV，且可调	1.1 eV
弱光效应	强，阴雨天等低光照环境正常工作	弱，阴雨天及低光照环境基本不工作
柔性	易制备为柔性电池	难制备为柔性电池

钙钛矿太阳能电池性能已经可以与商业化的多晶硅太阳能电池相媲美，且钙钛矿太阳能电池的制作工艺更简单、成本更低。在常温下，将几种化学物质混合在溶液中，再如同“刷墙”一样将溶液“刷”在衬底上，就可得到钙钛矿薄膜。在此基础上，加上电子传输层、金属电极等功能层，一块钙钛矿太阳能电池就制作完成了。现在钙钛矿太阳能电池的厚度可以达到1 μm左右，相当于一张A4纸厚度的1%，这意味着其不仅质量轻，而且透光性好、柔韧性强，可以轻而易举获得更多光能。

钙钛矿薄膜内部就像一个飞行事故记录器，但却是影响钙钛矿太阳能电池性能的关键。研究人员可以利用能量色散能谱仪，从微观角度清晰观察钙钛矿薄膜内部元素的分布情况，再通过高分辨率电镜，直接“看到”内部晶体的生长情况。2023年11月，中国科学院固体物理研究所研究团队首次发现钙钛矿薄膜内的阳离子分布不均匀是影响钙钛矿太阳能电池性能的主要原因，即尺寸大的阳离子在薄膜上界面富集，尺寸小的阳离子在薄膜底部富集。[②]基于此，他们成功制备出“均匀化”的钙钛矿太阳能电池，获得26.1%的光电转换效率，认证效率为25.8%，连续光照稳定性测试达到2500 h。这为进一步提升高效、稳定的钙钛矿太阳能电池性能提供了明确的方向，对推动钙钛矿太阳能电池走向商业化发展也具有重要意义。

① 资料来源：《超长稳定的混合阳离子钙钛矿太阳能电池性能优化研究》《应用案例一钙钛矿太阳能电池》，西部证券研发中心。

② 来源：https://doi.org/10.1038/s41586-023-06784-0。

钙钛矿太阳能电池一边尝试挤进以硅为主的现有光伏市场，一边与传统的硅电池联合以获得更好的性能。数十年来，作为光伏行业的主力，单晶硅太阳能电池一直受制于29.4%左右的理论效率极限。如何通过新的材料架构革新器件，将两个或更多的太阳能电池串联、集成起来成为一个新的方向，由此，钙钛矿/晶硅叠层太阳能电池受到广泛关注。在这种叠层电池中，钙钛矿子电池沉积在晶硅子电池的上方，从而有效捕获和转换更宽光谱范围的太阳光。通过叠层的钙钛矿，太阳能光谱被分成连续的若干部分，波长最短的光被最外边的宽带隙材料电池吸收，波长较长的光能够透射进去被较窄的带隙材料电池利用。例如，钙钛矿材料能够利用蓝光或紫外光等能量较高的太阳光部分，而硅可以利用能量相对较低的太阳光部分，从而达到太阳能的高效利用，并实现比单结电池更高的能量输出。

当然，这里面还有很多技术难点需要突破。例如，钙钛矿太阳能电池的顶面与电子传输层之间的界面处会发生复合损失（recombination losses），即电子和空穴在被收集和利用之前重新组合在了一起，导致效率损失。这个问题被称为“空穴传输”，钙钛矿材料的介电常数大、激发能低，在吸收光子后可以产生空穴-电子对，并在室温下解离。解离的电子迁移至电子传输层材料的导带，空穴迁移至空穴传输层材料的价带。电子和空穴分别经过电池两侧的透明导电电极和金属电极收集，并产生电流。在钙钛矿太阳能电池（PSCs）器件中，考虑到钙钛矿本身有限的空穴传输能力，在钙钛矿与电池之间插入一层空穴传输材料是必不可少的。为了解决“空穴传输”问题，现在有不少团队尝试基于磷酸、有机阴离子、双功能分子哌嗪碘化物、功能性新型空穴传输层材料硫氰酸亚铜等来调节钙钛矿的结晶过程，这些添加剂在钙钛矿层和电子传输层之间的界面处发挥桥梁作用，减少复合损失。

目前，钙钛矿太阳能电池在商业化推广过程中也存在一些技术难点。新能源电池并不意味着其没有“污染足迹”，大部分高性能钙钛矿太阳能电池所使用的钙钛矿材料都含有毒性的铅元素（Pb），尽管含量极少，但其商业化应用可能带来环境污染问题。此外，钙钛矿太阳能电池的稳定性较差，目前户外使用寿命仅2～3年，且其光电转换效率提升速率明显放缓。例如，2023年7月6日，发表在*Science*期刊上的研究[①]表明，晶硅叠层太阳能电池的光电转换效率突破了30%大关，经认证后的光电转换效率达到了31.25%，超过了单结太阳能电池的理论效率极限。然而，这些研究仅限于实验室规模，其稳定性也需要进一步优化，因为经过数十或数百小时后，其转换效率就会降到最初的80%，而单晶硅太阳能电池在工作25年后，仍然能够保持在初始效率的85%以上。

---

① 来源：https://doi.org/10.1126/science.adg0091。

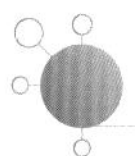

借助AI技术突破新能源电池材料瓶颈

材料科学的创新与应用依赖于产品的技术创新，包括将产品功能性应用到极致，从而实现应用价值最大化。新能源动力电池也涉及新材料、新工艺、新技术，如今上下游相关企业纷纷涌入这片蓝海。2023年11月，DeepMind发布了“材料界的AlphaFold”——材料探索图形网络(graphical networks for material exploration, GNoME)，通过一种新工具使用深度学习来显著加快发现新材料的过程，该研究成果已发表在*Nature*期刊①。这项技术不仅丰富了现有材料中的元素，而且根据化学式预测了新材料的稳定性。已经被用于预测的220万种新材料，有700多种已经在实验室中被合成出来，其中不乏新能源电池材料。同一时期，美国劳伦斯伯克利国家实验室也宣布了一个无人实验室②，该实验室从材料数据库中获取数据，其中包括GNoME的一些发现，并在没有人类帮助的情况下使用机器学习和机械臂来设计新材料。

新能源电池意味着要打破“从油井到车轮”的传统技术与方法，利用人工智能与大数据可以扩大新材料发现和开发的潜力。中国科学技术大学江俊教授的团队也探索出一条具备精准化、智能化的材料大数据之路，通过人工智能自主学习和优化，可以针对复杂环境体系得到全局最优解的新研究范式。科学家们将元素周期表中的元素组合在一起以发现新材料，但由于有太多的组合可能性，盲目试错式地将它们组合起来是非常低效的；同时，这种试错方法建立在现有结构的基础上，限制了意外发现新材料、新结构的可能性。通过将数据和规律关联起来，我们可以建立一个关系网络，再用人工智能方法拟合构效关系。这种拟合出来的构效关系不像以前做科学研究那么直接，只是寻求基于因果关系的构效关系，即因为这样的构造，所以才有这样的性能；现在，通过人工智能拟合，我们可以得到一个模糊的关联性预测，即如果是这样的构造，也许也会关联到这样的一种性能。基于这种关联模式，江俊教授三次迭代知识图谱，建立了含9000万个化合物、1100万条化学反应路径的大规模材料数据库。这为新材料的发现提供了更多可能性，也势必有助于解决新能源电池行业的底层难题。

---

① Merchant A, Batzner S, Schoenholz S S, et al. Scaling deep learning for materials discovery[J]. Nature, 2023, 624(7990): 80-85.

② Szymanski N J, Rendy B, Fei Y, et al. An autonomous laboratory for the accelerated synthesis of novel materials[J]. Nature, 2023, 624(7990): 86-91.

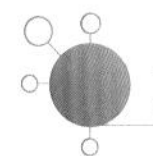

太阳能电池与电动汽车

备受期待的新能源方向主要包括动力电池和智能驾驶。作为一种清洁、无污染、可再生的能源，太阳能具有巨大的潜力，那么太阳能电池可以用于新能源汽车续航供应吗？研究表明，光伏充电的转化效率只有30%，商业化的单晶硅太阳能电池的转换效率约有20%，而多晶硅太阳能电池的效率则更低。在光照时间充足的情况下，按照每平方米一天日照时间10 h来计算，发电量只有1.5 kW·h。现在纯电车100 km需耗电15 kW·h，也就是说，一天的充电量只能维持10 km的续航。一年365天，并不是每天都有充足的光照，在阴雨天发电量更少。而一辆续航520 km的纯电车在400 V电压、50 kW的快充情况下，不超过5 h即可实现100%的充电过程，即使使用家用私人充电桩，一晚上8 h也能充满。2019年日本丰田普锐斯插电式汽车安装了太阳能面板，续航里程目标达56 km，最终电力转换效率仅为26.81%。相较其他动力电池而言，太阳能电池转换效率不高、受光照条件限制、充电时间过长、充电设施不足，对于纯电车续航供应目前没有实际意义。

太阳能为何还没有在电动汽车上普及的原因是多方面的。从成本角度考虑，车身表面采用太阳能电池板也面临困难，不仅要做到抗氧化、耐腐蚀，并且面积越大越好，核心组件研发成本、技术成本、安装成本、维修成本等比较高，许多企业不愿意投入大量资金研发和生产太阳能电动汽车。令科技界与产业界更为烦恼的是，太阳能电池板车身不仅使用寿命不高，且防撞能力也远远不如金属车身，不达标的强度和安全系数，对车内乘客来说存在极大的安全隐患。

太阳能电池虽然无法满足驱动行驶，但可以用于其他低功耗车载电器的供电。例如，在车顶搭载1 m^2的太阳能电池板，一天10 h光照储存1.5 kW·h电量，对于车载扬声器、车载香氛、阅读灯、氛围灯等低功耗、低电压电器是绰绰有余的。随着太阳能电池技术的改进，势必会提高其效率和使用寿命，加强电动汽车充电设施的建设和兼容性。实际上，太阳能用于电动汽车的解决方案正在逐步推出。比如，世界上首条太阳能公路已在法国开通，在太阳能公路上，任何暴露在阳光下的表面都可以转化为能源生产平台，这可能会成为太阳能电动汽车续航的一个有前景的解决方案；美国圣地亚哥等地也有许多由太阳能供电的公共车队；印度规定所有公共充电站都必须安装太阳能电池板，以覆盖至少10%的装机容量。未来，我们将会看到越来越多太阳能电池在电动汽车方面的应用。

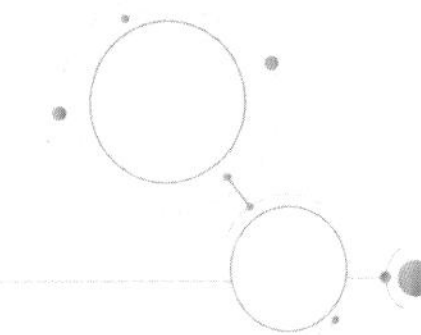

数智科技：创新、改变与可能的未来

褚君浩

中国科学院院士

红外物理学家，半导体物理和器件专家，中国科学院上海技术物理研究所研究员，复旦大学光电研究院院长。1984年获中国科学院上海技术物理研究所博士学位；1986—1988年，获德国洪堡基金，赴德国慕尼黑技术大学物理系从事半导体二维电子气研究；曾任红外物理国家重点实验室主任，2005年当选为中国科学院院士。

长期从事红外光电子材料和器件的研究，开展了用于红外探测器的窄禁带半导体碲镉汞（HgCdTe）和铁电薄膜的材料物理和器件研究，提出了HgCdTe的禁带宽度等关系式，该公式在国际上被广泛引用。近年来主要从事极化材料和器件以及太阳能电池技术的研究。获国家自然科学奖3次、部委级自然科学奖或科技进步奖12次，并且荣获全国首届创新争先奖章、十佳全国优秀科技工作者、上海市科普创新杰出人物奖等多项奖项。出版中、英文专著6本，发表论文800余篇，研究结果被国内外广泛引用，被特邀为著名科学手册《Landolt-Bornstein科学技术中的数据与函数关系》中“含Hg化合物”部分的修订负责人。

智能时代与低碳技术

国轩高科第12届科技大会

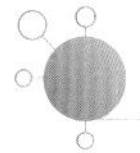

智能时代大趋势

18世纪，第一次工业革命以机械化为特征，其核心在于蒸汽机的发明。牛顿力学的建立为蒸汽机的问世提供了基础，进而推动了牛车、马车、帆船等传统交通工具逐渐演变为火车、轮船等近代交通工具，并很快推广到各个领域。大机器生产取代手工劳动，解放和发展了生产力。随着资产阶级的兴起，世界的面貌发生了改变，西方先进国家崛起。同时，劳动力从农村流向城市，开启了城市化的进程。从此，人类进入了机械化时代。

19世纪，第二次工业革命以电气化为特征。得益于能量守恒定律和电磁学定律的发现，电力得以广泛应用，同时石油也得到了大量开采和使用。首先，科学技术成就逐步应用于生产中，推动了世界经济的迅速增长，进一步改变了人民的生活方式。其次，垄断资本影响了国家和世界的政治、经济、生活。最后，加强了世界联系，但也带来了环境污染。自此，人类进入了电气化时代。这两次工业革命还存在一些不同之处。第一次工业革命中，热机的发明和使用提供了第一种模式：技术—科学—技术。蒸汽机发明之初效率低，但随着热力学理论的建立，其效率得到了提高。而第二次工业革命中，电气化的进程则提供了第二种模式：科学—技术—科学。库仑定律、法拉第定律、麦克斯韦电磁理论等一系列重大发现，为发电机、电动机等技术的出现提供了重要推动力。

第三次工业革命的特征在于信息化。原子物理、量子力学、固体物理、现代光学和半导体科学规律的发现，促进了电子技术、微电子技术、原子能技术、光学技术、新材料技术、信息技术等一系列新兴产业的发展。其中，量子力学的发现催生了能带理论和半导体技术，进而催生了半导体晶体管、集成电路等技术的发展。另外，受激辐射的发现也使得激光、光纤得以问世，而麦克斯韦方程组则奠定了电磁波和无线通信的基础。此外，液晶显示、存储器等领域的发展也都表明了工业革命是科学与技术相互交叉推动的结果。

第四次工业革命的驱动力主要包括以下三点：第一个驱动力是能源与环境问题突显，全球可持续发展面临巨大压力。例如，北冰洋在夏季时冰层完全消失，导致熊类食物短缺，进而出现大熊攻击小熊的情况。自20世纪以来，地球表面温度持续上升，二氧化碳浓度不断增加，人口规模也呈现出不断扩大的趋势。1996年，一篇发表在*Nature*杂志上的文章引起了人们对气候变化的重视，生命科学家研究发现斑点蝴蝶的分布区域发生了变化，过去主要分布在北美偏南地区，如今已经扩展到了偏北地区，这表明气温正在上升。2021年8月，在北京附近的密云水库山上生长出原本南方特有的尖帽草，进一步证明了气温已经上升。全球气温上升将导致海平面上升，如果北极格陵兰岛冰盖全部融化，将导致海平面上升7.2 m，上海到南京将被水淹没，山东半岛也将变成两个岛屿。2021年诺贝尔物理学奖得主真锅淑郎（Syukuro Manabe）、克劳斯·哈塞尔曼（Klaus Hasselmann）、乔治·帕里西（Giorgio Parisi）对全球变暖进行了预测，分析了二氧化碳含量增加如何导致地球表面温度升高以及气候变化等问题，并探讨了地球温度上升1.2 ℃、1.5 ℃和2 ℃可能带来的影响。因此，全球气候变暖是一个备受关注的问题，也是推动第四次工业革命的重要力量之一。第二个驱动力是人类不断追求更加美好的生活。第三个驱动力是信息科学技术快速发展为工业革命创造了条件。随着数字技术的不断进步，我们已从大数据时代迈向更高层次的智能化进程。同时，曾经的小型化技术也进化到了微纳尺度。此外，网络化技术正从机器与机器的连接演进到更为复杂的人-机-物互联。在这样的背景下，量子信息科学领域——包括量子计算、量子通信和量子测量等关键技术——持续蓬勃发展，预示着未来信息科学技术将实现更加重大的突破和进展。

如今，人类即将迈入第四次工业革命，其特征在于智能化。与之前的机械化、电气化、信息化时代相比，现在正处在信息化高度发展的后期，正迎来智能化的时代。智能化时代的最大特点在于将智慧融入物理实体系统中。同时，科学与技术交叉推动涌现出大量科技成果杰出的科学家。

而智能化时代最核心的是智能化系统。例如，守门员机器人具备智能化系统的三个特点：动态感知、智慧识别和自动反应。动态感知依靠传感器；智慧识别依靠大数据、物理模型和算法；自动反应则依靠控制。最近，出现的聊天机器人ChatGPT也是一个智能化系统，它能够回答问题、写作文等。其智能化系统所依赖的基础信息平台包括互联网、物联网、光通信等，其特点是数字化，随后将实现定量化、精准化、规律化和智能化。因此，智能化系统可应用于数字城市、智慧地球等方面。

智能时代的技术态势有五个方面：一是智能化分布式能源系统、低碳技术、能源互联网；二是智能化复杂体系、人工智能、智慧地球、ChatGPT；三是智能化制造技术、先进材料、3D和4D打印材料；四是智能化诊断修复技术、智慧医疗；五是智能化升级多领域传统工业。此外，还有一些支撑技术，如材料技术、电子技术、光电技术、量子技术、脑机接口、生物交叉技术、医疗技术、能源与环境技术、计算机技术和控制技术等。其中，低碳技术是至关重要的一个方面，下文将重点讨论。

发展低碳技术

低碳技术是实现“双碳”目标的主要技术途径，同时也是解决能源环境问题、实现人类可持续发展的关键。低碳技术包括三个方面：减碳技术，如节能减排、LED照明、煤的清洁高效利用、油气资源与煤层气的勘探开发技术等；无碳技术，如核能、太阳能、风能、生物质能等可再生能源技术；去碳技术，如二氧化碳捕获与埋存技术。而储能技术在以上三个方面均有应用，因此其重要性不言而喻。

化石能源终将耗尽，但太阳能却是无穷无尽的。全球太阳能资源分布丰富，在中国平均每天每平方米可获得相当于3～5 kW·h的能量，足以满足人们一天的需求。根据这种分布情况，如果将我国沙漠地区和荒漠地区的1/10面积用于太阳能发电，其发电量可满足全国一年的需求。因此，太阳能资源具有丰富的开发潜力和广泛的应用前景。2009年，国际上召开了一次名为“Powering the World with Sunlight”(用阳光驱动世界)的会议，由中国、德国、英国、美国、日本五国化学会共同召开。由于中国的太阳能电池产业非常发达，我代表中国化学会作了关于太阳能电池的报告，并参与了两小时的讨论。会后，中国、德国、英国、美国、日本五国化学会发布了一份白皮书。此后，中国科学院启动了“太阳能行动计划”(我本人是该项目的首席科学家之一)，致力于发展太阳能领域，并且培养了众多人才，取得了多项成果。

如今，中国提出了“双碳”目标，即在2030年实现“碳达峰”，2060年实现“碳中和”。鉴于当前情况，光伏技术需要跨代发展，促进光伏产业能级跃迁。据国际能源署(IEA)报告预测，2050年全球90%的电力将由可再生能源发电供应，其中33%的电力由光伏发电供应。然而，由于光伏发电和风能发电的不稳定性，未来对储能技术的要求将非常高。目前，中国储能行业发展尚处于起步阶段，但其在未来电力供应中的重要性不可忽视。根据国家发改委能源研究所预测，2050年光伏将成为中国的第一大电力来源，占当年全社会用电量的39%。而2021年光伏占比仅为4%，因此，随着光伏发电比例的提高，储能技术的发展势在必行。

根据国际能源署的报告，全球楼宇的电能消耗量已经占总能源消耗量的1/3以上。其中，美国占72%，其二氧化碳排放量达到总排放量的38.9%。而中国楼宇能耗高和排放量高的问题也日益突出。2021年6月26日，IEEE PES直流电力系统技术委员会（中国）低压直流技术分委会发布的《直流建筑发展路线图（2020—2030）》预测，2030年民用建筑规模将达到720亿平方米，每年新增光伏建筑应用面积约14.3亿平方米，其中直流建筑应用面积约7.1亿平方米，占比约50%。目前，民用建筑安装分布式光伏容量每年新增约22 GW，分布式储能容量每年新增约10000000 kW·h，直流建筑相关行业产值约每年7000亿元，累计达70000亿元。

因此，光伏领域需要着重发展以下三个方面：

（一）太阳能技术

太阳能技术包括光伏、光热、光化学、光生物等技术，这些技术实际上是利用太阳能电池板吸收光能，随后将其转化为其他形式的能量，如电能、热能、化学能或生物能。在光伏领域，PN结（由N型半导体和P型半导体组成的结构）是关键部件，当光线到达材料后，光生电子-空穴对在空间电荷层内被电场分离，并在外电路中产生光电流，因此PN结具有光电效应（图1）。无论是何种电池，研究人员都需要清晰地了解其物理过程才能提升其研发技术水平。由此可见，科学和技术的交叉推动是工业革命规律的核心所在。此外，太阳能电池研究工作中还存在一系列科学问题有待探索，例如电池结构，内建电场，能带排列，表面、界面，材料特性，杂质缺陷，光生载流子的激发与输运，载流子的迁移率、寿命及扩散长度，设备工艺，材料生产与特性，器件结构制备和功能。

太阳能电池可分为三大类：第一代光伏电池（硅基），主要由中国厂商主导，其中单晶硅和多晶硅领域的研发成果最为突出。第二代光伏电池（薄膜，低成本），以非晶硅、碲化镉（CdTe）、铜铟镓硒（CIGS）和砷化镓（GaAs）等为代表；除碲化镉电池美国做得最好外，其他电池均为中国厂商领先。第三代光伏电池（薄膜为主，高效率、低成本），包括宽光谱叠层多结、染料敏化、钙钛矿结构、量子点/纳米、有机电池等多种新概念电池。值得注意的是，三代电池并非互相取代的关系，而是在不同场景下各有其应用价值，就像穿着需要上装、下装、鞋子一样，不同类型的电池在不同场合都有其独特优势。

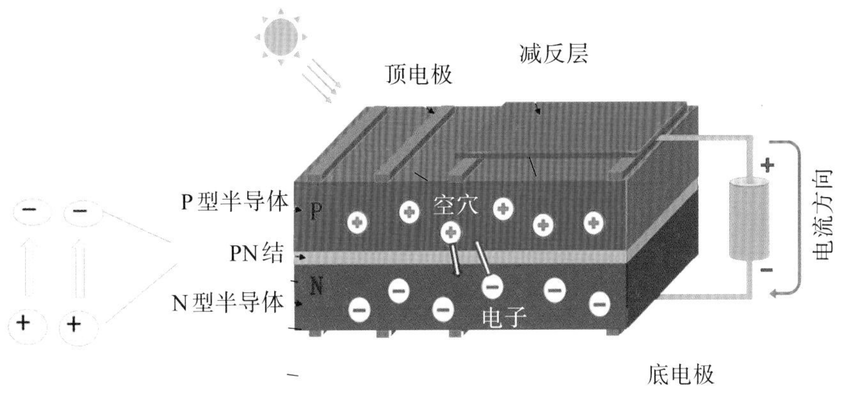

图1 太阳能光伏发电原理图

目前，光伏发电成本逐年下降，预计光伏将成为最廉价的可再生能源。根据我国能源发展战略，到2060年，我国能源消费结构将发生显著变化，以实现“碳中和”目标。具体来说，预计氢能将占8%、光伏占35%、风电占17%、核电占11%、水电占7%，而化石能源将占22%(图2)。因此，光伏有望成为第一大能源供给。“2020全球光伏企业20强排行榜”显示，中国企业已经连续两年占据榜单前五强。

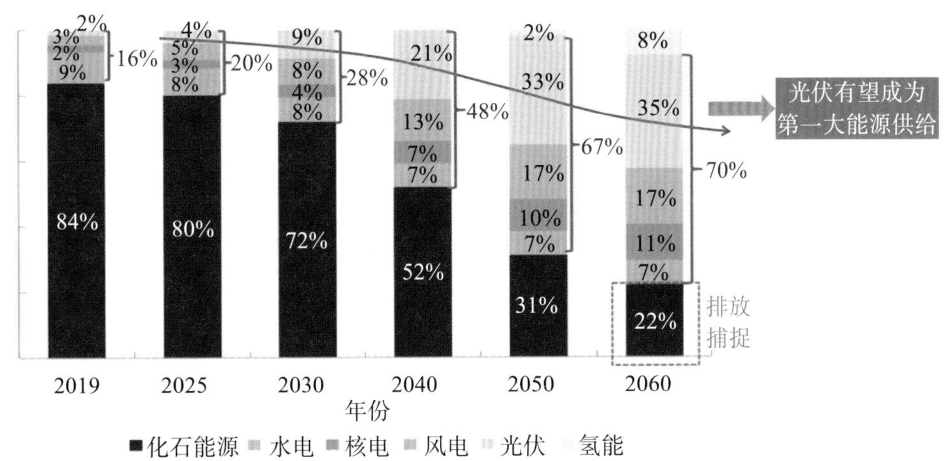

图2 我国能源发展战略目标

在光伏领域，有两个新的进展值得关注：

第一个进展是钙钛矿太阳能电池，它是从染料敏化电池发展而来的。钙钛矿电池采用钙钛矿结构的材料作为光吸收层，利用二氧化碳产生光生载流子进行传输。近年来，钙钛矿电池的效率提升迅速，由低于15%的效率提升至25.7%（图3）。

这一突破得益于钙钛矿材料所具备的多项优势：一是在加工工艺方面，低温工艺能耗低、可在溶液中加工、可大规模制备；二是在材料成分方面，具有很高的调控性，应用广泛，可制作叠层器件、LED等；三是在光电特征方面，吸光系数高、长载流子寿命长，并具有良好的缺陷容忍性，是高性能器件的基础。钙钛矿材料可制作柔性器件，如卷对卷印刷工艺。若将其与建筑物结合使用，还可实现多样的颜色变化，相较于晶硅电池仅有的黑色外观更具美观性。目前最具前景的是叠层器件，即将两个PN结（如晶硅电池和钙钛矿电池）叠加使用，以实现对太阳光的双重吸收，进一步提升电池的效率。2022年，南京大学谭海仁团队研发的全钙钛矿叠层太阳能电池效率达26.4%，首次超越单结钙钛矿电池的纪录。但是，当前钙钛矿单晶太阳能电池的效率仍低于多晶，可能是由于单晶钙钛矿太阳能电池研究仍处于早期阶段。截至2021年，多晶钙钛矿太阳能电池的研究论文有9832篇，最高效率为25.7%，而单晶钙钛矿太阳能电池的研究论文仅19篇，最高效率为22.8%。在这为数不多的研究中，单晶器件的效率提升非常显著，符合理论预测中单晶更高的器件效率。

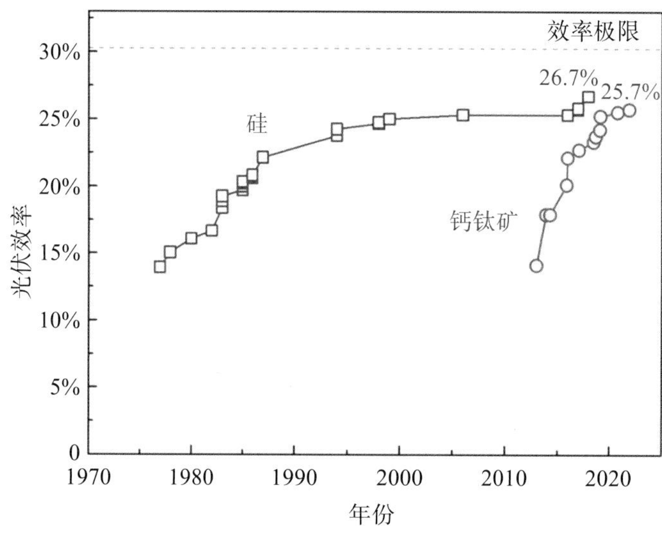

图3 钙钛矿电池效率提升情况

第二个进展是多结电池和聚光光伏电池。多结电池采用了多个PN结叠加使用的策略，例如，钙钛矿电池吸收较短波长的太阳光，而晶硅电池则吸收较长波长的太阳光，从而提高效率。然而，这种制造方式所需的半导体材料成本较高，因此有人开始探索聚光光伏电池的研发。聚光光伏电池需要朝向太阳旋转才能实现聚光效果。

目前，薄膜砷化镓电池被认为是具有产业化前景的多结电池之一。实验室阶段的效率已经达到36%，量产阶段的平均效率为34%。薄膜砷化镓电池具有弱光性能好、温度系数低、重量轻以及柔性可弯曲等优点，且其制造成本相对较低，不到传统砷化镓电池制造成本的50%。如今，薄膜砷化镓电池已经完成了临近空间可靠性测试和实际飞行器搭载测试，并已开始批量生产。据统计，大面积薄砷化镓量产平均转换效率为34.5%，峰值效率为36%，小面积（1 cm^2）薄砷化镓量产平均转换效率更是达到了37%。

此外，砷化镓薄膜低成本制造技术的应用也大幅拓展了砷化镓电池的应用领域：从航空航天到地面设备。薄膜砷化镓电池在无人机、浮空器、特种便携能源、移动电子产品、智能汽车、地面电站等领域都有广泛的应用潜力。

（二）智能化分布式能源系统和能源互联网技术

智能电网的目标是实现电力的产生、使用和储存，并实现智能化的调配。智能化分布式能源系统结合了大规模间歇式电源并网技术、大规模多能互补发电技术以及大容量快速储能技术，从而引发了能源利用方式的根本性变革。

此外，分布式电源接入技术、大规模光伏并网逆变技术、能量交互管理技术以及智能电网微网技术等也与储能密切相关，并且覆盖了能源生产、传递、交易和管理的各个方面。在分布式发电集群规划优化设计中，“区域分散型”示范工程包括户用光伏发电站、村集体光伏电、地面光伏发电、生物质发电等，另一种典型应用模式是“集中式+分布式”模式，其中“集中式”部分包括大型地面光伏电站和风力发电场等，而“分布式”部分则包括屋顶光伏、小型地面光伏电站等。这两种模式都是目前分布式发电领域中的典型应用方式。

美国华盛顿特区经济趋势基金会总裁杰里米·里夫金（Jeremy Rifkin）在其著作《第三次工业革命》中将能源互联网视为新经济系统的五大支柱之一。这五大支柱包括能源结构转型、就地收集能源、就地储存能源、能源互联网和电动运输工具。能源互联网与信息互联网相对应，电能相当于数据和信息，发电站相当于网站，储能装置相当于服务器，能量路由器相当于信息路由器，输电路线相当于通信路线。因此，将来储能装置和能量路由器将变得非常重要。能量路由器用于微网等能量自治单元之间的互联和能量交换分享，集逆变转换、能量存储、通信与数据交换、能源智能调度、监测与管理等功能于一体，是一个智能能量变换与路由调度中心。

特斯拉公司开发的PowerWall储能电池是一种白天利用太阳能储存电量晚上使用的电池。利用PowerWall电池，用户还可以反过来操作，即晚上购买半价电并将其储存起来，白天则将全价电卖出去。在储能路线方面，液流电池将成为主流。2021年11月，我国首个光伏储能实证实验平台在大庆建成投运，该平台将为新能源行业提供实证、实验、检测等服务。此举将解决对已建成的光伏发电系统运行性能评估不足的问题，提高对光伏电池及其组件、逆变器、储能等关键设备在户外实际运行的专业性、系统性研究水平。

在通信基站等场景中，直流供电已经得到广泛应用。除了特殊应用场景的直流应用，在常见的“家用光伏+储能”系统中也有了一些尝试，如电动汽车直流充电（户用）、V2H（vehicle-to-home）、直流微网系统等。随着电动汽车行业的不断发展和普及，电动汽车充电业务也得到了推动。目前，常规的家用充电系统以交流充电方式为主，其充电功率相对较低，并且主要依赖于交流大电网作为电力来源。然而近年来，以新能源支持充电的应用模式逐渐增多。根据当前市场的发展态势，可以预见，未来将出现更多应用场景和应用模式。

（三）因地制宜推广太阳能技术的广泛应用

太阳能技术在各领域得到了广泛应用，如集中式光伏电站、分布式光伏发电系统、农村电气化、光伏产品和分散利用，以及通信、工业应用等。因此，各方都在因地制宜地充分利用太阳能，包括绿色交通。在第2届中国国际进口博览会上，欧洲客车制造企业展示了一款新一代机场摆渡车。这款车不仅是一款电动汽车，还采用了太阳能辅助供电技术。通过采用铜铟镓硒组件技术，该车的太阳能充电设施能够满足全车照明、空调等设备的使用需求。而电池系统则能够保证150 km的续航里程。在第4届中国国际进口博览会上，特斯拉展台的一大亮点是光—储—充一体化充电站。该充电站的最大特点在于其结合了“太阳能”和“储能”技术。充电站利用太阳能进行充电，并将收集到的电能储存在储能设备中，为电动汽车提供补能服务。

同时，太阳能还应用于绿色交通方面，如载人太阳能飞机、太阳能船等。其中，太阳能船的船体长度为31 m，质量为95 t，最大航速为26 km/h，可容纳40名乘客，耗资超过1亿元。太阳能板的总面积约为536 m^2，同时为4个电动马达提供动力，并配备了6个巨型充电锂离子电池，总质量约为10 t。该船历时584天，航行了60006 km，创造了4项吉尼斯世界纪录，包括太阳能动力船首次环游世界和在航行过程中停靠6个大陆等。

努力实现“双碳”目标

全球光伏市场需求持续保持旺盛。截至2022年，全球新增光伏装机达到230 GW，同比增长35.3%，累计装机容量约达1156 GW。预计到2050年，可再生能源在总发电中的占比将高达86%，其中风电占1/3，光伏则占据25%。为推动“碳达峰、碳中和”的实现，我们应当将其纳入生态文明建设的整体布局之中。根据国际能源署的报告，向可再生能源的转型可使电力行业的CO_2排放量较“已规划能源情景”减少64%，而终端能源消费的深度电气化可使建筑、交通和工业领域的排放量分别减少25%、54%和16%，能源相关总的减排量将超过60%。

国家对于“双碳”计划已有明确的指导性文件出台。例如，《中华人民共和国国民经济和社会发展第十四个五年规划和2035年远景目标纲要》要求大力提升风电、光伏发电规模；发改委、财政部、中国人民银行、银保监会、国家能源局五部门联合印发《关于引导加大金融支持力度，促进风电和光伏发电等行业健康有序发展的通知》；工信部发布《光伏制造行业规范条件（2021年本）》。

在“双碳”目标下，电源结构正加快向清洁低碳方向转型。电力行业作为实现碳中和、碳达峰目标的关键行业，其重要性不言而喻。根据我国“2030年实现碳达峰，2060年实现碳中和”的目标，到2030年，非化石能源将占一次能源消费比重的约25%，风电和太阳能发电总装机容量将达到12亿千瓦以上。

“光伏+”产业前景广阔，涵盖了光伏制氢、光伏5G通信、光伏新能源汽车以及光伏建筑等多个领域。其中，光伏驱动汽车以其最低的碳排放量成为关键发展方向。与燃油车相比，光伏驱动汽车的百公里碳排放量可降低近1个数量级。电池效率和价格是决定光伏汽车市场占有率的关键因素，若电池效率达到30%，且价格控制在1.5美元/瓦（以1千瓦/辆计算，约1万元/辆）内，则光伏汽车市场占有率有望达到50%。另外，太阳能发电玻璃在汽车行业具有广阔的市场前景。同时，氢能源汽车也在中国国际进口博会上频繁亮相，如韩国摩比斯的氢能源无人驾驶概念车和丰田的氢燃料电池车等。因此，全球光伏发电装机成本正在大幅下降。

“双碳”目标为光伏行业带来高速发展机遇，加速推动了电力及能源产业的转型。该目标直接指向改变能源结构，即从主要依赖化石能源的体系向零碳的风力、光伏和水电转换。我国加快能源结构调整，大力发展光伏等新能源已成为实现“双碳”目标的必然选择。因此，中国将实现“双碳”目标纳入生态文明建设的整体布局中，以确保可持续发展并应对气候变化挑战。

江　俊

中国科学技术大学教授

国家杰出青年科学基金获得者，国家科技部青年“973计划”首席科学家，数据智能驱动的“机器化学家”发明者，中国科学院“机器科学家”团队首席科学家。

主要从事理论化学研究，发展融合人工智能与大数据技术的量子化学方法，聚焦于复杂体系内电子运动模拟，以及多个物理与化学应用领域（能源催化、功能材料、光化学、谱学）中的实际问题。在国际知名SCI期刊如*Nat. Energy*、*Nat. Commun.*、*J. Am. Chem. Soc.*、*Angew. Chem. Int. Ed.*、*Phys. Rev. Lett.*、*Adv. Mater.*和*Nano Lett.*等发表论文180余篇。在量子器件和新材料领域获专利10余项，主持开发6个计算软件包，并在国内外多家研究机构和产业端投入应用，为企业创造产值近亿元。获2011年中国科学院优秀博士论文奖、2015年中国化学会唐敖庆理论化学青年奖、2017年安徽青年科技奖、2020年日本化学会亚洲杰出讲座奖（人工智能在理论化学中的应用）。

理实交融的机器化学家探索

国轩高科第12届科技大会

本文主要分享我在机器化学家领域的探索经历和感受。我之所以选择使用“理实交融”来形容这个领域，主要是因为这也是中国科学技术大学的校训，它代表了学校对于培养学生的要求。同时，“理实交融”也恰恰体现了我作为一个理科生的追求，即将理论和实践相结合，尤其是努力为像国轩高科这样的科技型企业提供服务。

化学的起源

化学作为主流科学在欧洲存在了一千多年。在中国，它最初表现为“炼丹术”，而在西方则发展成了“炼金术”(alchemy)。在古代人们怀揣着一个伟大的愿望，希望通过化学的转化过程，将廉价的金属转变为珍贵的“黄金”。即使像伟大的物理学家艾萨克·牛顿(Sir Isaac Newton)这样的天才，也曾经是一位“失败的化学家”，他相信通过化学手段可以将普通金属转化为黄金，但显然未能成功。即使如此的天才，一生也无法领悟“这是一条不归路”。

化学最初的研究方法是基于试错的探索。在这条试错之路上，也有一些幸运的先驱者，例如托马斯·阿尔瓦·爱迪生(Thomas Alva Edison)。他通过长达十年的实验和试错，最终发现了一种优质的灯丝材料，即由日本竹子制成的碳丝。然而，这并非灯丝材料的最佳选择。后来我们知道，最佳材料是使用钨金属制成的钨丝。诺贝尔奖设立者阿尔弗雷德·伯纳德·诺贝尔(Alfred Bernhard Nobel)也是通过不断的试错实验发明了炸药。

多年后，我们终于拥有了一个理性的设计手段，即量子力学。当我们深入探索微观世界时，化学的机制受到量子力学的制约，因为量子力学可以解释化学本质的规律。在化学研究的早期阶段，主要依靠理论规则进行引导，从试错的方法逐渐发展。直到20世纪30年代，计算程序才开始在实验模拟中发挥辅助作用。然而，直到1998年，量子化学才得到了更大的突破，这一年，诺贝尔化学奖授予了两位杰出的量子化学家约翰·包普尔(John A. Pople)和瓦尔特·科恩(Walter Kohn)。当时，瑞典皇家科学院宣称："量子化学已经发展成为广大化学家所能使用的工具，将化学带入了一个新时代！实验和理论的结合能够揭示分子体系的性质，使化学不再是一门纯粹的实验科学！"这一突破使得化学研究能够更深入地探索分子世界，并取得重大的进展。

然而，问题是否解决了呢？很遗憾，并没有！作为一个从事量子力学模拟工作二十多年的教研工作者，我想说，科学家们发现的规则其实是很令人骄傲的，它是一种非常优雅、简洁的方程式，例如薛定谔方程、普朗克常数等都能够基于元素周期表，演化出整个世界的规律。尽管基于量子力学第一性原理的计算模拟能够为理性设计提供指导，但由于缺乏现实复杂性，很难准确确定全局最优解。我们还是面临着一大难题——理实脱节！正如英国理论物理学家、量子力学的奠基者之一保罗·狄拉克(Paul Adrien Maurice Dirac)所言："对物理化学问题进行数学求解的基本规则已被充分理解，然而，困难在于将这些基本规则应用于真实体系时所涉及的方程过于复杂，难以求解！"

现实世界，尤其是化学和材料的世界是非常复杂的。自下而上地攀登"第一性原理理论→化学结构→物化特性→应用实践"这座金字塔(图1)，努力爬到应用的最高层，是一段非常艰难的过程。这里可能面临着两个瓶颈：一是算力的瓶颈，我们无法把特别复杂的东西真实地全部模拟出来；二是个人的思考维度也有瓶颈，我们只能简单理解一维的曲线和二维的演化。但是很多时候，一个工业产品的运行取决于多个维度，可能有二十几个不正交的参数同时决定某个性能，这个时候人类的思考能力就会受到限制。面对这样的情况，接下来我们如何解决呢？十几年前，我们团队就开始探索所谓的数据智能范式，这对我个人来说是一种非常刺激的体验。

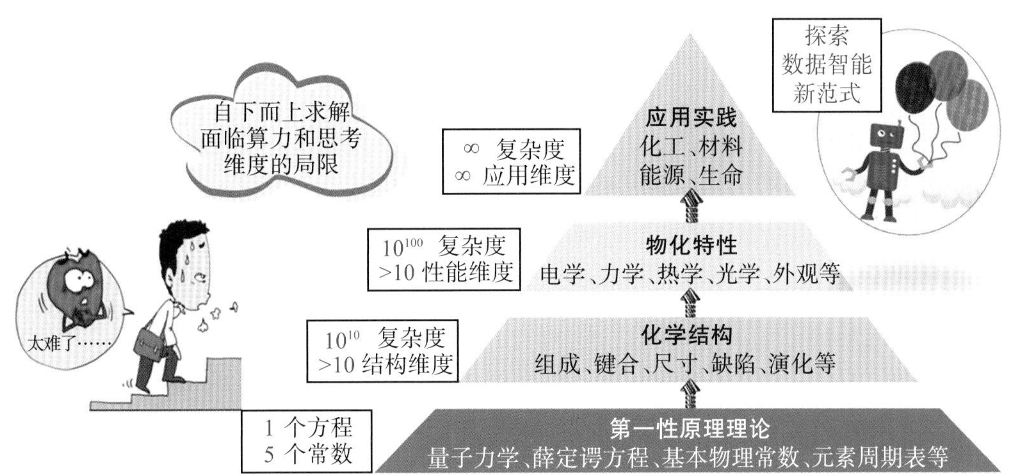

图1 化学复杂度金字塔

数据与模型双驱动：两种方法论的融合

经过一百多年的发展，我们仍然在使用这些方程，它们揭示了不变的底层规律。现在，我们开始探索是否可以利用迭代进化速度极快的计算机科学技术来进行材料设计。即使一个人没有太多相关基础，只需要调用计算机代码，就能运用许多杰出人才的智慧结晶。如今，我们使用的手机中也集成了许多专家智慧的结晶，通过简单地调用OpenAI的GPT代码，也可以进行材料开发。计算机科学与物理化学学科之间的差异在于，计算机科学能够让人类真正站在巨人的肩膀上快速进步。

实际上，我们在十多年前就开始探索这种进化，试图用理论大数据产生可解释的预训练模型，依托实测小数据做迁移学习，建立面向复杂体系的“理实交融”模型。这种新思路试图通过数据智能的方法将观察归纳、实验试错、计算模拟等多种范式融合起来，既要有前人的知识总结和归纳，同时又要能够通过试错来发现一些现象，最后通过计算模拟进一步融合底层规则。如今，我们在中国科学技术大学已经拥有了这样的一支队伍，汇聚了数学家、计算机专家，现在还有灵巧操作优于人类的机器人，可以做到在理论基础上赋予数据意义，同时也基于可观测的数据寻找理论。随着智能技术的快速发展，人类的双手进化速度相对较慢，因此我们将机器人技术与人类智慧相结合，以实现更高效的生产力和更快的进步。在这种新的融合范式下，理论仍然是基础，但目前理论的难题在于难以模拟现实复杂的条件。虽然可以提供大量的数据并基于海量数据实现智能融合，但这些数据往往缺乏真实性和复杂性。

此外，海森堡的方法论来自实验观测，其难题在于实验成本高昂，且产生的实验数据与理论往往脱节。

如何解决这些难题？人工智能或数据智能是一个机遇。我们可以基于理论大数据产生预训练模型，比如ChatGPT，它被发明之后，第一时间既没有用来做广告，也没有用来卖货，而是用来读书。它将一个人相关的所有数据都读取一遍，就基本上拥有了对人思维的模仿能力。我们可以通过利用基于理论的大数据和预训练模型来增强对底层规则的洞察能力。这种方法可以帮助我们更好地理解并应用这些规则，从而在实践中取得更好的效果。ChatGPT聚焦专业领域，用专业的数据去打分、校准，而我们则用实测的小数据去校准。两者结合起来，就是一个同时兼具理论思考能力和业务实测校准的模型，逐步走向复杂系统。

我们的模型具备三个关键功能：首先是“能学”，通过归纳方法论，从大量文献中挖掘前人的知识；其次是“能想”，通过物理模型计算，将底层规则融入其中；最后是“能做”，因为科学是通过实践实现的，所以我们通过实践中的实测数据校准和优化所提出的模型，确保理论与实践高度融合。具体过程是这样的：首先，我们有一个能够机器智能阅读论文的体系，并且有一个网页式的操作系统，通过这个操作系统可以快速地对提交的论文进行分析，将其转化为结构化的数据，使机器能够理解；然后，精准地进行实验，这个实验过程就是使用网页操作系统将机器人和化学工作站联动起来，基本上实现无人化、完全可重复的操作。工业体系的专家们可能更早地体验到了这个过程，而对于我们进行探索性科学研究的工作者来说，这是一个巨大的进步。通过这种方法，我们可以获得更加准确的数据，进而利用高通量计算来进一步生成理论大数据，并将规则融入其中。

智能化：理实交融

我们的机器化学家追求理论与实践的相互交融，例如，在开发新物质之前，我们会进行大量的论文研究，这些论文为我们提供一些预判，比如应该选用哪种金属进行组合。随后，我们一方面快速进行理论研究，另一方面推进2万多次模拟实验和207次机器实验。经过相互校准后的模型帮助我们最终完成预测。接下来，我们用了5周时间迅速重复了55万多种金属组合的比例，最终找到了最优解。与传统实验科学相比，研发周期从1400年缩短为5周（图2）。可以看出，智能化确实大幅度地提高了我们的研发效率。

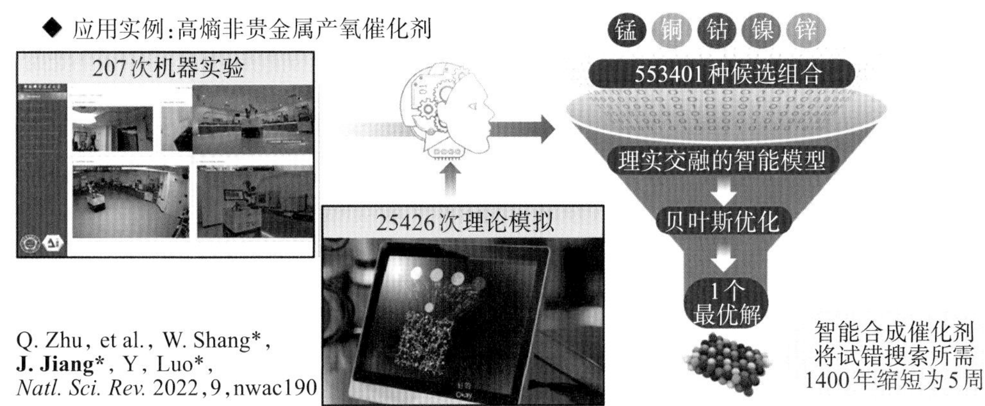

图2 机器化学家应用实例

理实交融模型的背后机制是什么呢？我来简单地解释一下，如果我们只有理论模型，这个模型就是欠拟合的，因为它非常干净，即使规则是正确的，但它没有现实的复杂性，因此在描述一个体系时往往会漏掉很多东西。如果模型只基于实验数据进行分析，那么它的难题是什么呢？我们往往只能进行少数实验，大量实验成本太高，所以很可能会过拟合（图3）。过拟合可能导致缺乏外推性，也就是只能在自己的体系内部使用，无法进行外推。而理实交融的好拟合既能对规则层面进行描述，又能理解现实，这样就能跳出最初的经验主义找到全局最优解。实际上，如果只是进行纯实验，那就是爱迪生的方法论，只在一个区域内进行疯狂搜索，这种情况下能够找到将日本竹子制成碳丝的方法，就已经非常不错了。这种纯实验可能看不到更远的地方，看不到更高的山峰，但如果是纯理论方法，也许知道山峰在哪里，但可能会偏离不少。如果用它做指导，往往会差之毫厘，失之千里。因此，先通过预训练智能模型，再使用实测数据进行校准的方法，可以在一定程度上实现理论和实践的融合。这种创新范式在现实中被证明是可行的，为科学研究带来了新的可能性。

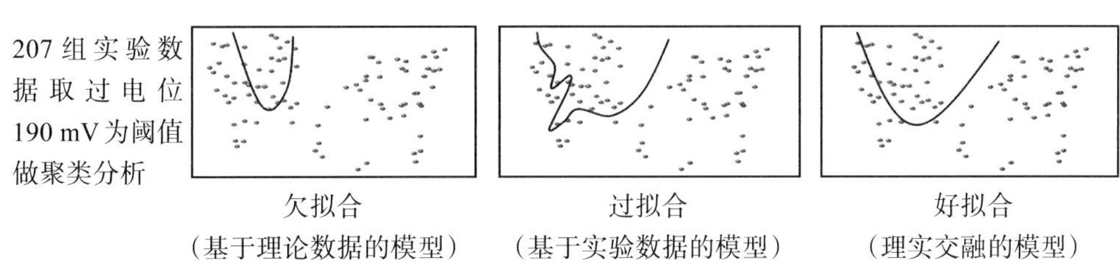

图3 理实交融模型的背后机制

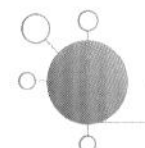

智慧创制平台：创新化学，智能科学

为了实现智能化的化学创新，我们的平台主要通过三个方面进行操作：首先，通过机器阅读论文将化学知识数字化；其次，通过智能化技术实现精确的化学操作；最后，通过协调理论和实验的运算，实现智能化的化学创造。这种智能化思维的意义首先在于它可以将科学思维大范围迁移应用。我们知道培养一个科学家或工程师实际上是非常耗费资源和时间的，培养成功后，科学思维也难以从一个人迁移到另外一个人；但现在借助智能化平台，一旦培养了一种科学思维，就可以快速迁移到不同的体系，只需要复制代码即可，方便“科学家”的批量生产。由此可见，计算机科学快速发展的原因之一是智慧的迁移变得更加容易。

例如，为了高效地进行科学研究，我们将其转化为不同指令的工作站。每个工作站都有一套指令集，包括负责催化和光谱的指令。这些指令通过机器人执行，实现自动化控制。操作完成后，需要进行一次实验，把化学创造模板化，一次实验完成后，整个模板也就固定下来了，接下来就只需要进行修改和微调。为了实现一个能够自主思考和决策的研究机器，最初的步骤就是让它具备初步的迁移能力。后续通过大规模的化学思维迁移，我们可进一步实现大量逆向创制。以高分子材料为例，最开始我们团队做的是一个高熵催化剂，现在我们也可以制作高分子材料薄膜，以及双钙钛矿太阳能电池材料和纳米单晶发光材料。再以半导体器件与芯片精准创制为例，半导体工艺可以实现物理洁净，即完全没有粉尘，但很难实现化学洁净，即无法隔离空气中的水和氧，这对材料的生长和制备具有重要的影响。我们开发的化学洁净机完全排除了水和氧的干扰甚至光的干扰，在黑暗中摸索时，就需要依靠机器人来完成这项工作。目前，我们将这项工作转移到了燃料电池催化剂开发领域，现已找到一种高性能且稳定的材料。这表明，从基础研究出发，我们已经找到一个可能具有实际应用价值的材料。

智能化材料创制体系已经在我们实验室中运行了一年半的时间，每天产生海量的数据。然而，数据并不是重点，关键在于如何通过这些数据产生智能，并进一步利用智能来指导后续的创新。从某种意义上说，这个体系是全世界第一次将理论计算和实验校准融合起来，具有自主决策能力。我们在这个领域目前仍然处于国际前沿，未来，我们希望探索更大范围的精准化学解决方案。因此，在中国科学院的布局下，中国科学院沈阳自动化研究所的机器人平台与中国科学技术大学的精准智能化学国家重点实验室等机构联合起来，由中国科学院计算技术研究所提供超级算力，中国科学院文献情报中心提供海量的数据源，中国科学院自动化研究所与华为联合提供语言大模型训练，目标是将这个系统做成一个全球化的知识平台，为用户提供精准智能化的全场景解决方案。这个平台在化学或材料的开发过程中，需要拥有预判能力。但是现在它还相对“愚笨”，无法识别实验中的错误。以后我们会不断赋予机器人对化学过程的看、闻、听、触的环境感知与预判能力，特别是基于光谱的视觉能力和物质理解能力，目前它只有普通的可见光视觉，后期将加上光伏、红外、拉曼等功能，也会更好地了解化学反应的程度和过程，从而可以快速判断一批材料是否有价值，也可以预判它的演化趋势。此外，我们还要做到一个微观的数字孪生，这要求除了宏观的机器人操作和平台操作要同步，同时也需要理解底层物质的演化规律，与理论模型能够同步，从而预判材料的创造和优化方案。

最后想和大家分享的是，我们想在未来几年建立一个大规模的智慧创制平台，能够形成一套新的复杂高维的智能化理论，最终实现具备创造力的智慧科学家。这也是国际上的一个研究热点，例如英国利物浦大学投入了大约8000万欧元组建材料创新工场(materials innovation factory)，并计划再增加1600万欧元的经费投入。我们已经开始在合肥逐步探索类似一个智慧创新工场的雏形，希望通过集地面、平台微操作和空中飞行于一体的机器人作业和大规模实验，同时通过海量数据和量子化学大脑的理论预训练和数据校准，创造一种新的化学研究模式。在这方面，科研界与产业界需要合作，因为只有来自生产第一线的数据才具有最高的复杂性，只有这种复杂性才能校准理论模型和预训练模型，从而生产出真正具备创造力的机器科学家！

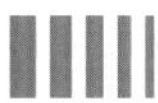

钟　琪

中国科学技术大学特任副研究员

中国科学技术大学管理科学与工程博士、科技战略前沿研究中心副主任，深圳计算科学研究院战略专家，首批科大硅谷-中国科学技术大学科技商学院-羚羊工业互联网联合创业导师。

主要从事新能源动力电池材料、人工智能与大数据创新以及科技战略与创新管理等领域研究，负责“重大科技基础设施的创新生态集群研究”“长三角科技战略研究”“安徽省产业创新建设与管理的思考”等国家级、省部级课题10余项，在科技政策、科技创新领域发表多篇科技评论。

负责创新材料与数据智能联合实验室建设，先后参与国家未来网络试验设施合肥分中心、合肥物质科学技术中心、先进技术研究院、语音及语言国家工程实验室等创新平台建设，对前沿技术与产业现状及前景有较深入的研究，有丰富的科技成果转化及新兴产业培育经验，服务指导科创企业100多家。

智能制造在新能源产业的应用探讨

1984年4月9日，日本筑波科学城迎来了一个划时代的时刻——全球首座实验室用“无人工厂”诞生。这个无人工厂在试运转过程中，展现出了惊人的生产效率和智能化水平。以往，需要近百名熟练工人与电子计算机的控制，两周才能完成的工作量，仅仅依靠4名工作人员，在短短1天内便全部完成，生产效率提升了惊人的25倍。

时光荏苒，如今的制造业工厂已经发生了翻天覆地的变化。走进工厂，映入眼帘的是一座座巍峨耸立的重型设备，排列得井井有条，仿佛一支训练有素的军队。无人搬运车(AGV)穿梭于各个角落，来去自如，将物料准确无误地送达指定位置。机械手则在空中挥舞，精准而高效地执行着各种操作。相比之下，人的身影变得稀少而珍贵，取而代之的是各种智能化设备和系统。许多工厂甚至实现了关灯作业，因此它们也被形象地称为“黑灯工厂”。如果将这些工厂比作一支乐队，那么它们演奏的便是一曲音律和谐的“机器交响乐”。

这首交响乐在工业互联网、物联网、大数据和云计算等先进技术的支持和推动下得以奏响。这些技术如同乐队的指挥家，将各种设备和系统紧密地联系在一起，共同演绎出一曲曲美妙的乐章。正如剑桥大学贾奇商学院院长莫洛·F.纪廉(Mauro F. Guillen)在《趋势2030：重塑未来世界的八大趋势》一书中指出的那般场景，2030年，技术变革将迎来一个新的场景，在工厂、办公室、医院、学校、家庭、车辆和所有类型的基础设施中将出现数十亿台计算机、传感器和机械臂。在制造业，计算机的数量将首次超过人脑，传感器的数量将超过人的眼睛，机械臂的数量将超过人的手臂。我们正在经历一场技术上的寒武纪大爆发[①]。

① 莫洛·F.纪廉.趋势2030：重塑未来世界的八大趋势[M].曹博文，译.北京：中信出版社，2022.

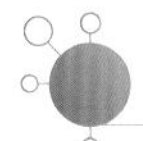

晨曦中的逐梦者：产业界的数智化觉醒

（一）灰狼群效应：中小企业抱团打造数字产业生态

英国生物学家达尔文曾说："能够生存下来的物种，并不是那些最强壮的，也不是那些最聪明的，而是那些能对变化作出快速反应的。"在传统产业森林中，大量中小企业都只能各自为战，在夹缝中寻求生存，他们培养出了随机应变的能力，而这也就是所谓的"狐狸企业"。狐狸企业因为有灵敏的嗅觉，捕捉到了数智化的端倪，从产品设计到生产流程，从市场营销到客户服务，全方位地拥抱数智化，领先上半程，生存了下来。

森林不断发生变化，企业物种也随之或生或灭。但不管物种如何变化，在一定时期内，终究会有一部分企业通过残酷的市场竞争成为同行业中的"老虎"（行业龙头）。老虎企业之间互相较劲，同时还会与狐狸抢夺资源，这也就是传统的达尔文"丛林法则"。擅长单打独斗的狐狸企业虽然聪明，看得清形势，可终究受限于企业自身，"造血"机能偏弱，外部"输血"机制滞后。它们难以利用资金杠杆和借助专项扶持，承担数字化转型过程中研发投入、人才储备，以及全面升级各生产环节基础设施的成本，只能在部分环节进行数字化或暂停数字化。老虎企业体量大，有足够的资源支撑自身的数字化升级，可以扩大自己的优势。

这时，一个实力强悍的头狼企业崛起，它打破了狼群企业往日的沉默，将中小企业融入一个庞大且富有活力的产业生态中。这些企业间形成了明确的分工协作关系、深厚的互信基础，并肩作战，共同构筑了互利共赢的联盟，并实现了规模化的生产与运作，这便是"灰狼群效应"。

产业联盟通过资源共享、数据整合以及采纳尖端数字化技术，进一步实现了转型升级。它们采用云技术平台实现及时的信息流通与资源共享，通过大数据深度分析来洞察供应链状况和把握市场脉动，运用自动化技术提升生产力和降低运营成本。此外，灰狼群成员间的合作得以通过数字化工具和平台变得更加无缝，从而快速推进创新和决策流程①。

① 赵今巍.灰狼群效应：产业数字化的临界点革命[M].北京：中国友谊出版公司，2022.

（二）创新驱动龙头企业“不仅要跑得快，还要跑得聪明”

《彭博商业周刊》资深作家布拉德·斯通（Brad Stone）在《新贵：优步和爱彼迎如何杀出硅谷、改变世界》一书中这样写道：“如果你想建立一家真正伟大的公司，你必须赶上真正的浪潮，你必须能够以一种不同于其他人的方式看待市场波动和技术波动，并能更快地看清它的走势。”在快速变革的时代，速度和创新已成为企业保持领先地位的关键因素。一件着眼未来的“战袍”不再只是材质上的革新，更在于智慧的穿戴。

以光伏行业这样技术日新月异的领域为例，其技术更迭的步伐令人应接不暇，每三年便要迎来一次创新高潮。这是一场残酷的赛跑，龙头企业必须在短短一年半的时间内收回庞大的投资成本，才能在竞争中立于不败之地。赢得这场赛跑的关键在于，不仅要跑得快，还要跑得聪明。

数智化转型正是这场赛跑中的必备战略。它意味着借助先进的信息技术，从研发到生产，从营销到服务，无一环节不与数据和智能紧密相连。数以万计的传感器在生产线上严密布阵，每一道工序、每一次质检，甚至每一次物流运输都被实时监控和分析。大数据分析不再是空话，而是通过严谨的数理统计，找到效率提升的“金矿”，挖掘利润增长的新渠道。

龙头企业之所以进行数智化转型，是因为这不仅能加快其产品的市场反应速度，更能够将创新的周期大幅缩短，获得的不只是第一波红利，更是持续的优势，好似搭上了一列不断加速的高速列车，而竞争对手尚在努力赶上旧式的绿皮车。正如诺基亚公司的前首席执行官奥利-佩卡·卡拉斯瓦莫（Olli-Pekka Kallasvuo）曾感叹的那样：“我们没有做错任何事情，但不知为何，我们还是失败了。”

数智化转型不是简单的技术升级，它改变的是企业的血液，是思维的方式，更是与时代对话的语言。尤其在新能源汽车行业，智能化技术的应用正深刻改变着产业链的每一个环节。在新能源领域，头部企业数智化转型步伐，以及对标全球智造所打造的“灯塔工厂”尤为引人注目。

灯塔工厂：“从1到*n*”，应对极限制造新挑战

茫茫大海上，两短一长的闪光有规律地越过海浪，那是船舶出海时的指路明灯——灯塔投射出的光。在制造业中，也有着这样一批引路者。2018年，由达沃斯

世界经济论坛(WEF)牵头，联合麦肯锡提出了“灯塔工厂”，主要是指成功将第四次工业革命技术从试点阶段推向大规模整合阶段的工厂[①]。作为兼具榜样和引领意义的“数字化制造”和“全球化4.0”示范，其代表了目前全球制造业领域智能制造与数字化发展的最高水平，被誉为“世界上最先进的工厂”。

一头大象的体重远超一只老鼠，但其细胞每分钟需要的食物和氧气仅仅是老鼠的1/20，这是生物学中的幂律——克莱伯定律(图1)，生物代谢率与其体重的3/4次幂成正比，体型变大后，利用能量的效率提高，这种尺度增加带来的效率提升，可以理解为规模效益。世界经济论坛的调研显示，有70%左右的企业难以跨越“试点陷阱”。灯塔工厂之所以能够实现领跑，正在于其成功展开了数字化技术的规模化应用，突破“试点陷阱”，实现了“从1到n”的规模效益。

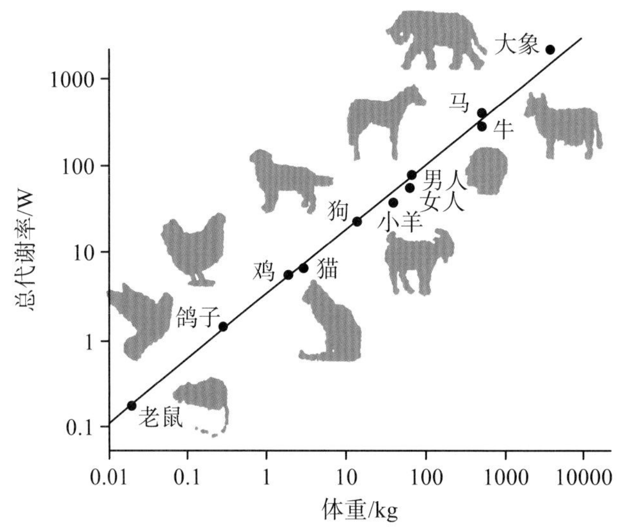

图1　克莱伯定律

灯塔工厂最大的特点是将智能化、数字化与自动化等技术集成与综合运用，评价标准主要看是否大量采用自动化、5G、工业互联网、云计算、大数据、人工智能等工业4.0新技术[②]。截至2023年12月14日，全球锂电行业中一共有3座灯塔工厂，全部来自行业龙头C公司。

在灯塔工厂中，数智化技术应用效果显著。例如，C公司总部基地将劳动生产率提高75%，年能源消耗降低10%；而X工厂在此基础上，实现生产线速度提升

① 数据来源：https://www.mckinsey.com.cn/。

② 国务院发展研究中心国际技术经济研究所．世界前沿技术发展报告[M].北京：电子工业出版社，2023.

17%，优率损失降低17%；Y工厂产线效率提高320%，制造成本降低33%，产品单体失效率从百万分之一降低到十亿分之一，每天生产的电池组件可装配2000多辆新能源汽车。

（一）5G：为产业数智化搭建“云梯”

在C公司的生产线上，制造出一个电芯的时间是一秒钟，缺陷率仅有十亿分之一。这离不开其在电池生产线上大力推广5G技术、AI技术、自学习技术、图像识别技术等，以及大数据分析和人工智能算法的支持。早在2020年，C公司便提出了“极限制造”的理念，运用A、B、C、D、E、F、G七大智能制造使能技术①（A：人工智能、B：大数据、C：云计算、D：数字孪生、E：边缘计算、F：射频技术、G：5G），建立了极限制造体系架构，打造以智能制造平台为核心、多平台多系统深度交互的工业化和信息化融合生态平台，支撑极限制造目标的实现。

这样的极限制造能力孕育在灯塔工厂中，5G技术发挥着基础性作用。C公司构建了以5G为基础的工业互联网架构，依托其大连接、低时延、高速率、广覆盖的技术先进性，与云计算、人工智能技术深度融合，解决了极限制造的业务痛点。通过5G技术与极限制造碰撞融合，探索出了22个具有高价值的业务场景，例如，5G故障诊断、质量检测、远程管理、仓储物流、智能巡检、预测性维护等。此外，落地9种5G融合应用：中央智慧工艺感知控制系统、超高速运动全量视频流AI质量检测、全量大数据实时检测、增强现实专家系统、智慧物流……5G作为工业互联网的关键智能技术，正在为产业智能化升级注入强劲动力。

具体来看，5G为工厂安上了“千里眼”，以更好应对复杂工艺流程。以电池极片制造中的精细活——涂布工艺为例，其需将已搅拌好的浆料均匀涂抹到仅有几微米厚度的箔材上。传统工艺依赖于人工经验，调试精确度只能依靠手工操作来应对涂布工艺上的不稳定性。中央智慧工艺感知控制系统将车间内所有与涂布机相关的设备及仪器连接在一起，配合AI技术进行自动管理，利用5G低时延特性实现涂布参数实时调整，能够解决品质管控难、人工操作复杂等问题②。

（二）大数据：让智能“有据可依”

奥地利科学家维克托·迈尔-舍恩伯格（Viktor Mayer-Schönberger）在《大数据时

① 数据来源：https://mp.weixin.qq.com/s/3BT6Zdi3xtMEIjVzguZtpg。

② 数据来源：https://zhuanlan.zhihu.com/p/581255377。

代：生活、工作与思维的大变革》一书中写道："数据就像一个神奇的钻石矿，当它的首要价值被发掘后仍能不断给予。它的真实价值就像漂浮在海洋中的冰山，第一眼只能看到冰山的一角，而绝大部分都隐藏在表面之下。"①数据价值挖掘难度高正是锂离子电池企业所面临的挑战之一。

高端动力锂离子电池制造数据组成复杂，同时制造系统复杂，数据实时采集难度高。多源异构数据类型导致通信效率低，数据平台管理困难，所采集的海量制造过程数据难以用于制造过程优化、控制和决策。C公司将数字化建设独立于系统建设，成立了专门的大数据团队进行数据治理工作。

科学家针对动力电池制造过程中海量数据整合成本高、质量差、建模困难等突出问题，研发了边缘侧多源异构数据采集与融合技术，攻克海量数据环境下半结构化、非结构化数据自动采集技术，重点解决多种信息的泛在感知和互联互通，实现生产现场采集、分析、管理、控制的垂直一体化集成，极大提升极片制造中的混料、涂布工艺、辊压-模切连续过程，以及卷绕、组装、烘烤、注液、化成等离散过程并存的复合工艺流程中的异构数据融合程度，通过在关键工艺环节利用数字化集成来实现动力电池制造的智能化改造②。

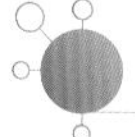

工业软件：杠杆支点，提升智造"软"实力

走进一家传统自动化工厂，沿着产线望去，常会看到这样的现象，产线的某一工序中突然出现故障，产品就被堆积在此，无法及时前往下一工序，堆积时间过长，整个产线就陷入瘫痪。这时一个维修人员匆忙赶来，一段时间后，故障终于解决，看着继续运转的产线，才终于松了一口气。因为每耽搁一分钟，产线整体运行成本都会增加。有些产品在某道工序中时间过长还会影响品质，需要二次加工甚至报废。

传统的工业操作方式主要依赖于操作手册和经验丰富的员工。传统的工业软件同样会暴露类似问题。如果二十多台设备串联，任意一台设备停线停机就会导致整条产线停线，因为产线上剩余设备都是闲置的，无法生产，整条产线停线损失就很大。首先，现有的工业软件不能通过有效调度，实现设备的有效运行，提高产能。其次，现有软件不能通过可预见力来增加设备的运行时间。以一个焊头为例，即使同一批次使用寿命也不相同，有的可以用95000余次，有的可以用11000余次，现有的

① 维克托·迈尔-舍恩伯格.大数据时代[M].周涛，译.杭州：浙江人民出版社，2013.

② 数据来源：http://www.360doc.com/document/22/0126/08/43859374_1014922587.shtml。

工业软件无法监测。

（一）软件系统数智化升级：不进则退

如今，新能源汽车产业链正逐渐成为推动汽车产业变革的核心力量。电池企业作为新能源行业的重要一环，其数智化转型尤为关键。以A公司为例，2023年动力电池全球装车量排名前十。但正所谓“不进则退”，面对日益激烈的竞争市场，A公司一直思考如何升级改造以持续保持自身的领先地位。

早在2022年，A公司便发现了影响生产成本、效率的核心问题就是生产线的数字化系统——生产执行系统（MES系统）。MES系统是当前很多中小型生产线应用的系统，虽能正常运行，但效率较低，长久下来影响愈甚。相比于同类企业，MES系统已不足以支撑A公司的现有体量和业务扩展。

A公司转型第一步就是将原有成本高、效率低的设备进行更换。合作团队调研后发现的一个典型问题是机械臂使用过多。机械臂成本达四五十万元之高，而龙门模组的价格则低很多，仅十万元左右。且与机械臂适合在任意两点之间转移物体相比，龙门模组适用于固定两点之间的物体转移。于是A公司在新增产线将机械臂更换为龙门模组，投资成本同时下降不少。

为保证MES系统后续的升级运转，A公司按照升级后系统需要的设备标准对部分生产线的数据采集设备、生产设备等进行了更换。比如，在辊压分切场景下，传统的切刀、焊头、电机、轴承及叶片等不具有预测寿命、磨损度评估等功能，在日常生产时损坏才进行更换，影响了生产进度。A公司通过利用光学相干技术的百皮米级激光测量和内置信号处理算法的集成光学芯片，首次做到了精确测量切刀缺损/磨损程度，可精确预测寿命，消解毛刺成因，大幅度改善因辊压分切过程中产生的毛刺导致的产品不良率。

（二）AI工控：数据+智能双驱动的工业基础软件

与此同时，A公司开始联合合作团队着手搭建新系统，用于替代MES系统。负责人将新系统命名为“AI工控智能服务平台”，正式启动了“AI工控项目”，对其某一生产线进行了全面智能化升级（图2）。

AI工控是一个开放平台，可以通过采用机器学习、深度学习等算法，将人工智能技术应用于工业控制系统中，对工业数据进行处理和分析，得以实现设备的智能监测、预测性维护、优化控制等功能，使数据真正作为一个生产要素融入生产过程，从而实现智能制造和智能决策。

图2　AI工控智能服务平台

具体来看，AI工控具有两大优势：动态优化与智能运维。首先，通过AI工控平台可以实现环境数据、工艺数据、过程数据、结果数据和态势数据的整合。这五个维度的数据在传统软件上可能只涉及数百个参数，而在AI工控的平台上可能涉及数千个参数，数据量完全不同。不同于传统的局部优化方案，基于这些数据，AI工控可以提供全局最优的工艺方案，并动态进行工艺配置，推动工厂自动化向工厂智能化迈进，更大程度地解放人的双手。例如，在上文描述的传统自动化工厂场景中堆积的产品，依据AI工控提供的优化方案就可以动态地调度到其他产线继续生产，显著提高产线稼动率。

AI工控也可以解决生产管理问题，消除传统的现场维护需求，实现智能运维。无论工厂建设在何处，都可以随时随地进行现场更新、编程和调试，无需过多的维修人员时刻守护在产线旁。同时，相关产线和产业数据也会远程回流到总部工业大脑，通过全程机器学习参数进行自主优化，形成新的工艺方案和配置配方，然后再下发到国内外的其他工厂，实现全流程连接，显著提高工业智能化水平，成本效益明显增加。

围绕AI工控平台，A公司对系统架构进行了再设计，构建了围绕生产执行系统、电芯设备独立数采系统、动力设备独立数采系统、环境设备独立数采系统、数据中台系统、产能互通系统、品质预警系统（QEWS）和设备管理系统（TPM）在内的八大系统。

以数据中台系统为例，A公司设计了一套完整的工业数据中台框架，涵盖了账户管理、数据存储策略、数据传输加密、数据交换、数采结果查询等功能。这一框架不仅确保了数据的全面性和完整性，还提供了数据批量可靠运输、海量数据存储以及时序数据处理的能力。建立后，数据存储可靠性提升超200%，数据资产利用率提升50%，数据质量提升30%，数据实时分析能力提升40%。

经过一系列的智能化升级，A公司试点产线在2023年8月完成了新系统的初步升级，并命名为“AI工控智能服务平台”。该产线在初级阶段实现了组装段单线产能利用率平均提升26.6%，累计工时节约21%，单工序平均良率提升1.5%。

随着科技的迅速发展，产业数智化已成为不可忽视的创新扩散趋势。根据标准普尔500指数，在过去的半个世纪中，企业的平均寿命从六十年缩短至十几年。在数智化时代，企业需要积极探索利用信息技术改造和升级传统产业，以提高效率、降低成本，并增强竞争力。一方面，产业数智化促进了生产方式的变革。传统生产线上的机械操作逐渐被自动化和机器人替代，智能化工厂的出现使得生产更加高效、精确和灵活。另一方面，产业数智化推动了商业模式的创新。通过互联网和物联网技术的应用，企业可以与供应链、合作伙伴和客户实现全面连接与协作，形成更加紧密的商业网络。

正如望远镜改变了我们看待宇宙的方式，显微镜让我们得以观察微生物的世界，产业数智化同样可能会重塑我们看待世界的方式，并将深刻改变生产效率与生产方式，引发全球新一轮的产业分工调整。在第四次工业革命的推动下，将会有更多的新发明和新产品不断涌现，更多的改变正蓄势待发。

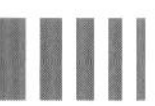

刘晨敏

纳米及先进材料研发院首席技术总监

担任纳米及先进材料研发院(NAMI)首席技术总监,领导和指导NAMI的研究项目和相关工作。

主要从事应用纳米技术开发用于光电器件及能量存储器件的新材料研究。相关研究成果发表于*JACS*、*Adv. Mater.*、*ACS Nano*、*Chem. Comm.*、*Chem. Eur. J.*等国际知名期刊,获2013年国家自然科学奖二等奖,2010年教育部自然科学奖一等奖,全球百大科技研发奖,爱迪生发明奖,拉斯维加斯消费电子展创新发明奖,日内瓦国际发明展裁判嘉许金奖等。自加入NAMI,已申请30余项专利,推动NAMI成功落地多项电池电子技术,并获得多项国际创新与技术成就奖项。

无线物联网设备电池的研发、应用与展望

国轩高科第12届科技大会

本节内容主要包括以下几个方面：首先，简要介绍NAMI的项目；其次，介绍我们在纳米电池研发方面的一些研究成果；最后，重点介绍极端温度下的物联网(IoT)电池，以及高比能锂金属电池方面的研究成果。

NAMI简介

NAMI成立于2006年，是香港特别行政区创新及科技局成立的五大研发中心之一，专注于材料方面的研发，特别是纳米技术及先进材料的非营利研发。我们的主要任务是推动纳米技术及先进材料的产业化，其中大部分经费来自香港特区政府的财政支持，还有30%来自工业界。NAMI拥有超过3亿港币的研发设备，来自不同国家和地区的250多名研发人员中超过一半拥有博士学位，90%以上的研发人员具有研究生学历。NAMI拥有超过5000 m^2的实验室，申请了500多项专利，其中近300项已获得授权。在过去的十几年里，我们与300家企业建立了合作关系。图1是NAMI位于香港科学园的实验室和办公室，在科学园的二期和三期拥有6个实验室，涉及多个研究方向(图2)，包括生物保健、环保材料、低碳材料、塑胶回收、能源吸收和节能材料等，也涉足建筑材料、空气及水净化、电子材料、5G热管理和第三代半导体封装材料的热管理等领域。

图1　NAMI位于香港科学园的实验室和办公室

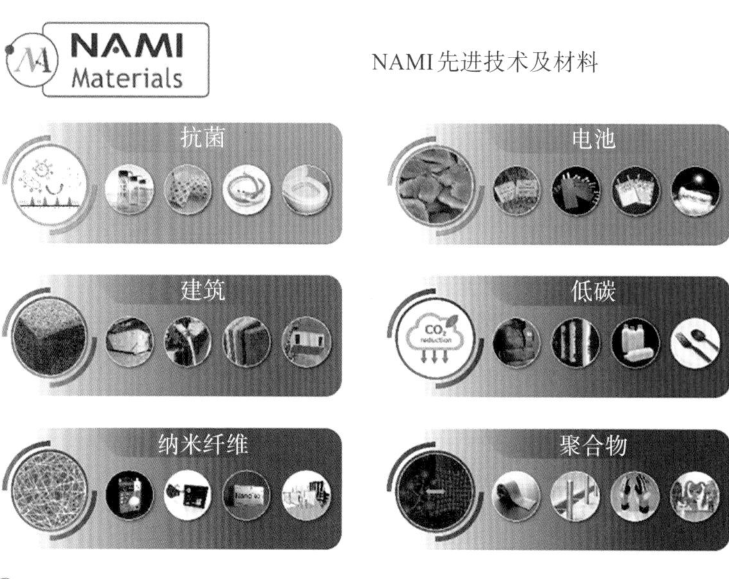

图2　NAMI的核心技术研发方向

NAMI在电池领域的研发历史

NAMI的研发模式是技术驱动研发，以市场和业界的需求为导向(图3)。在每个项目立项之前，我们都与企业进行充分沟通，确定该项目的可行性目标和研发方向。在此基础上，我们研发出了一些产品，包括抗菌材料、建筑材料，以及无隔膜电池、固态电池和极温锂离子电池等。基于低碳技术、功能性聚合物、功能涂层等这些核心技术，在过去几年中，NAMI收获了许多国际大奖，包括全球百大科技研发奖和爱迪生发明奖等具有较高国际竞争性和影响力的奖项。

图3　NAMI的研发模式

NAMI从2012年开始进行电池研发，目前已有十多年的时间积累。起初，我们在实验室里进行小型电池的研发。2017年至2019年间，我们建立了中试实验室，并对标工业界流程，开发了一系列设备和测试方法。从2020年开始，我们与国内的一些大公司展开了多项合作，从高分子材料到电池材料，再到5G散热材料，我们试图在电池应用方面开展深度研究。通过与工业界的合作，我们开发了极端温度锂离子电池、无隔膜锂离子电池等，并且落地了两个典型产品。其一是极端温度电池，2020年已投入市场。目前，这款极端温度电池已被广泛应用于国内新能源汽车的自动过路系统以及户外智能水表等场景中。例如，由于具备在极端温度下正常运行的能力，这款电池可以被应用于哈尔滨户外场景。其二是高功率一次电池，已于2021年面市。该电池是一款用于Lora物联网追踪的印刷柔性电池，可以集成在柔性贴纸中，用于追踪货物或快递位置。近几年，我们与一些高校和电池公司建立了合作关系，希望未来在大湾区建立一个电池生态系统。

NAMI电池研发内容主要包括基础化学材料的合成、评估和表征，从材料的基本特性到制程放大，再到电池的特性表征。NAMI拥有自己的机械工程师和电子工程师团队，后续将进一步关注电池系统集成研究，包括器件集成方式以及柔性电池的无线充电技术集成问题。

极端温度锂离子电池

随着5G时代的到来，越来越多的物联网设备被广泛应用于日常生活中。在一些特殊应用场景中，物联网设备对锂离子电池的要求越来越高。例如，将一件货物从东南亚运送到北欧，货柜箱里面的温度可能从-30～-20 ℃一直升至60～70 ℃。

在货物追踪的过程中，除了要保证锂离子电池的长寿命和宽温度使用范围，还要确保电池能够持续提供稳定的电流输出，从而让通信信号稳定输出。极端温度下稳定供电，这对电池要求非常严格。同时，电池需要支持通信信号传输，因此其脉冲电流放电较大，需要达到2 A左右。并且放电时的电压不能低于3 V，因为很多传感器和设备在低于3 V的情况下无法启动。

我们在极端温度下的锂离子电池方面也开展了一些研究工作。例如，为全球移动通信系统(global system for mobile communication，GSM)信号提供长距离传输条件。GSM每天需要进行较高频率的信号发送，而普通的锂离子电池在0 ℃以下时，电解液的黏度变得非常大，导致锂离子很难在电池中游动。当前市面上也有极端温度的电池，作为基准(benchmark)，与我们的研究产品进行了比对，发现这些产品可以保证电压维持在一定的状态，但是在整个脉冲信号传输过程中无法保持在3 V以上的水平(图4)。

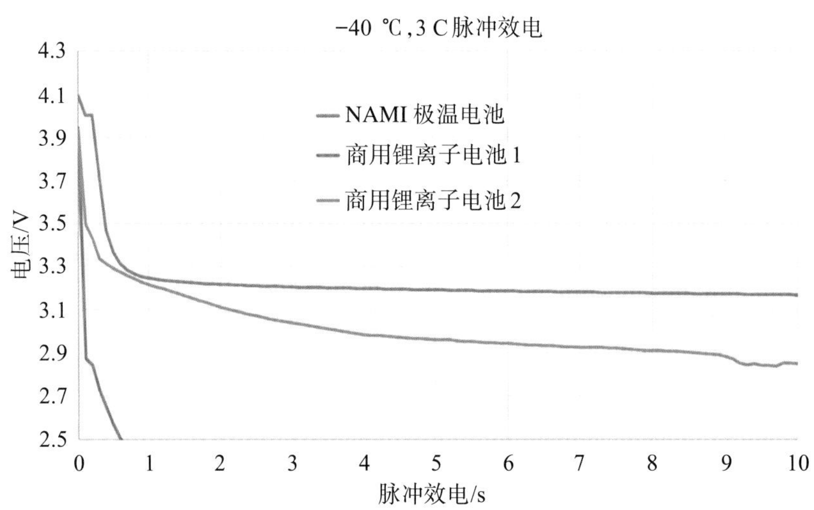

图4　物联网电池应用难题：极端温度下、低电压

我们在电极材料和电解质方面也开展了一些研究。传统的锂离子电池负极主要使用一些体相大的石墨材料，其晶格间距相对较窄。我们通过减小石墨尺寸提供更多的锂离子传输路径，从而提高锂离子扩散速率，降低扩散内阻(图5)。在产业化过程中，当材料尺寸变小时，其比表面积会增大，而振实密度也会相应减小，导致单位体积上的电极容量减小。于是，我们进行了一些尺寸集配的研究工作，以保证在一定的电极容量下，低温下的锂离子仍能保持良好的传输性能。

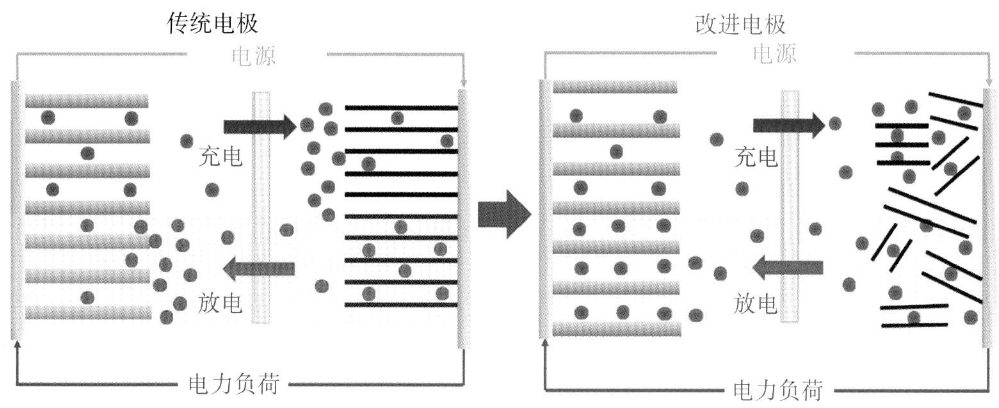

图5　锂离子在电池正负极间的传输

我们还开展了电解液方面的研究工作。使用普通的电解液体系，在低温下黏度会增加，离子导电率会降低。我们针对新型电解液系统产业化的难易程度，对一些电解液进行筛选，最终找到了在低温和高温情况下仍能够保持良好离子导电性的体系，并将其应用于电池中。

此外，低温情况下的黏度问题以及SEI膜问题，也十分值得关注。传统电解液在低温下拥有较高的黏度，降低了其离子导电性，而我们调整后的电解液系统实现了电解液黏度和稳定性之间的平衡，能够确保在低温条件下拥有高离子导电性和高温稳定性。在传统的电解液体系中，过厚的SEI膜导致电池内阻增加，并且不稳定的SEI膜成分及其微裂痕导致电解液进一步分解（图6）。而我们优化后的电解液选取最佳的添加剂组合，形成薄而稳定的SEI和CEI以降低电池内阻，并且在高温下能够起到防护作用，在低温下表现出良好的离子电导性。

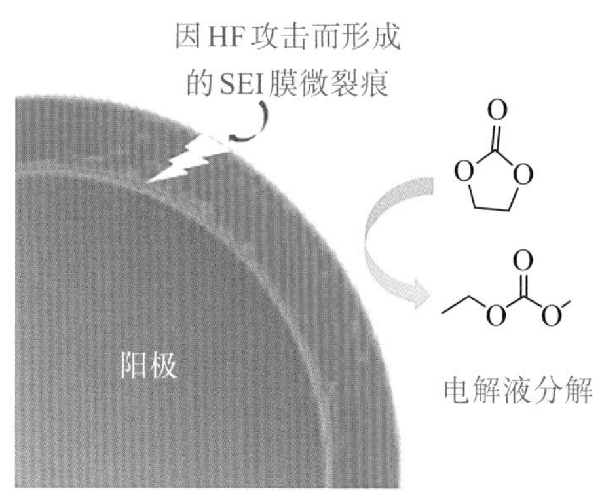

图6　传统电解液添加剂的技术问题

如图7所示，我们研发的极端温度电池的内阻大大降低，并且在0 ℃以下连续放电50 s后，仍然能够维持非常高的电压保持率；在高温下，极端温度电池也能够保持稳定的电压输出，并且具有良好的循环性能。极端温度电池也具备优异的循环寿命，不论在常温或低温下都可以稳定充放电1000次以上（图8），以降低IoT装置的维护频率和成本。此外，以GSM网络传输协议方式实测，极端温度电池组可以在电压降至2.5 V前发送信息超过40000次。这大大节省了IoT设备更换电池的成本。

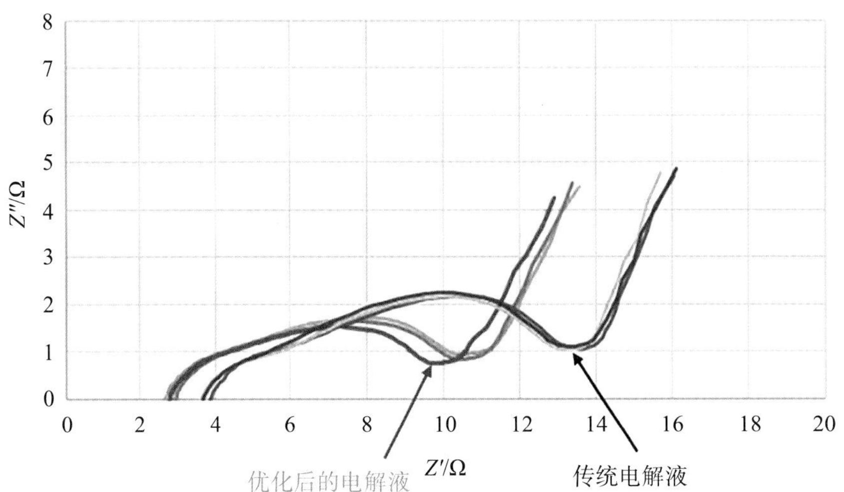

图7　极端温度电解液的优化：内阻降低

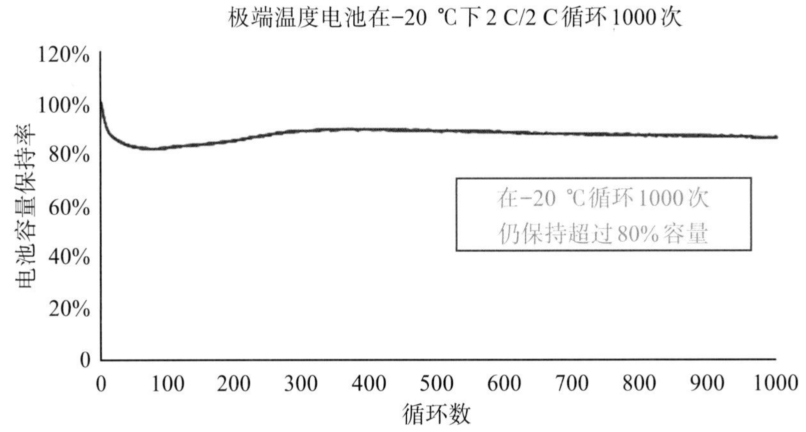

图8　极端温度锂离子电池测试数据

政府部门为了鼓励科技创新，在我们完成这个极端温度电池的科技创新项目后，将该技术应用于其内部进行实用性尝试，这一举措促进了进一步的产业落地和推广。第一个实用性尝试是在机电工程署的智能马桶里安装一些传感器，用来测试电池的性能。对比现在使用的“18650电池”，可以看到极端温度电池能够提供更稳定、更持久的电量输出。第二个实用性尝试是在香港国际机场，由于机场繁忙，每天都有大量的行李手推车来回穿梭，需要大量工人收回行李车。我们将极端温度电池安装在手推行李车上，并在平台上集成一个太阳能系统，通过电网系统达到追踪功能，并在这个过程中测试电池是否可以实现超过5年的寿命。目前，这个实验仍在进行中。

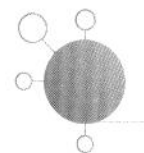

固态锂金属电池

物联网设备电池的未来是固态锂金属电池。目前，高空移动5G基站无人机和电动汽车等领域都在密切关注固态锂金属电池，主要是由于其超高的能量密度和较好的安全性（图9）。

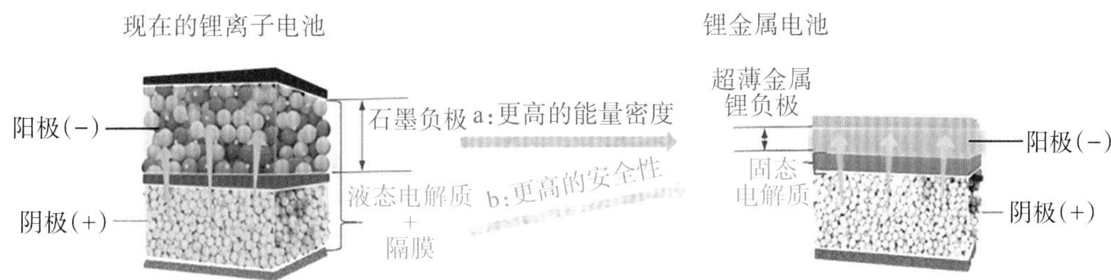

图9　固态锂金属电池的优点

回顾我们在锂金属电池领域的研发和应用工作，发现我们并没有开展全固态电池的研究，而将主要工作集中在聚合物和复合固态电解质方面，主要包括：将3D复合骨架材料用于锂负极，以抑制枝晶的生长；研发聚合物复合电解质；开发电解液自由基清除剂，以清除副产物。

接下来，我将介绍我们在固态锂金属电池方面的一些技术应用。首先是聚合物方面的工作，其次是电解质方面以及电解液中自由基清除的相关工作，最后是3D复合锂金属负极的研究工作。

我们主要针对的是应用研究，所以在项目开始之前，我们首先考虑其工艺过程。在电池工厂中，锂金属基本上是通过堆积（stacking）进行加工，但它涉及液体注入工艺。如果是全固态锂金属电池，可能需要逐层叠片。我们开发了一种原位固化的电解质，在整个工艺过程中，叠片的步骤不会产生负面影响。电解质在注入时是液态的，但在老化(aging)过程中能够固化，也就是说，固化是在原位过程中产生的，即使在形成过程中可能存在一些气体，也会随着抽气过程一起消失。

原位固化的固态电解质可以应用于锂金属电池，在实际应用中，需要确保电解液的容量贡献以及电极的负载密度与工业标准一致。在此前提下，我们开发了一种超过350 W·h/kg的原位固化锂金属电池。该电池也能够通过钉子穿刺实验和外部短路实验。在短路时，电流达到18 A情况下，电池表面的温度也不会超过60 ℃。

下面介绍我们在3D骨架材料方面的工作。我们将3D骨架引入锂金属电池中，增加了表面粗糙度，同时增加了比表面积，分散了电流密度，有利于锂更均匀地分布在负极，使锂离子进出更加容易。如图10所示，如果我们不采取任何措施，锂金属表面会出现一些缺陷，这些缺陷会导致原子沉积，从而容易形成一些点状沉淀物。当我们在其中搭建一层三维骨架时，就能够更均匀地分布锂的流动。

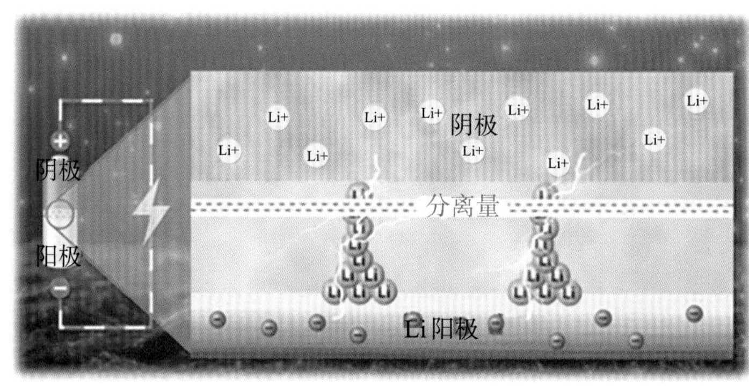

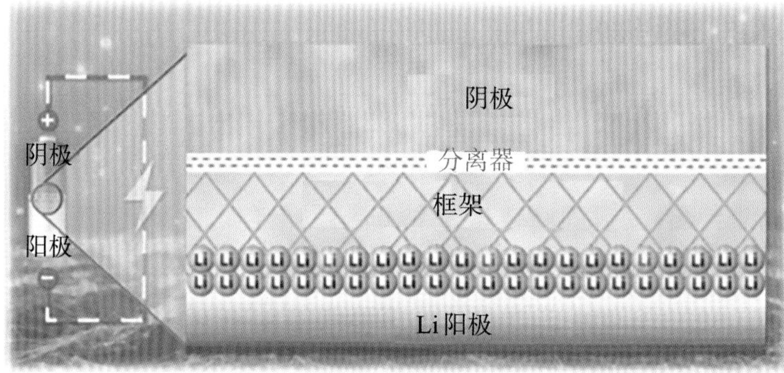

图10　将3D骨架引入锂金属电池

在3D骨架的搭建过程中，我们在考虑制备工艺的同时，也必须考虑3D骨架的工作原理，以及骨架层的离子和电子电导性。原位检测结果显示，当引入3D骨架后，在电池循环过程中，锂金属在沉积和剥离过程中会发生明显的体积变化。将3D

骨架放上去后，可以看到，锂离子沉积会更加均匀。虽然电池性能方面获得了提升，但是有一个问题需要解决，那就是体积膨胀。我们会在下一步研究中继续解决这个问题。

在电解液方面，目前使用的是醚类电解液，但它的电压窗口受到了一定限制，所以我们也在开发一些氟化醚类电解液。引入这些电解液后确实提高了其抗氧化性能，并且能够提高电压窗口，以及循环容量保持率也有所提高。此外，在新型金属有机多面体（MOPs）多功能电解液添加剂方面，我们也取得了非常好的成果，并尝试将其制成电解液添加剂应用于电池中。添加剂可能是最容易实现产业化的，首先合成这种材料，其次对其表面进行修饰，能够使锂离子完全分散在电解液中而不沉淀。这种材料在正极和负极的表面成膜方面也能起到很好的作用，可以有效抑制副反应的发生。在实验过程中，我们发现，加入1%的液体添加剂可以明显提升电池的放电容量和循环寿命。

综上所述，本文向大家介绍了NAMI与业界合作的一些可以公开的项目内容，其中不乏针对电池进行的一系列研究工作。在研发过程中，我们首先要考虑是否能够扩大规模和产业化，其中成本是一个重要的考虑因素。电池涉及不同的材料，这是一个交叉学科的领域，需要产业界和科研界的合作，还需要来自不同专业的人员不断提出一些有趣且实用的想法。正如我们的口号：纳米创意无止境！

伍良靖

西门子工业软件首席专家

2002年2月加入西门子工业软件，一直担任咨询专家，从事数字化转型咨询规划工作，在服务团队工作6年，高科技行业团队工作4年，汽车行业团队工作10年，2023年转入精益研发团队从事数字化解决方案创新工作。

研究方向为数字化精益(Lean@Digital)，内容包括工业4.0、研发创新体系、数字化生产工程、闭环质量工程、智能制造、AI自适应应用。2013年提出基于3PQR的BOP模型，已被国内行业领先企业用于构建智能制造数据骨干。

数字化精益助力企业数字化转型

国轩高科第12届科技大会

本文的主题内容是数字化精益，那么为什么要提出数字化精益呢？现在我们大多都在谈论的是数字化转型，很多企业投入了成百上千万的资金，但最终的结果却不尽如人意，并没有达到理想的目标。在这种背景下，本文以西门子公司为例，向大家介绍数字化精益，这是一个“有思想”的体系。

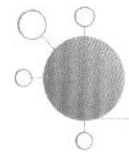

数字化精益：制造业未来的转型之路

西门子公司在全球拥有几百家工厂，在建设这些工厂时，我们更多地融入了精益的思想，覆盖从产品设计到生产和交付。作为一个工厂，它的运营必须有思想，数字化转型不是简单地追求高度自动化或局部数字化改变。如果业务不转型，盲目数字化转型就是“穿新鞋走老路”，不会有太理想的价值提升。

丰田公司很早就开始精益生产，在数字化和自动化技术不够发达的年代，我们主要依靠人工和发动群众运动的方式来做精益改善。随着数字化、智能化、先进机器人以及AI技术的发展，同时伴随着市场需求多样化，以及智能化产品的涌现，产品设计和生产过程变得越来越复杂，依靠人力已经很难做好精益改善，而且变得越来越困难。西门子公司提出的数字化精益的概念，是将自动化技术、工业软件技术和精益生产思想三者相结合，它指明了未来的精益发展越来越依靠工业软件系统和智能化设备的相互融合来完成，而不是简单地依赖人力。

西门子公司成都工厂和南京工厂拥有最前沿的数字化精益技术。2013年西门子公司在成都建立数字化工厂时，第一次将数字化精益的理念引入中国。西门子公司成都数字化工厂在全球是一个高起点的工厂。最近，西门子公司又建立了南京数字化工厂，也是基于数字精益理念打造的。南京数字化工厂是从无到有的建设项目，没有任何先例作为参考依据，就像从一张白纸开始画画，所以我们也称它为原生数字化工厂。在数字化转型的过程中，西门子公司具体是如何做的呢？我想给大家分享一些成功经验，为现在各企业的数字化转型提供一个参考。

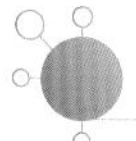

对制造业数字化转型的理解

对数字化转型的定义，各个国家和地区有不同的理解。例如，西方国家认为数字化转型的实质是利用数字化技术，提升客户体验。只有当客户体验好时，企业才会不断收到订单。因此，在实际操作中，需要从三个方面来改进和提升客户体验。

首先，我们需要对客户体验流程进行重构，去除一些不必要的环节，利用数字技术重构业务流程使其更加智能化。其次，基于数据更快、更聪明地作决策，从而快速响应市场变化。以前我们更多地凭借经验来作决策，这样导致试错成本太高，但现在更加注重数据的应用。最后，工厂应当致力于提升企业的灵活性和盈利能力。工厂不能仅仅为了数字化而进行数字化，必须持续提升盈利能力；灵活性也是智能工厂追求的高指标，也就是很高的生产柔性。

为什么现在制造业都谈数字化转型？个性化需求、交货期、成本、质量等客户和市场的要求变化迫使企业开始进行战略转型。与此同时，一些先进的数字化技术，比如工业软件、人工智能技术、高级机器人技术和3D打印技术等开始涌现。这些技术的应用作为基础，将大幅提升现有的工艺塑造和先进制造技术。

我们认为数字化精益关键是工业软件、全集成自动化、精益生产思想的深度融合(图1)。对于一个工厂来说，首先需要应对市场需求，最重要的指标就是效率，能够快速交货，这也是客户体验的关键指标之一。此外，工厂还需要灵活性、高质量和低成本，这项要求在内部层面，要求工厂做到柔性化，可以生产完全不同的产品。例如，在汽车总装生产线，前面生产的一辆车和后面生产的一辆车可能在装配方面是完全不同的，这时若要保证现场没有在制品库存，我们就需要个性化的柔性的精益物流配送策略和均衡生产的概念。均衡化是整个工厂追求精益生产的最高目标。在市场波动的情况下，企业需要利用现有资源，使其保持人力和设备的稳定消耗，而不是利用大量的库存来应对时高时低的市场需求，这里同步化生产也是非常重要的。因此，均衡生产也是数字精益追求的一个最高境界。此外，我们还要求工厂实现透明化，包括研发、生产、制造和质量等过程。现在有一个新概念叫作沉浸式工厂，例如，挪威的FREYR电池工厂就是借助西门子工业元宇宙平台打造的沉浸式工厂。那里不仅可以真实漫游体验工厂内部高保真的三维布局，还实现了工厂透明化，可以直观掌握产线的产能情况、产品质量缺陷、设备综合效率、基于AI的质量预测、能耗和碳足迹等。这比前期提出的“360工厂”理念又有了进一步的提升。

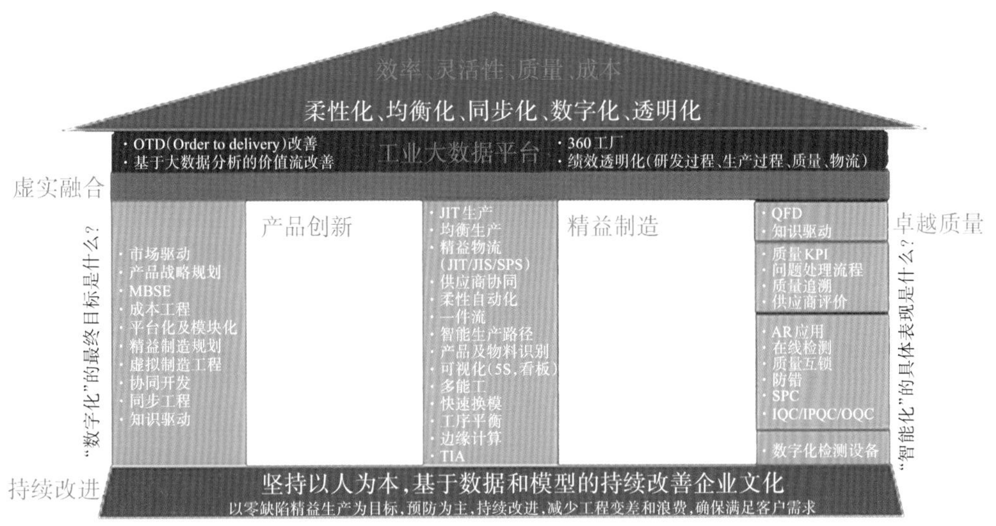

图1　西门子数字化精益的核心理念

为支撑上述提及的效率、灵活性和成本，实现柔性化、均衡化、同步化、数字化和透明化，我们需要考虑几项重要技术，这些技术基于数字孪生构建企业数字线程，实现横向和纵向集成。首先，需要进行产品创新体系转型。过去，企业产品开发一直强调技术驱动，只关注产品功能的完善，而忽视了市场需求，这样最多只能够做到“并跑”。现在中国很多行业的龙头企业已经进入世界发展的前列并领跑行业，如今我们面临的是复杂的市场需求，因此，研发转型需要强化产品战略规划，采用基于市场需求驱动的正向研发方法，真正专注于产品的创意和概念设计，研究未来十年或二十年的市场对产品的需求会是什么样子的、需要哪些创新技术，这样才有可能实现领先、领跑。在此过程，客户需求、创意管理、品牌管理、平台规划、产品投资组合管理、细分市场的盈利能力分析，以及成本工程和基于模型的系统工程等精益研发技术，将纳入整个开发流程中。其次，精益制造方面的转型不仅是关注现场操作改善，更重要的是从价值流出发，在前期规划时就要从精益的角度开始考虑。再次，在生产运营方面，要运用精益制造的思想，例如高柔性生产线、快速切换、智能生产路径、智能化设备、精益物流配送、基于边缘计算的AI自适应寻优等先进制造技术应用，实现生产均衡化、智能化和透明化。此外，在卓越质量的追求中，我们还强调知识驱动和闭环质量管理，要从被动检验向主动预防转型。例如，某企业需要5天才能完成一个订单的制造过程规划，通过精益改善和制造知识库自动生成，现在只需要2～3 h就能完成工艺过程规划和质量规划，这就是基于数据驱动的精益改善和知识系统结合的创造力。

智能工厂核心能力

数字化所带来的数据最终沉淀为企业的高价值。智能工厂核心能力建设分布在四条价值链上，分别为产品生命周期、工厂生命周期、订单交付和闭环质量。第一条价值链是产品生命周期，要加速新产品从开发到导入的过程，就要创新新产品开发的过程，尤其是概念设计，80%的创新都是在概念阶段形成的，而不是在详细阶段形成的。第二条链是订单交付，也就是准时交付（OTD）链。一旦完成爬坡量，就要根据订单迅速交付产品。第三条链是工厂生命周期，如果整个工厂都要实现柔性的自动化链，那么最初的厂房就要从精益开始进行规划，包括精益物流规划、柔性自动化生产线和合理的人机配比等。在后期运营过程中，还要实时跟踪和评估工厂的运行情况，比如仓储运行过程、设备以及仓储设计是否存在瓶颈等。这需要根据实际运营数据进行模拟分析，并进行闭环的持续改进。第四条链是闭环质量控制，从客户需求特性的FMEA（失效模式和影响分析）控制到过程控制计划，再到供应商质量和售后，都需要形成一个闭环体系。

这里涉及六项能力：一是数字化管理能力，利用数字化战略规划确保业务转型的实现；二是制造运营能力，目标为缩短交付时间，确保交付的稳定性，提高资源利用率；三是质量管控能力，从被动检验向主动预防转变；四是产品和工艺能力，强调缩短产品上市周期，持续改进产品，提高产品竞争力；五是工厂规划和建设能力，提高布局和设备利用率，降低固定资产投资风险，缩短建设周期；六是数字化支持能力，利用资源与机制加速数字化落地。

如何利用这几项能力实现数字化精益制造，则需运用一些最新的纵向集成技术，这就是企业全集成自动化的一部分，即信息技术（IT）和运营技术（OT）融合。例如，整合边缘计算，利用物联网和工业应用快速开发平台。以西门子公司基于数字孪生构建企业数字精益线程为例，将一些模型训练完成后，应用在工业物联网和大数据平台上进行边缘计算，可以在质量管控和设备预防性维护方面发挥作用。

再如，智能生产路径已经应用在西门子公司成都工厂中，建厂初期在一条生产线上可以同时进行大约50种产品的混线生产。每个产品上线后自动识别对应的工位，防错系统指示操作员按灯拣料并准确地安装，防错系统利用CCD图像的比较技术判别产品的装配是否正确。这些工作能够在智能生产路径中高效完成，现场工人非常轻松，他们掌握了很多精益生产的方法，能够直接指导持续的精益改善工作。

在智能工厂中，质量非常重要。数字化转型之后，传统的事后手工检验方式需要升级到现在的在线自动化检测，以及制定事先预防措施。对于事后检验，一旦当前工序检验有问题，那么前面一批零件的环节可能也会有问题。如果进行在线检测，基本上只要发现一个问题，就可以阻止整个生产流程的混乱。如何将被动的检验过程转变为主动预防？我们要在产品设计早期就引入面向质量的设计方法，如通过闭环失效模式和影响分析体系的建立，提前识别潜在的风险，对风险制定预防和控制措施。在精益生产检验里，过多的检验被视为一种浪费，应该消除不必要的检验环节。这需要关注产品数字孪生、生产数字孪生、性能数字孪生三个方面，并将它们紧密结合起来，为精益制造服务，实现虚拟和现实的融合，推动智能制造产业升级。

数字孪生助力企业数字化转型

西门子公司成都工厂的质量指标已经达到了99.999%。这个指标并不是指百万个产品的成品缺陷率，而是指生产制造过程中过程活动的缺陷数量。例如，工厂生产产品时，总共发生了100万个装配操作活动，每个活动失误都会视为一个缺陷。目前，国内工厂都主要使用ppm（百万产品中的不良品数）来衡量产品质量合格率，还未使用DPMO（每百万缺陷机会中的不良品数）这一指标衡量产品质量。这些都得益于西门子公司使用的数字孪生技术以及持续地精益改善，从一开始就在虚拟环境中定义数字模型，并进行了性能分析和制造可行性分析，通过这些分析可以获得最佳的设计方案和制造方案。当然这些验证过的数据还会流到生产系统和自动化系统，指导工厂严格按设计标准、制造标准和质量标准生产，实现数字化精益制造。例如，在动力电池领域，利用数字孪生技术研究有关电池电化学设计和制造分析包括以下四个方面：

(1) 首先需要建立一个虚拟电池孪生模型，然后根据客户需求，研究它的充放电性能，以及热失控对电池包安全的影响等，也可以集成虚拟整车来研究整车的续航能力等，还可以建立一个电池管理系统（BMS）模型验证和优化其控制算法，并在不同开发阶段使用模型在环测试（MiL）、软件在环测试（SiL）、硬件在环测试（HiL）进行虚拟测试，并可集成虚拟电池包模型验证SOC控制策略。

（2）需要一个虚拟工厂，其中包括虚拟物流、虚拟生产线和虚拟操作工人以及数字化的工艺，然后模拟分析整个生产过程，我们可以研究合浆、涂布、干燥、电池包装配等制造环节来获取最佳的过程特性和制造可行性，同时分析产能的可行性、合理的生产资源配置、设备制造能力的KPI等，并找出产线和物流瓶颈，验证哪些设计不合理，并确定最合理的生产策略。这个过程就是生产数字孪生（图2）。

图2　电池包自动化装配线数字孪生

（3）西门子公司在2007年就提出了“真实生产”阶段（这是一个虚实融合的过程）这个概念。在此过程中，所有的产品数据、工艺数据、产品及过程特性、产线设备需求、物流策略和质量规划数据都会基于BOP（工艺流程清单）数据模型传输到现场，以及传输到下游的生产系统，比如控制系统、生产执行系统（MES）和企业资源计划系统（ERP）等。西门子公司的生产工艺已经全部实现数字化，传统的工艺设计需要制作大量纸质文档，给现场工人阅读理解，但随着未来的产线将越来越自动化，未来的工艺设计是要面向机器的，让机器理解工艺，这也是西门子生产孪生的发展方向。因此，我们需要确保机器能够准确地理解和应用这些数据，以便实现最佳效果。

（4）最后需要做的就是性能孪生，其实质是要实现数字孪生的闭环优化，并基于数据持续改进。一旦设计好产品并真正投入生产，就会与之前的设计模型存在差异，这时需要收集数据，并根据这些数据重新建立模型或找到瓶颈进行优化，也可以利用AI模型预测未来的质量趋势并自动寻优。通过AI模型闭环修正设备工艺参数调优，以达到自适应的生产智能控制，将质量"自动化"提升到"智动化"。这便是持续改进优化和闭环循环过程。

然而，我们不仅要通过横向端到端业务集成，还需要通过纵向集成到数据流，这里涉及IT与OT的融合理念。在此过程中，首先要从现场设备开始（图3），从最底层的传感器到自动化的控制器，然后到工业边缘计算，用于训练的数据模型要与生产运营的工业软件进行对接。最后，要将数据产品上传到工业云平台，比如西门子公司的工业大数据平台可以展示一些工厂应用。

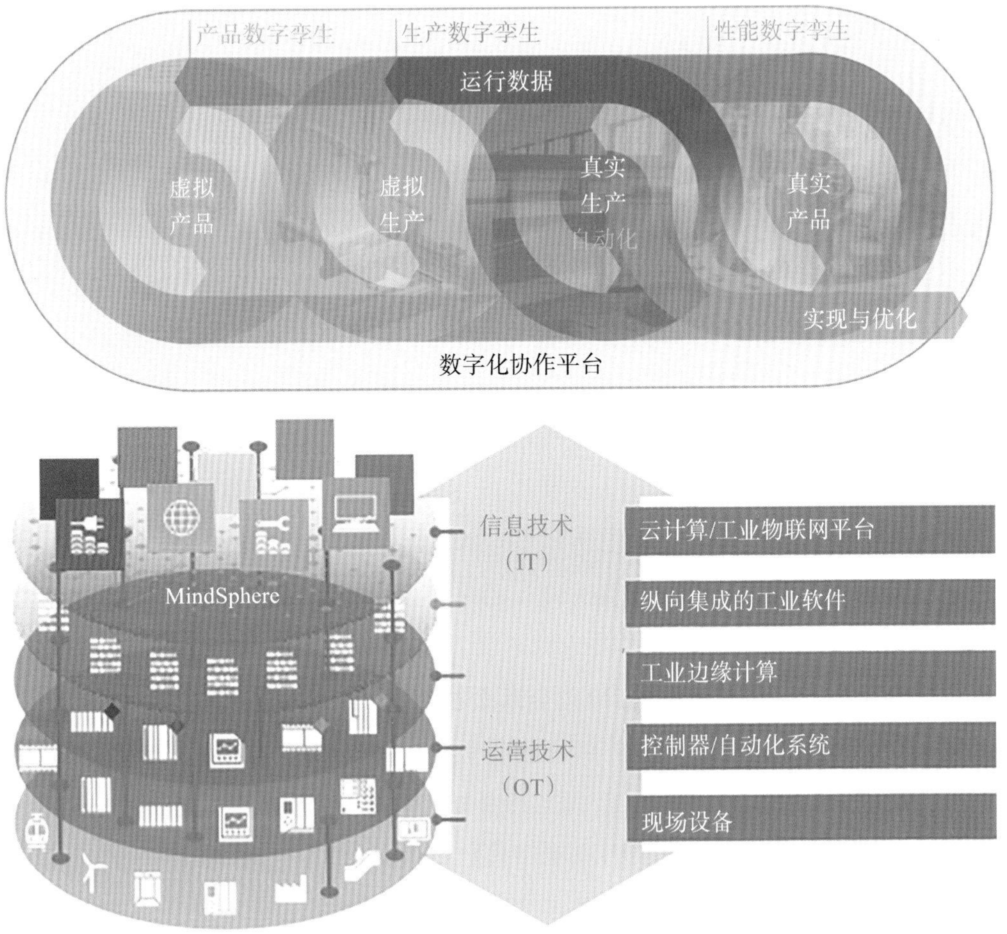

图3　横向和纵向集成关键技术

整体看来，未来需要进一步关注九个数字线程，包括产品创新体系、性能工程、BOP及虚拟制造工程、闭环质量工程、柔性智能化生产、数字化精益物流、基于大数据决策和持续改善、IT/OT融合、工业安全。BOP作为智能工厂的核心数据，包含了整个生产线所需的智能化工艺数据、资源设备、质量控制和物流需求等，生产线可以按照BOP统一标准执行生产活动。

（一）西门子公司南京数字化工厂的建设理念

与西门子公司成都数字化工厂不同，西门子公司南京数字化工厂（SNC）是最近新建的，主要针对未来市场需求的预测和产能提升。该工厂的建设理念是实现全面数字化，以及实现从无到有的全方位数字化转型，数字化精益思想必须融入其中，还需要符合绿色环保和可持续性的要求。

从最初的想法到最终的实现，每一步都有数字化的支持。首先，SNC按照工业4.0的数字化标准和能源与环境设计先锋建筑评级体系（LEED体系）绿色建筑金奖标准规划、建设和运营，全过程都采用西门子公司的数字化技术和理念。这种做法可以帮助工厂从无到有、由虚拟到现实，实现数字孪生，并覆盖产品以及工厂的全生命周期。在实际破土动工之前，要在虚拟世界里完成工厂“建设”，并且搭建和调试产线，找到最佳布局方案；完成单台设备仿真、人机分析、机器人动作和细化生产单元。其次，实现数字化要以精益为前提，并与数字化深度融合。要想实现理想的效果，离开精益而只做数字化是很难的，因为精益是实现宏观价值流分析和提高工位效率的重要前提。因此，将虚拟和现实精准地映射并应用精益数字化成为可行的方案。最后，SNC还可以通过采用太阳能光伏技术和地源热泵等绿色能源，实现生产和能源高度数字化和透明化，从而达到节能减排的目的，践行可持续发展。

如图4所示，在最初布局的概念设计阶段，将价值流放入整个工厂的精益规划中，并针对当前价值分析确定不增值的环节，消除浪费。从这一过程中可以明显地看出，全数字化产品的“端到端”应用是从价值流分析开始，并以精益思想为导向。首先，通过价值流的分析找到工厂存在的痛点，并对每个优化目标进行明确定义，比如工厂产能、生产效率、设备数量、人力资源以及制造成本的大致预算，并设计出未来价值流图。随后进入工厂和物流布局规划阶段，针对不同的布局和生产业务场景，围绕产能目标、生产策略、设备关键绩效指标、资源配比等进行假设分析，寻找出最优的产线布局、物流布局和设备能力等。然后就开始进行厂房和产线的详细设计，在完成每个工位的数字孪生模型设计过程中，需要对复杂的工位进行仿真验证，比如机器人如何布局、验证机器人取料过程等，机器人的工作细节都会被非常详细地模拟出来，并完成机器人离线编程。当工厂开始运营后，每天由精益改善小组负责跟踪，查看是否达到了之前设定的目标。如果没有达到，又要考虑如何改进。如此往复，这是一个循环的持续改进过程。

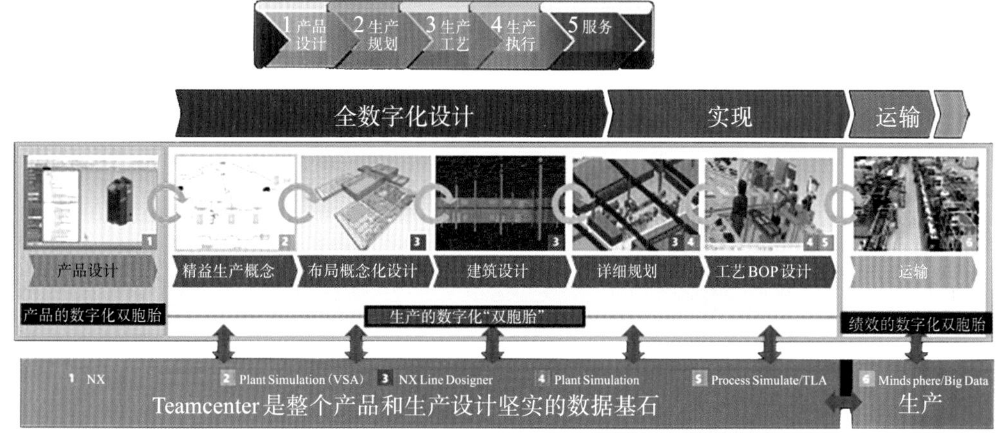

图4　西门子数字化工厂设计流程

在生产应用方面，SNC实现了全数字化的运营，包括制造工艺DFM分析、生产计划排程、生产过程管理和数据采集等。工业大数据平台将采集数据，实时展示设备的生产效率和质量等，并实时监控库存的消耗情况。总之，SNC数字化原生工厂最终生产效率实际提高了20%，柔性化提高了30%；相较于以前的老产线，整个空间利用率提升了40%，供货周期和补货周期缩短了50%。

（二）西门子公司成都数字化工厂的数字化人才培养

西门子公司成都数字化工厂如何在高水平起点上进行制造转型？成都数字化工厂，主要使用西门子数字孪生和全集成自动化方案，覆盖了研发、运营、物流和自动化设备。这些系统全都是"端到端"的互联互通，形成了完整的数字流，基于数据快速决策，数字精益在这里得到完美呈现。成都数字化工厂数字化转型经历了三个阶段：2013年，工厂开始投产，在逐步爬坡量产的过程中实现了数字化转型，这个阶段主要是基于业务上的痛点进行创新，比如提升自动化水平，将人从繁重劳动中解脱出来，引入ICT机器人和上料机器人等，以及对整个供应链进行优化等。到2017年开始对业务的"端到端"透明化持续改进，主要提升设备的利用率以及整体质量，其中DPMO实现从12降到6，产品合格率达到了99.999%。从2020年开始，工厂利用更多数据科学的方法进行决策工作，比如高级排程、预测性分析以及应用人工智能技术等。

从2013年至今，西门子公司成都数字化工厂已经实施了200多个数字化创新项目。比如在数字孪生方面，涉及工业物流仿真和机器人自动编程；在过程改进方面，通过优化整个价值流来提升生产运营效率；在自动化方面，通过机器人和AGV提升生产自动化和物流自动化效率；在数据科学方面，已经有几十项AI技术成果应用在设备预测性维护、质量控制、废料识别等方面。目前，成都数字化工厂技术创新团队还在继续开发更新的平台，比如碳足迹平台和聊天机器人等。“think big，start small，scale fast”是成都数字化工厂创新团队的宗旨，就是“创意要求前沿性，要目标远大，实施要以点带面，小步快跑”。

在数字化转型过程中，西门子更加注重的是数字化人才的培养。如何培养数字化人才？西门子公司所有员工都是高效的，这是基本的要求。从高效员工转变为数字化专家，这是员工转型之路。比如，西门子将数字人才领域划分为人工智能、数据科学、数字化仿真、自动化机器人等，2019年这方面的人才很少，到2022年，平均每个领域培养的数字化人才已经达到了数十位。现在，每年的数字化人才数据都在不断增长，从高效员工转变为能够使用数字决策来辅助工作的员工，是现在成都数字化工厂对员工能力评价的要求之一。

西门子公司成都数字化工厂，为工程师的数字化转型设定了不同级别的技能发展路径。对于普通工程师，要求具备从事自动化运营质量和效率的改进能力，主要关注运营质量和效率提升，将人员从低价值的劳动中解放出来。对于中高级的工程师，更加注重团队之间的协作，以及“端到端”业务的绩效和透明化，这个过程需要具备数字化思维的人才。对于更高级的工程师，要求从数据到价值具备自主管理和决策的能力。在此阶段，更多地利用人工智能技术，比如设备预测性维护和数字孪生技术等。如今，成都数字化工厂已经开始在质量检测、物流和立体库等领域广泛应用人工智能技术，并进行了许多数据模型和算法的研究。例如某检测工序，以前需要全检，设备也比较昂贵，后来建立了一个AI模型，对制造数据进行训练分析，然后将训练好的模型放在边缘设备上，再利用该模型判断即将进入检验工位的产品是否需要进行检测，如果不需要，就可以省去这个步骤。通过在工业云平台中进行大数据训练，实现了时间和成本的节约。

对于蓝领工人的数字化人才转型发展路线，最基本的要求是掌握操作技能。而对于中高级的蓝领技术员，除了要了解复杂设备工艺，还需要掌握数字化技术，因为在精益改善过程中，他们比工程师更了解现场情况，如果他们能够使用这些工具进行模型分析，那么他们提出的精益改善会更加适合现场生产。最初，中级蓝领掌握数字化技术能力的人数只占40%，在2017年，已经达到了70%。预计到2025年，掌握数字化技术的比例将提高到80%。从成都数字化工厂的数字化转型人才培养可以看出，数字化技术不能被限制在技术部门，而是企业所有人员都需要掌握不同程度的数字化技术来服务企业活动。

西门子公司成都数字化工厂设立了一个创新创客工坊，对所有员工开放。任何人可以利用闲暇时间进入创新创客工坊学习机器人编程、仿真和自动化等技术。只要掌握了相关技术，每个人都可以通过考核并晋升到更高的级别。这给发展中的员工带来了巨大的动力。

西门子公司成都数字化工厂通过数字化转型，整个生产周期缩短了20%；在柔性方面，从最初生产13种产品，到现在能够混线生产1000多种产品；在质量方面，DPMO达到6，相当于过程质量达到了99.999%；在效率方面，制造成本每年下降10%；另外，工业安全达到了100%。由此可见，尽管数字化需要高投入，但回报也是相当高的。

数字化转型的关注点

未来，中国企业数字化转型的主要方向可以从以下几个方面考虑：① 考虑如何通过商业模式提升客户体验。② 强化产品战略开发，建立基于市场驱动的创新体系，从产品战略规划到产品执行和交付都要充分考虑产品的盈利能力和市场机会窗口，尤其是要非常重视产品的概念设计，80%的创新都是在概念阶段完成的，此阶段需要加大专家资源的投入。③ 引入创新的产品设计方法，如MBSE、基于模块化开发、多领域工程协同开发等，这些方法可以帮助企业建立正向研发创新体系和订单快速交付。④ 在制造规划中，引入数字化虚拟制造工程，建立精益制造规划体系，在实物验证之前，在虚拟的工厂环境中完成制造规划和生产验证，为实际生产提供可靠的制造标准。⑤ 在数据决策中掌握实时运营数据，基于数据来决策，并利用AI技术完成自适应优化控制，同时工厂的精益运营需要考虑柔性化、均衡化、准时化和绿色化。⑥ 需要建立精益物流体系，并与供应商之间形成供应链战略联盟，这样才能在供应链的经营问题上取得卓越的成果。同时，需要强调人才培养是核心，在整个创新中，无论数字化如何发展，最终核心还是既懂业务又懂数字化的复合型数字化人才。

阳如坤

深圳吉阳智能科技有限公司董事长

研究员，国际电工委员会、全国电器附件标准化技术委员会、全国电力监管标准化技术委员会、国家标准化管理委员会、全国自动化系统与集成标准化技术委员会专家。在工业机器人、智能机器开发、锂离子电池制造、锂离子电装备制造、智能制造系统与体系建设等领域有深入研究和丰富的实践经验，先后获得国家科技进步奖、中国科学院科技进步特等奖、国家能源科技进步奖等各类奖项。牵头制定《汽车动力蓄电池工程装备发展路线图》《节能与新能源汽车年鉴》，出版专著《先进储能电池智能制造技术与装备》。

先进电池大规模智能制造原理与突破

国轩高科第12届科技大会

本文将主要介绍电池制造行业的未来发展，包括制造能源时代与电池产业、大规模制造产业技术原理、先进电池大规模制造技术，以及电池的制造未来与制造突破。

一、制造能源时代与电池产业

（一）高速发展的新能源产业

从制造能源的角度来说，我国电动汽车和储能行业发展得非常迅速。2023年第一季度，新能源汽车的市场渗透率达到了35.5%，增长速度比去年又提高了10%左右。从“双碳”目标的角度分析，人类对能源的需求是非常大的。太阳能和能源存储两个方向可以解决未来能源的一些问题。到2060年，我国将有25000 TW·h的能源需求，其中太阳能约占7500 TW·h，风能约占6000 TW·h。埃隆·马斯克（Elon Musk）曾说：“五步还世界一个清洁地球，未来全球储能达到240 TW·h。”

从整个能源发展的历史来看，第一次能源革命是以煤炭为能源，第二次能源革命是以石油为能源，第三次能源革命就是如今的清洁能源，人类正在面临的第四次能源革命——智能化（图1）。如今推行的交通电动化都离不开电池，因此，电池将成为推动新能源革命的核心产品！尽管现在的能源存储有很多方式，比如抽水蓄能，但是从科技发展的角度来看，未来电池将成为能源存储最好的方式，电池将成为人类未来必须依赖的一种通用目的产品（GPP）。电池生产必须纳入一个全面的生命周期管理循环（LCM），覆盖从电池制造到最终回收的全过程。仅通过这样全面综合的考虑，我们才能确保符合未来大规模生产的标准和要求。

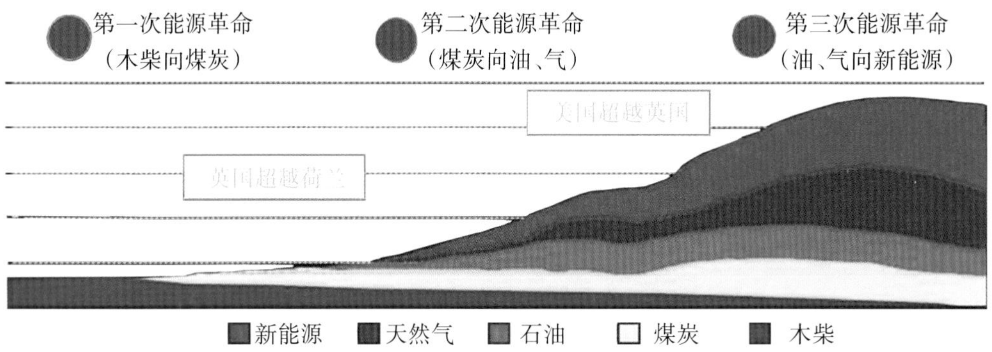

图1　历次能源革命发展

（二）电池制造生命周期循环

从全生命周期制造成本（total cyclelife manufacturing cost，TCMC）角度出发，未来电池的制造将在电池结构、材料体系、制造方法、制造标准等方面，与现状相比，将经历革命性的变化。未来电池制造应该是什么样的呢？受政策、技术、市场需求的影响，电池制造产业的发展遵循四大规律：第一，电池行业产能是以五年为周期，主要受政策影响，这与中国的五年规划有关；第二，电池能量密度每年增长7%～8%，十年后电池能量密度将实现翻倍；第三，电池行业年复合增长率达45%，成本每6～8年减少50%；第四，电池能量密度、电池价格呈剪刀交叉规律发展，也就是说，能量密度在不断上升，价格在不断下降，这跟摩尔定律非常类似。

大规模制造产业技术原理

（一）电池大规模制造的基础

电池大规模制造工程技术的四大基础：① 产业材料，材料是产品的基础，机器、产品最基本的性能都是通过材料保证的；② 产业标准，制造业以标准规范为基础获得统一、规范、积累，从而实现不断优化和提升，标准件、标准规范、过程规范都是制造业的结晶，但现在我国的电池行业缺少标准引领，需建立体系化的电池产业标准；③ 制造装备，装备是产品高质量、大规模、低成本生产的基础，中国电池产业之所以能够有这样好的业绩，很重要的一个原因是装备的自主化率达到了95%，这很好地支撑了产业的发展装备，但目前装备未得到重视，野蛮生长，装备的质量有待进一步提升；④ 制造的数据，数据是制造的基础，也是重要的生产要素和生产力，包括性能、质量、效率等，智能化制造必须以数据为基础。

半导体的制造和电池制造存在比较大的差别。2022年全球半导体的装备投入约1076亿美元，半导体产业价值约6332亿美元，规模的比值约为1∶6。然而电池产业不一样，中国锂电设备去年投入约1000亿元，电池产业价值去年约为1.2万亿元，这个比例是1∶12。可以看到，锂电设备产业的发展存在局限。

虽然中国的制造业非常强大，例如家具、家电、钢铁、发动机、现代化工、现代制药、汽车、半导体和计算机等，很多行业都是全球领先的，2022年中国制造业产值达到了30万亿的规模，然而所有的产业中没有一个行业标准是我们自己的。目前，制造业的标准有2万多个，这2万多个标准主要是在国外标准的基础上形成的。如今，中国的电池产业缺乏重要的装备基础。为什么会出现这个问题？首先，我们没有一个统一的锂离子电池或先进电池的标准化技术委员会（TC），这导致企业各自为战，野蛮生长；其次，我们缺少材料、尺寸规格、设计、制造、使用和回收标准，换句话说，很多企业存在“先做产业、再看标准”的观念，超前标准意识薄弱。

（二）电池制造需要制造技术创新

电池行业的发展还有很长的路要走。第一，要清晰主体，设置一个先进电池专门的TC，铅酸电池、原电池、蓄电池、动力电池这些电池都有自己的TC，而锂离子电池却没有。第二，要补全一些重要紧急的标准，尤其是尺寸规格标准。第三，要狠抓标准质量本身，锂离子电池标准虽然有不少，但是实际上这些标准适用性很差。第四，要重视标准的执行。第五，电池行业应该以联盟为基础推行标准模式，“先有标准，再做产业”——这是先进制造业发展的必由之路。第六，要推动电池产品的制造、应用等标准的国际化发展。很难想象在未来有一天我们将电池产业做到了最大，然而我们所参考的行业标准却都是其他国家的。

规格尺寸对我们整个产业有什么影响呢？第一，会影响材料的供给、质量和成本；第二，会影响制造成本、设备优化和制造积累；第三，会影响整个智能体系及其所建立的数据体系；第四，会影响整个企业的核心竞争力；第五，会影响换电和回收。

在现有的体系下，通过对规格尺寸的优化，电池成本仍有20%～30%的下降空间，这并不是一个很难的事情。从这个角度来说，我们应该主动制定动力与储能的尺寸规格标准。

在整个制造质量方面，国务院在2023年2月6日发布的《质量强国建设纲要》第二条提到了一个非常重要的数据：农产品质量安全例行监测合格率和食品抽检合格率均达到98%以上，制造业产品质量合格率达到94%。而欧美国家对大规模制造质量合格率要求是98%，与中国相差4%，这对产业的影响是巨大的。我国电池行业制造合格率为90%～94%，目前来看，主要是因为很多企业追求的是合格的质量，而不是最好的质量，甚至在产能继续扩张中，很多企业忽略了质量问题。另外，企业对电池机理的研究不够深入，尤其是对制造机理的研究。

（三）电池制造现状与难题

电池制造的整个行业还处于实验室阶段，企业大规模制造电池还是采用与实验室同样的做法，其显著特征是工序独立、物流独立，信息流不通，生产过程中的温度随意变化。另外，在电池制造的各个阶段中，物料不连续，物流与作业不同步，这导致整个制造生命周期的循环没有建立起来。除此之外，一些制造过程的指标管控也是缺乏的。

大规模制造是以20世纪初流行的泰勒科学管理方法为基础，并以生产过程的分解、流水线组装、标准化零部件、大批量生产和机械式重复劳动等为主要特征。以福特汽车为例，通过大规模制造的方式，福特汽车的制造成本下降了50%。如今大规模制造中应用的规律，比如摩尔定律、弗拉特利定律、莱特定律都对电池产业产生了非常重要的影响，但是一些基本的大规模制造规律应用还不够。

从电池产业分析来看，电池大规模制造的核心是“三大流”连续顺畅：第一是物料流，电池制造的过程从加料开始，物料在流动中一会儿增速，一会儿降速，一会儿停止，甚至在有些地方停几小时，在这个层面上有很多问题需要改进。物料流动须达到连续、平稳、一气呵成，这样才能够节省能源和时间，实现稳定生产过程控制。第二是信息流，西门子公司就运用了很多信息流的技术，最基础的是信息的获取，比如，质量在整个信息流的流动过程中怎么实现拉通与统一，以此来实现整个过程的闭环。这需要对信息进行统一定义，全线拉通，统一数据平台，统一获取信息的路径和带宽。第三是能量流，能量流需要平稳，温度不能频繁升降，应尽量减少物料缓存和停留。

我们对物料流的连续性分析，发现要实现整个过程中的连续高速生产，最重要的就是使用“卷对卷”或“卷对片”技术，通过隔膜连续、不降速来保持整个过程的连续性。传输过程中摩擦阻力的变化，对加速、减速的影响非常大，而机器匀速运行才是最好的。机器在匀速运行过程中，制造质量会非常稳定，然而在变速的过程中将会影响很大。这类似于过去的间歇式涂布和现在的连续涂布，连续涂布的质量和稳定性会好很多，印刷、纺织、光学膜都采取连续涂布的方式。在数据流方面，电池行业现在还没有建立一套自己的数据体系，包括对制造术语的定义、主数据的定义和整个数据中心的搭建。这些体系没有搭建起来的时候，要实现整个制造过程的智能化，几乎不可能，更谈不上质量的优化。

标准化是大规模制造的一个重要基础，其中最核心的是尺寸规格标准、制造工艺过程和材料标准化，带来的效益对电池行业是非常明显的。大规模定制化有很多明显优势，电池是最适合大规模定制化的，因为电池生产批量大，且电池生产完全可以通过改变配方满足不同客户的需求，比如材料的改变、内部极片形式的改变都可以实现这样的要求。

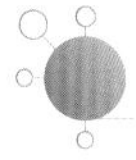

先进电池大规模制造技术

(一) 电芯制造的规模

到底多大的规模才算是大规模？以大众公司研发的标准电芯(unified cell，UC)为例，2021年3月大众公司发布了UC标准电芯，计划到2030年将单一电芯产量提高到300 GW·h，80%的大众汽车用这种单一产品作为电芯。按照单体三元电池：115 A·h，LFP 92 A·h的标准，那么年产300 GW·h的三元电池制造效率需要达到2100 ppm，铁锂电池的制造效率需要达到3000 ppm(1 GW·h需要7～10 ppm)。与半导体数据进行比较，2022年半导体芯片市场规模约为1.13万亿元，数量大概约为3200亿颗；2022年电池的市场规模约为1.2万亿，数量大约为21.6亿颗。电池的质量和体积都比芯片要大很多，相差约100倍，这样来看，两者的数量基本上是一致的。目前看来，中国电池的制造规模和半导体的制造规模已经基本相当，但值得注意的是，电池行业未来有10～100倍的增长空间。

针对这样的增长空间，我们应该如何规划和发展电池制造业，值得每个人去思考。我认为首先要考虑一种理想的电芯结构：① 要考虑充放电过程中电极片的膨胀和收缩，确保电池整体结构不变形，以及电极片不变形；② 要考虑如何保证离子在充放电过程中的路径保持均衡、一致，而不是弯弯曲曲地移动或拐角移动；③ 要考虑电场的分布，确保电的均匀，没有突变；④ 要考虑集流的设计，通过将电池制造过程中的温度分布图进行分析和拆解，从而设计集流柱的位置等；⑤ 要考虑隔膜与极片，确保在循环过程中保持稳定；⑥ 要考虑如何实现电解质和活性物质的接触，确保两者在循环中无局部集中或干枯。

（二）先进电池制造发展的历程与未来展望

电池制造发展有七个阶段，前四个阶段是过去已经发生的，后三个阶段是正在发生或未来要实现的。中国的电池制造始于手工、半自动，这个过程里我们没有完全模仿国外，这也是中国电池制造强大的重要原因。中国的电池行业已经实现了组合自动化、物流一体化，还达到了单线约4 GW·h的规模。第五阶段要实现单机连续一体智能化，实现整个生产制造过程中“不停”，所谓的“不停”是指加工过程连续、不中断，这意味着制造能源时代的开启。第六阶段要实现分段连续一体智能化，即在组装过程中，物料加工速度一旦提高以后，就不会再停止。第七阶段要实现整体连续、同步、智能化，这时单线尤其是更大一点的电池，效率能达到300 ppm，单线产能实现60 GW·h的规模。在这个基础上，未来才能够实现10～100 TW·h的制造规模。

图2体现了整个极片制造连续一体化的过程。从材料的加入制浆、双面同时涂布，到辊压分切一体化再到模切分切，这个过程完全可以实现连续化，一次完成。当然，这里可能还有一些问题值得探索：首先是提升效率，中间过程没有加/减速、没有接带、没有换卷，更没有加/减速过程中带来的张力变化、精度变化；其次是提升合格率，控制平滑，克服摩擦与惯量影响；最后是提升材料利用率，减少接带浪费。

电池装备也遵循这样的发展过程，即从现在的单机智能到多机协同的智能，再到分段连续一体的智能，最终整体连续一体的智能。通过数据的三层闭环（图3），即从底层设备到边缘计算再到整个电芯，可以实现电芯整体合格率从现在的90%～94%提升到97%～99%的基本目标。

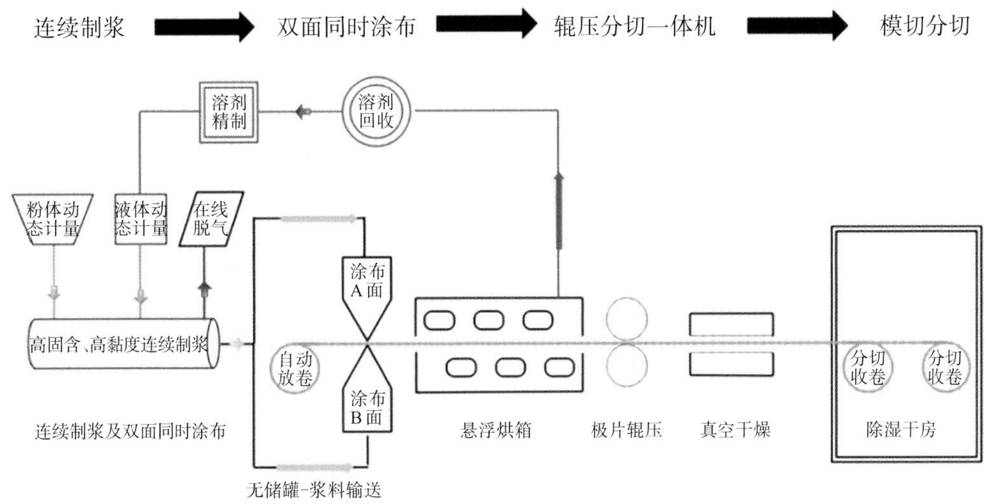

图2　极片制造连续一体化的过程

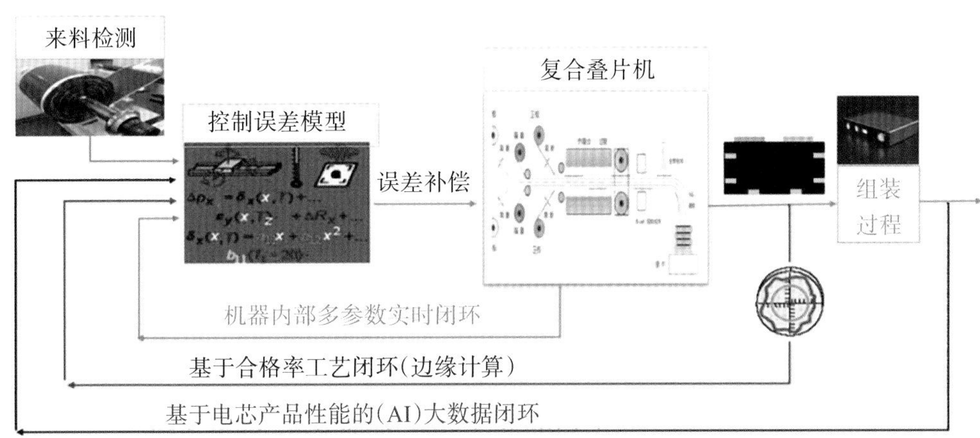

图3　电池制造数据的三层闭环

从制造目标的角度，要提高动力电池制造的安全性，就要从制造的机理开始。电池的制造发展过去依靠牛顿力学，现在必须借助量子力学的知识来发展。安全性主要包括两类：一个是制造的质量和精度，另一个是环境控制，最终实现所谓的ppb(part per billion)级的控制要求。要实现ppm级的制造要求，就要提升锂离子电池制造的质量，现在电池制造质量还达不到A级的程度。我们要实现Cpk2.0以上、质量等级为A^{++}级、电池电芯的工序合格率达到99.9999%，这不仅是质量问题，还是安全问题。电池行业还维持目前99.38%的工序合格率，质量等级为B级，虽然表面上是合格了，但实际上还有很多隐患没有得到解决。只有达到极致质量的要求，才能够把电芯制造工序合格率从现在的92%左右提到99%以上。

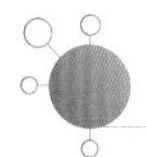

电池的制造未来与制造突破

电池制造未来面对的主要挑战是极限制造。极限制造有三点要求：① ppb级的产品缺陷率；② 全生命周期电池产品的可靠性；③ TW·h级别超大规模高质量交付能力。对应的制造装备策略也有三点：① 实现零缺陷制造；② 利用高智能化装备；③ 采用大规模、高速自动化装备。从电池制造合格率来看，实际上最需要突破的是停机时间和平均无故障时间，这对于制造电池装备或整个电池制造行业来说，都是比较大的挑战。

电池制造智能化应用目前所面临的最重要、最基础的问题，就是如何实现功能和精度的闭环，比如涂布厚度、切断宽度、极耳位置等如何实现智能化。其次，如何通过功能学习来提升质量，比如视觉缺陷、毛刺控制、粉尘控制、透视控制、免分容、免自放电等，从而促进制造质量的提升。最后一个问题是电池制造智能化的预测性维护与控制如何实现，这是电池智能制造要解决的核心问题。

以隔膜连续卷绕技术为例（图4），过去的卷绕是走走停停，卷一个电池就需要停下来通过隔膜、极片降速实现穿针，然后再开始卷。现在的技术可以实现隔膜不停、连续作业，不仅节省了辅助时间，还将隔膜的张力波动从10%降到了3%以下。隔膜的张力变化有什么影响？隔膜拉伸过程中有空隙率的变化，这种变化对质量有影响。隔膜连续卷绕涉及很多技术，比如协调控制技术、同步控制技术等，还需要通过实时视觉把最短伺服周期（tack time）提升到50 μs以上。在设备不需要做太多改

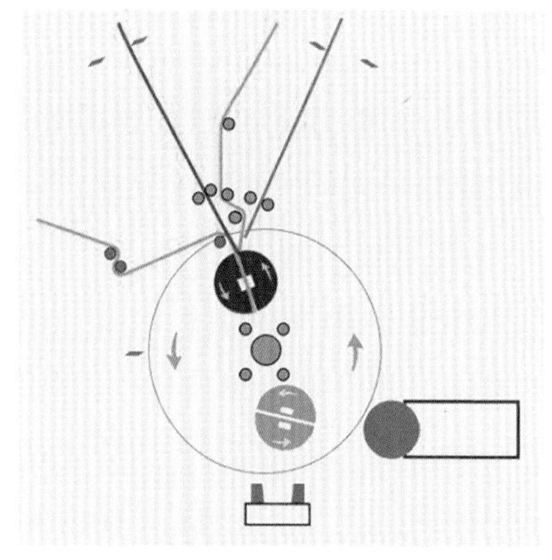

（a）走走停停的卷绕机运动原理图

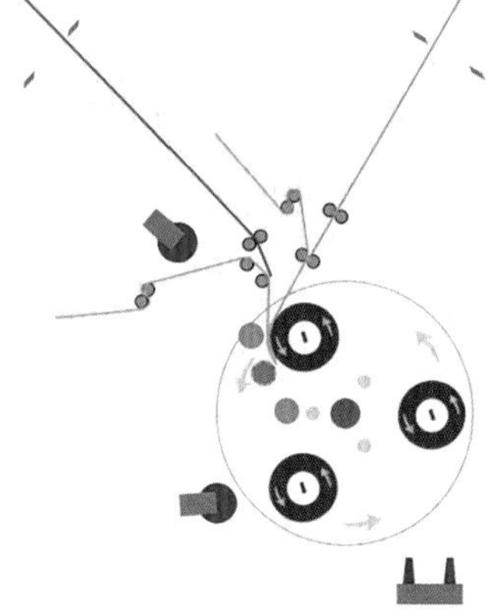

（b）隔膜连续卷绕运动原理图

图4　卷绕原理

变的情况下，也可以把效率提升40%～50%，这也与极片长度有关。极片越短，效果越明显；当极片较长时，效果虽然没有短的时候明显，但是仍有可观的提升幅度。比如8 m长的极片，当连续线速度为2 m/s时，效率为10 ppm；如果将速度提升到4 m/s，就可以达到20 ppm。速度的提升与效率提升呈线性变化，这种线性的变化速率越高，带来的价值就越明显。

再以叠片为例（图5），要实现叠片过程的连续化，就要用到连续复合叠片的原理。在复合过程中，需要将整个极片封起来，解决正负极之间的短路问题、交叉感染问题，从而实现整个均匀界面的接触。整个制成过程的张力恒定，隔膜没有不均匀拉伸，电芯界面平整，正负极完全物理隔断。通过这种方式，现在实现了480～600 ppm的效率，未来有可能实现800～1000 ppm甚至更高。

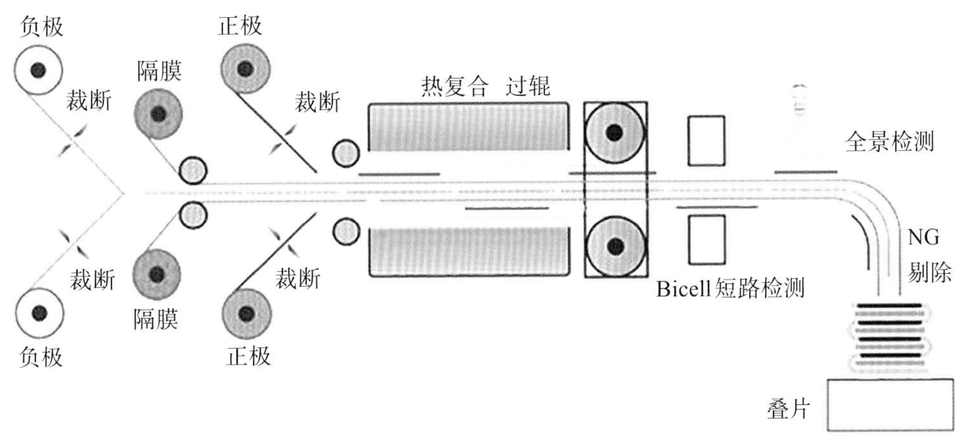

图5 复合叠片过程

针对整个控制检测过程能否满足要求，我们尝试在实现单片剔废过程中，让整个过程不停机。过去的叠片机在生产过程中出现了废片，就要停下来处理。如果让这个过程不停机，那么整个极片和隔膜的生产将是连续的，从而能够更精准地控制整个过程中的张力。同时，在单片不停机踢废的方式下，整个叠片的材料利用率小于0.5%，但卷绕的报废率高达3%～4%。最新一代叠片机（图6）可以达到将近600 ppm的效率，合格率达到99.4%，同时在制造过程实现了连续踢废，并且所有的数据包括切断、对齐、间隙的数据，都可以实现在线监控和数据闭环。

2019年，诺贝尔化学奖授予了三位锂电科学家，储存能量的电池将成为国民经济的基础产业。以制造能源为基础的能源革命将带动电动汽车、电动航空、电动轮船和低空经济产业，引领制造业的深刻变革，推动制造质量的变革，这对引领整个电池产业的革命非常重要，也是非常有意义的。今天，我们已经能够明确地看到整个电动汽车和储能行业都需要电池，电池将成为未来电动化、储能领域的依靠。

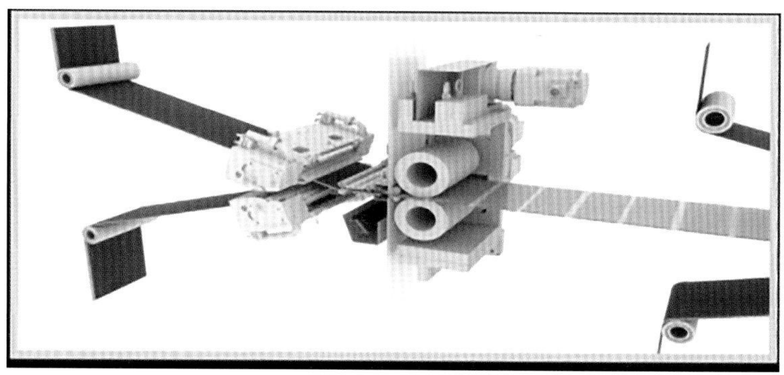

图6 最新一代叠片机

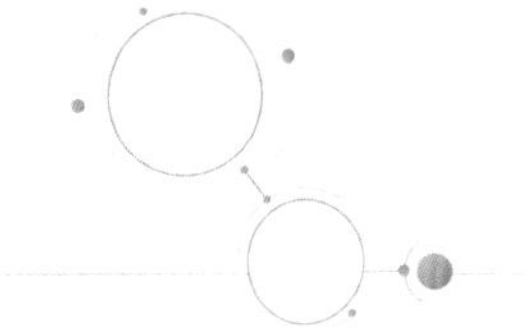

储能技术：开启能源利用新篇章

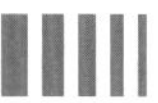

张久俊

中国工程院外籍院士

加拿大皇家科学院、工程院、工程研究院院士，福州大学教授，国际电化学学会会士，英国皇家化学会会士，国际先进材料联合会会士，国际电化学能源科学院创始人、主席，中国内燃机学会常务理事兼燃料电池发动机分会主任委员。

主要研究领域为电化学能源存储和转换，包括燃料电池、高比能电池、$H_2O/CO_2/N_2$电解和超级电容器等；发表近700篇同行评审论文，论文他引78000余次；编著28本专著，获16项美国及欧洲专利。2014—2022年连续9年入选全球高被引科学家，2020年入选中国材料界最强100人榜单和年度科学影响力排行榜，2021年入选由Elsevier旗下Mendeley data发布的终身科学影响力排行榜(1960—2019)。获上海市白玉兰奖、中国内燃机学会科学技术奖一等奖等。现为*Electrochemical Energy Reviews*主编、*Green Energy & Environment*副主编，主持国家重点研发计划项目课题和国家自然科学基金重大和面上项目等。

能源存储和转换中钠离子电池的研发进展

国轩高科第12届科技大会

国轩高科科技大会是该公司每年非常重要的会议之一，我每次参会感受皆有所不同，有幸见证了国轩高科的成长与进步。尤其在本次（第12届）大会，我深切感受到公司发展迅速，不但公司基础设施日益完善，而且公司年轻人也朝气蓬勃。因此，我期待，下一届科技大会能够迎来新一代电池，其性能可如同锂离子电池一般优异，更希望在将来能够早日实现电池能量密度达290 W·h/kg的目标。

本报告将分享能源存储和转换中钠离子电池的研发进展。主要涵盖：化石能源与新能源发展趋势，电化学能源技术，钠离子电池发展趋势，钠离子电池正极，钠离子电池负极，钠离子电池电解质，团队研究工作，总结与展望八个方面。

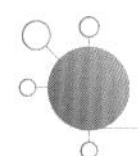

化石能源与新能源发展趋势

关于地球上的碳循环问题，涉及陆地、海洋以及空气。如图1所示，其中黄色数字为二氧化碳（CO_2）的年变化量，红色数字为来自人类的贡献量，而白色数字为碳储量。在工业革命之前，地球上的碳循环是相对均衡的。然而，在工业革命之后，人类大量使用化石燃料进行工业生产，导致每年向空气中排放亿吨级的二氧化碳。这种排放行为严重破坏了碳平衡，对人类的生存与发展构成巨大威胁。

全球碳循环不平衡主要源于化石能源消耗的碳排放，包括煤、原油和液化气、页岩油、天然沥青、重油和泥煤等。在工业方面，二氧化碳的排放主要源于建筑业、能源业、运输业等。据估算，人类活动导致的二氧化碳排放总量预计达430亿吨。在这些排放源中，汽油和柴油车所产生的环境污染问题相当显著。

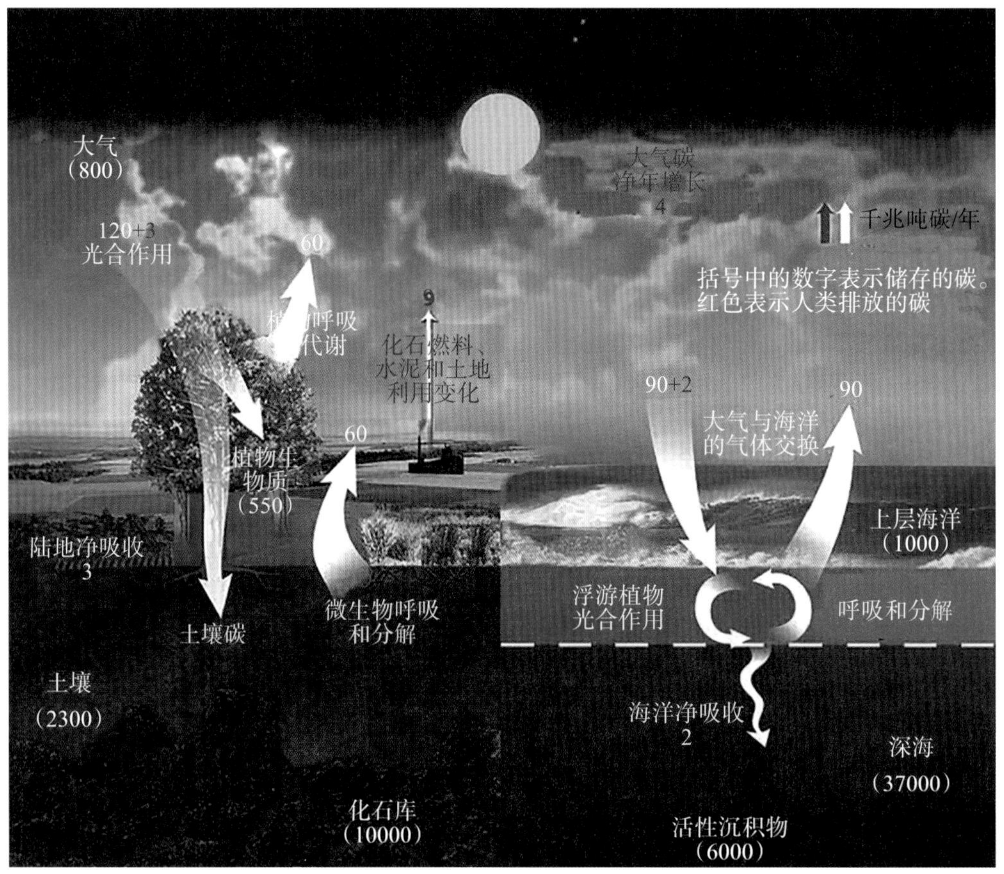

图1　地球上的碳循环①

目前，世界汽车保有量为18亿辆，其中中国汽车保有量为3亿多辆。汽车尾气所排放的CO_2、CO、NO_x、SO_x、VOC等充斥于大气中，对环境造成严重污染，从而对人类发展的可持续性构成威胁。其中，CO_2过量排放引发温室效应，导致极端恶劣天气频繁发生，由此带来一系列负面影响，如全球冰川融化、降雨降雪增加、暴雨与风暴加强、洪涝干旱等现象普遍存在，新鲜水源日益减少、沙漠化程度加深、疾病传播以及生态系统包括野生动植物发生变化等。

如今人类所依赖的能源类型分为化石能源和可再生能源。其中，可再生能源包括水力能、生物质能、太阳能、地热能、风能、潮汐能、海浪能、海洋热能等。这些能源不仅可再生，而且绝大部分属于清洁能源。然而，目前我们所使用的能源，90%来自化石能源，仅有10%来自可再生能源，且大部分还是生物质能。

① 引自：http://earthobservatory.nasa.gov/Features/CarbonCycle/。

可持续清洁能源的发展速度为何如此之慢？原因主要有四点：第一，可持续清洁能源可靠性不足，例如太阳能、风能与气候密切相关，太阳能在夜间无法发电，风能在无风时也不能发电，因此，这种能源的可靠性不足，即在需要的时候可能会突然停止供应。第二，运输和分配困难，例如远距离输送有限制。第三，并网困难，间歇性电力在过去被认为是垃圾电，但现在由于能源储存技术的发展，它可能具有很大的应用前景。然而，在间歇性电力平衡化之前，很难将其纳入电网。第四，成本高，例如能源的技术设施花费高。想要解决这些问题，研发高性价比、可靠便利的清洁能源储存与转化技术就显得尤为重要且势在必行。

储能技术一般包括机械储能（如抽水蓄能、压缩空气储能、飞轮储能等）、化学储能（如铅酸电池、液流电池、钠硫电池、锂离子电池等）、电气储能（如超导电磁储能、超级电容器储能等）等。以上技术各具优缺点，如飞轮储能（机械储存转换方式），且有高能量密度且轻便，但循环寿命低；压缩空气储能（机械储存转换方式），启动快，但对地质条件依赖性强；磁性超导体（电气储存转化方式），环境友好且效率高，但在应用方面有局限。

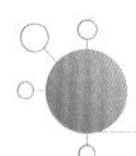

电化学能源技术

电化学能源技术是目前可行且有效的储存、转换清洁能源的方式之一，涵盖多种电池技术，包括钠/锂离子电池、金属空气电池、燃料电池、光电还原电池等。评估电化学电池主要有五项标准，即能量密度和功率密度越高越好、循环寿命越长越好、价格越低越好以及安全性能越强越好。因此，电化学电池必须满足以上五个指标才能实现实际应用或产业化。假如电池的能量密度非常高，但寿命短或安全性不高，那么其应用价值将大打折扣。同样地，如果价格过高，也会对市场竞争力造成影响。因此，我们需根据不同的应用场景来选择合适的电化学能量装置（表1）。

目前，我们将关注点放在钠离子电池上。钠离子电池的基本构造与其他电池相似，包括正极材料、电解液、集流体、添加剂及负极材料。目前，正极材料主要有三种：聚阴离子化合物、普鲁士蓝类化合物、层状氧化物。负极材料主要有四种：碳材料、钛基材料、有机材料、合金类材料。

表1　不同技术路线电池的主要参数

电化学能量装置	能量密度（W·h/kg）	功率密度（W/kg）	寿　命（循环次数）	价　格（美元/(kW·h)）
锂离子电池	100～250	250～340	400～1200	400～600
钠离子电池	100～150	150～300	1000～2500	
锂硫电池	350～600	～3000	<100	
铅酸电池	30～40	～180	500～800	100～200
镍氢电池	60～120	250～1000	500～1000	～500
氧化还原液流电池	10～20	～180	10000	～700(VRB)
锂空气电池	1000～3000	<50	<100	
锌空气电池	400～1400	<100	<100	
燃料电池	100～1000	40～200	3000 h(动态)；20000 h(静态)	～49
超级电容器/混合超级电容器	1～200	1000～10000	100000	1000～2000

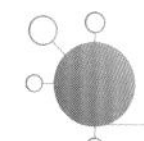

钠离子电池发展趋势

（一）发展钠离子电池的必要性

一方面，钠离子电池具备显著的资源优势。首先，钠元素在地壳中丰度为2.3%，远高于锂元素的0.0017%。其次，锂资源(150元/kg)的成本为钠资源(2元/kg)的70倍以上。此外，锂离子电池占锂资源消费的75%，而我国锂资源仅占全球7%，对外依存度超过70%，面临着“卡脖子”的风险。相比之下，钠资源丰富、成本低廉、性价比高。

另一方面，国家政策指导明确。其中，科技部关于《科技支撑碳达峰碳中和实施方案(2022—2030年)》，提出发展钠离子电池作为大型储能技术储备；国家能源局、科技部关于《“十四五”能源领域科技创新规划》，指出加快发展钠离子电池新一代储能技术；工信部等六部门联合发布《关于推动能源电子产业发展的指导意见》，提出到2025年产业技术创新将取得突破。能源电子产业有效支撑新能源大规模应用，成为推动能源革命的重要力量。

（二）钠离子电池的主要优势

（1）技术优势突出。首先，钠离子不与铝形成合金，因此负极可采用铝箔，从而成本降低8%左右，质量降低10%左右。其次，由于钠盐特性，允许使用低浓度电解液（同样浓度电解液，钠电解液的电导率高于锂电解液20%左右），进一步降低成本。另外，钠离子电池的能量密度大于100 W·h/kg，比铅酸电池高2～3倍。

（2）低温性能突出。首先，在-20 ℃低温环境中，钠离子电池拥有90%以上的放电保持率。其次，钠离子电池系统的集成效率可达80%以上。另外，钠离子电池的热稳定性超过国家强制性标准的安全要求。

（三）钠离子电池的主要应用场景及潜在市场空间

实际上，钠离子电池应用场景广阔。在储能领域尤其是大规模储能方面，钠离子电池具有广泛的应用前景，包括可再生能源接入、工业储能、基站储能、数据中心等。在动力领域，钠离子电池主要应用于低速交通工具，如低速电动汽车、两轮车、电动船舶、电动大巴等。此外，钠离子电池潜在市场规模巨大。据中国储能潜在替代空间测算，2027年钠离子电池市场规模可达341.7亿元。

（四）钠离子电池的产业化加速及产业化布局

20世纪70年代，针对钠离子电池的研究便开始了，随后众多国外大型企业进入，到2020年以后，国内企业才逐步加入。在快速发展前期（2023—2026年），钠离子电池将代替部分铅酸电池，用于启动/启停电池、HEV电池等。在快速发展中期（2026—2030年），钠离子电池将代替部分锰酸锂电池，用于电动两轮车、基站储能等。在快速发展后期（2030—2040年），钠离子电池将代替部分磷酸铁锂电池，用于电力储能等。

在全球范围内，钠离子电池公司主要分布在欧美发达国家，如美国、法国等，且发展迅速。我国在钠离子电池领域的发展也非常迅速。目前，国内布局钠离子电池的企业已超过百家，可大致分为两类：一类是专注于钠离子电池研发和生产的高新技术型企业，例如中科海钠、钠创新能源等；另一类是以宁德时代、亿纬锂能、欣旺达等为代表的锂离子电池龙头企业。然而，我国钠离子电池仍处于产业化初期阶段，技术上还有很大的提升空间。

钠离子电池正极

钠离子电池的正极材料体系主要包括钠过渡金属氧化物(Na_xTmO_2)材料、聚阴离子化合物以及普鲁士蓝类。其中，根据钠离子的配位环境，Na_xTmO_2主要分为P2和O3两种结构类型，其优缺点分别如下：

(1) P2结构中钠离子扩散通道宽。优点为空气稳定性好、倍率性能优异等；缺点则为可逆容量差、能量密度低、相变复杂等。

(2) O3结构中钠离子扩散通道窄。优点为可逆容量高、全电池易于匹配等；缺点则为倍率性能差、空气稳定性差、相变复杂等。

聚阴离子类正极材料的优点为成本低廉、倍率性能优异及安全性好；缺点则为电子导电性差、相对分子质量大，导致能量密度较低，铁基类材料低温性能差等。

普鲁士蓝类正极材料的优点为具有三维钠离子扩散通道且成本低廉，同时能量密度可达160 W·h/kg；缺点则为电子导电性差、空气稳定性差且材料有潜在毒性，会导致循环稳定性差，造成环境污染。

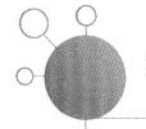

钠离子电池负极

钠离子电池的负极材料可分为四大类：一是插入型的材料，包括碳材料和钛基材料；二是转换型材料，包括氧化物、硫化物、硒化物、磷化物和MOFs基材料；三是合金材料，包括Si、G、Sn、Pb、P、Sb和Bi；四是有机材料。其中，我们特别关注硬碳材料，这是目前钠离子电池研究中广泛采用的一种负极材料，也被公认为一种真正可行的选择。碳材料按照石墨化难易程度分为石墨碳、软碳和硬碳。而硬碳因其较大的层间距和较多的孔隙和缺陷，更有利于钠离子吸附和嵌入。因此，硬碳是钠离子电池负极材料商业化的首选，具有低成本、低电压平台、优良的稳定性等优点。然而，硬碳也存在一些缺点，如倍率差且低温无法使用。因传统的改性方法仍无法解决这些问题，所以需要寻找新方法改进硬碳性能。

钠离子电池电解质

电解质主要分为两种，一种是传统的电解质体系，另一种则是新型的电解质体系。由于电解液产业布局在不断升级，这两种电解质均需进一步改进与完善。例如，体系多样化，涵盖水系、有机液体及固态电解质等多种类型，均可用于钠离子电池的电解质制备。在钠离子电池电解液的发展过程中，存在三个问题：电解液的氧化分解、不稳定的SEI/CEI持续生成以及电极材料结构的破坏。而解决问题的核心在于优化电解液本身，以及调控电解液和电极材料的界面。因此，我们可从电解液用量、电解液状态、界面表征以及溶剂化结构四个方面进行深入研究，从而寻找解决问题的有效途径。

团队研究工作

我们团队通过发展表界面纳米结构，从局域电子结构研究至体相介观结构，旨在解决电荷传输动力学缓慢、电池性能不稳定、低温性能不足预期等关键科学问题。为此，我们提出了三个解决方案：一是调控电极材料表界面结构；二是探究正极材料介观与局域结构；三是探索负极材料介观与局域结构。关于高功率电化学储能材料的多尺度结构设计，我们主要从三个方面入手：一是在纳米尺度上进行电极与电解液界面调控；二是在介观尺度上进行短程有序结构调控；三是在原子尺度上进行电荷与自旋调控。

首先，关于层状氧化物正极材料的优势与劣势，其优势主要表现在比容量高、易于制备和环境友好等方面。然而，我们也面临着一些科学问题有待探究，例如脱嵌过程中过渡金属离子溶解、界面与体相之间钠离子传输缓慢，以及电解液溶剂分子与H_2O嵌入等。因此，在实际应用中需解决电池寿命衰减、倍率与低温性能受限，以及层状结构发生衰变等问题。我们通过研发电池正极与电解液界面调控、表观结构调控、化学元素的掺杂、表面包覆以及复合结构设计，改善钠离子传输动力学，抑制不可逆相变，并提升电池宽温区性能。

在层状氧化物正极材料领域，我们团队取得了三个方面的进展：第一，混相合并晶格调控，我们使用稀土La掺杂合并钙钛矿表面的包覆，让氧空位捕获晶体氧降低氧损失，从而实现20 C高倍率储钠。另外，我们还利用非电化学活性过渡金属Mg掺杂以及P2+T相复合结构协同效应，实现高容量储钠。第二，Nb掺杂表面预重构，我们使用Nb掺杂形成表面富Nb贫Na重构层，从而阻止过渡金属溶解和水分子进入。而表面重构后，材料会形成超薄CEI膜，进而提高循环稳定性、低温和倍率性能。第三，电化学性能，无论是半电池还是全电池，性能都得到了显著提升。其中，半电池常温下比容量为96.6 mA·h/g，倍率可达50 C。在低温性能方面，在−40 ℃下仍能保持94.5 mA·h/g的容量。在室温下，容量保持率达到98%。稳定性表现良好，在−40 ℃和1800次循环后，保持率为76%。而全电池能量密度可达202 W·h/kg，常温下倍率可达20 C，功率密度可达7.75 kW/kg。

其次，针对硬碳负极材料的研究方面主要涉及提高倍率性能和低温性能：第一，体相调控，我们利用金属离子限域催化调控硬碳的微结构和电子结构，增强硬碳材料的导电性。同时，通过调控碳元素的P带中心，提高硬碳全电压区域钠离子扩散动力学。只有适当的P带中心的碳原子，才能平衡钠离子吸附热力学和扩散动力学。第二，硬碳体相微结构、电子结构及表界面调控，我们通过限域催化、碳P带中心、电场及界面调控等手段有效降低了钠离子扩散能垒。电场及界面调控不仅实现了硬碳超高倍率性能，更可在极端条件下得以应用。第三，沥青-树脂衍生的软、硬碳复合材料实现了高倍率和高稳定的钠离子储存性能。我们利用低成本、高产率的沥青复合具有优异电化学性能的树脂材料，实现了低成本与高性能的平衡。因此，沥青衍生复合碳材料具有商业化应用前景。

最后，总结过渡金属磷化物与氧化物负极材料的研究进展。在此方面，我们着重于界面调控，充分运用界面工程构建分子尺度共价杂化体系，以实现倍率性能、容量和循环稳定性的提升。此外，利用异质结构的界面效应，增大带隙，促进界面电子的传输，同时降低离子扩散系数。

总结与展望

由于化石燃料能源的获取不具有可持续性，并且对环境造成污染，因此利用可持续清洁能源和相应的储能技术势在必行。在大规模储能应用领域，发展资源丰富的钠离子电池具备必要性和可行性。目前，电池开发的研究重点仍然是提高钠离子电池的能量密度、功率密度、循环寿命和安全性，而探索低成本的高性能电极和电解质材料则是关键因素之一。

我们团队通过对钠离子电池电极材料的两相复合、晶格调控、掺杂、介观尺度调控等手段改善了电池的倍率和低温性能。其中，正极材料的室温倍率高达50 C，-40 ℃下1800次循环后容量保持率为98%。而硬碳负极材料倍率高达117 C，比容量达501 mA·h/g，低温下(-40 ℃)比容量仍达426 mA·h/g。

孙耀杰

复旦大学教授

复旦大学博士生导师，复旦大学无锡研究院副院长、新农村发展研究院副院长，首届由科技部发起的国家现代农业光伏产业协同创新战略联盟执行主席，中国电源学会常务理事，上海联合非常规能源研究中心理事。

在电气工程及其自动化领域，主要从事能源大数据和电力电子控制方面的研究工作，承担国家自然科学基金项目1项，主持国家科技部、江苏省科委和经信委、上海科委、上海教委资助的光伏发电与并网关键技术研究的重点项目6项。获江苏省和上海市科技进步奖二等奖2项，获江西省和国网公司科技进步奖2项。在电子技术领域，主要从事物联网大数据和智能控制方面的研究工作，曾承担国家自然科学基金项目1项，国家大飞机重大专项项目4项，国家“863项目”2项，国家“973项目”1项；在现代农业与光伏发电工程相结合的工程技术领域，负责中节能长兴70兆瓦光伏智慧农业综合示范项目、张家口亿利资源集团农业光伏综合扶贫示范项目等大型工程示范项目的设计规划和技术服务工作。

碳中和与能源数字化的结合

国轩高科第12届科技大会

当前，人类正处于科学与技术变革的时代，聚焦数字化和能源结合的创新变革，探索如何在这条道路上寻求发展，是实现“碳中和”目标过程中的一个重要命题，其中电动化和电气化扮演着重要角色。

随着“碳中和”上升到全球战略高度，汽车产业作为全球碳排放排名前二的行业，能源革命与汽车产业全面电动化，势在必行。从世界资源研究所报告的产业发展用能数据看(图1)，电力用能和交通用能占比很大，是减少碳排放非常有效的两个要素。如果从这两个要素入手，或许我们能够有效地将“碳中和”、生活改善和产业进步三者结合起来。

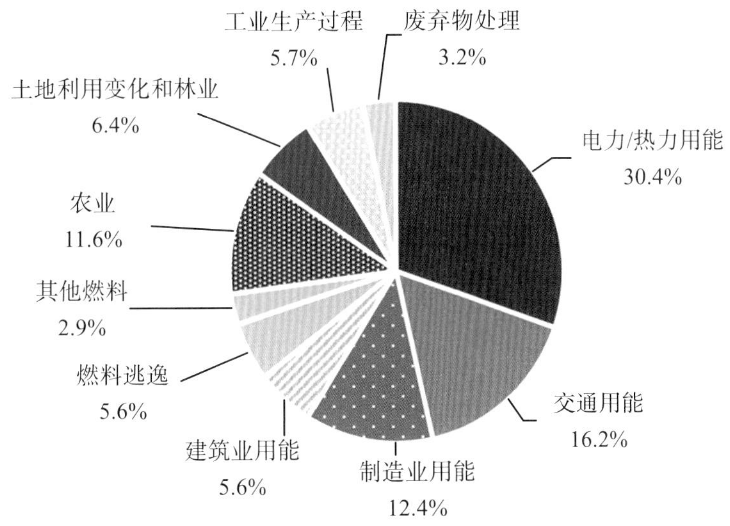

图1　产业发展用能统计数据

能源电力的再电气化、去中心化和数字化

在能源电力发展过程中，再电气化、去中心化和数字化是核心。在国家基金委发布的《国家自然科学基金“十四五”发展规划》公布的“十四五”优先发展领域——新一代能源电力系统基础研究中，可以看到这一发展趋势，需要解决的问题包括体系架构及系统安全稳定问题作用机理，多种能源系统的互联耦合方式，供需互动用电、能源电力与信息系统的交互机制，系统运行机制与能源电力市场理论，网络综合规划理论与方法等。

首先看再电气化，其涉及电动汽车、智能充电、热泵等关键技术，对实现长期碳减排目标而言十分关键，并将契合分布式能源。再电气化涉及燃油车转变为电动汽车以及化石能源转变为可再生能源的过程，与之相伴的是可再生能源的大幅度增长，以及储能技术的快速发展。近两年统计数据显示，可再生能源的发展斜率为“1”时，储能发展斜率达到了“3”。储能已经实现了能源的“时空转移”，可以将能源从一个地方转移到另一个地方，也可以白天储存能源，晚上使用能源。能源的时空转移通过可再生能源和储能的结合带来了一个重要变化，即能源的就地平衡。

电力电子装备、间歇可再生能源、电动汽车、负荷预测等将导致能源供给与消费本质变革。如果在家庭屋顶安装光伏发电系统，配备家用储能设备，并使用电动汽车，我们就可以建立一个小型的自我供给、自我消纳的循环系统。如此一来，大电网的作用将逐渐减弱，这即是去中心化。一些发达国家虽然在新能源和储能领域发展蓬勃，但其电网发展相对缓慢；相较而言，我国大电网在全球范围内实力非常强，但是实际上还存在一个问题：西部地区多为沙漠，要将能源输送过去，需要使用特高压直流电或交流电，成本相对较高。在这种情况下，区域化和去中心化实际上变成了分布式储能、可再生能源发展以及电动汽车发展的内在动力。同时，去中心化通过显著协调需求，让消费者成为电网中积极的一环。

能源就地平衡再加上弹性大电网，就形成了一个调节器。其显著特点在于弹性和分散，这些特点预示着未来电力设备和生活电子设备的发展，包括可再生能源和电动汽车等将呈现出相当可观的数量。例如，电动汽车可以连接智能设备，接受电网的调度指令，去中心化就变成了一个形态，这一形态伴随的另一个现象就是海量的设备。例如，100～200 kW·h的电储能包占地面积1～2 m^2，分散在各处。如果我们用100 kW·h的电储能柜来储存云端控制的1000000 kW·h电，可能需要10000个

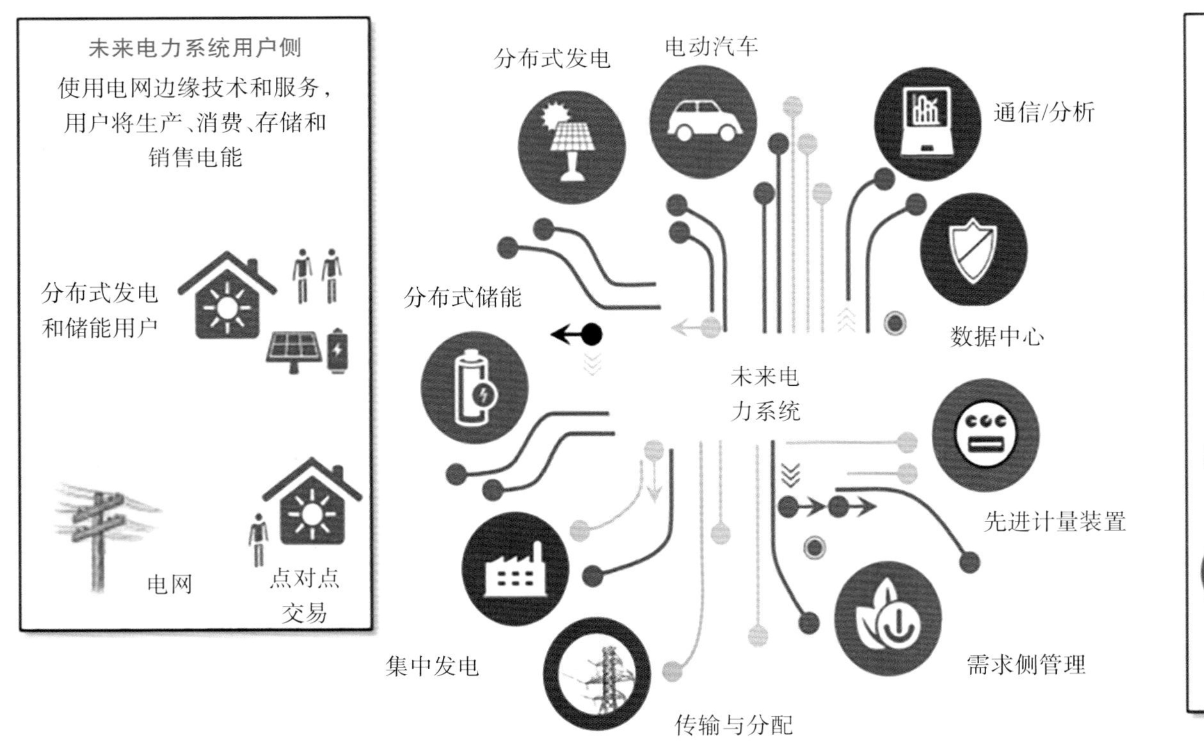

图2　新一代能源电力系统①

① 来源：https://energycentral.com/c/gr/digital-transformation-grid-edge。

储能柜，而1000000 kW·h电相当于上海一天用电量的1/8，由此可以想象全国的电力设备数量之庞大。

在去中心化带来的产业变革下，能源电力的数字化也诞生了。用集散式或集中式的层级架构控制海量的设备是非常困难的，通过高效灵活的智能大脑来实现这一目标也是相当具有挑战性的。因此，数字化成为实现这一目标的一种手段，也是能源电力数字化诞生的根源。通过数字化技术，电力系统内的交流和操作可以实现开放、实时、自动化。如今，数字化已经成为支撑电气化和去中心化的工具之一（图2）。

在服务能源电力发展的过程中，我们始终坚持从实践中来到实践中去。我们团队联合了高等院校、央企平台和认证检测机构，依托各单位的资源、人才、研发和产业实力，聚焦变革性智能技术在综合能源智慧化产业中的工程化应用，从实践中探索解决问题的途径，希望助力综合能源系统在人工智能产业领域的发展。我们试图从电池数字化的方式和数字孪生的概念出发，形成从深度学习到信息材料学再到跨学科电化学的链条，以解决电池的测试、诊断和智能运维等问题。我们建立的数字孪生电池模型（图3）在继承实际电池信息的基础上，具备随时开展额外虚拟化实验室标准测试的能力，并且能够构建更为广阔的、更为发散的运行数据，以反向迭代孪生模型，使其更精确、可靠。

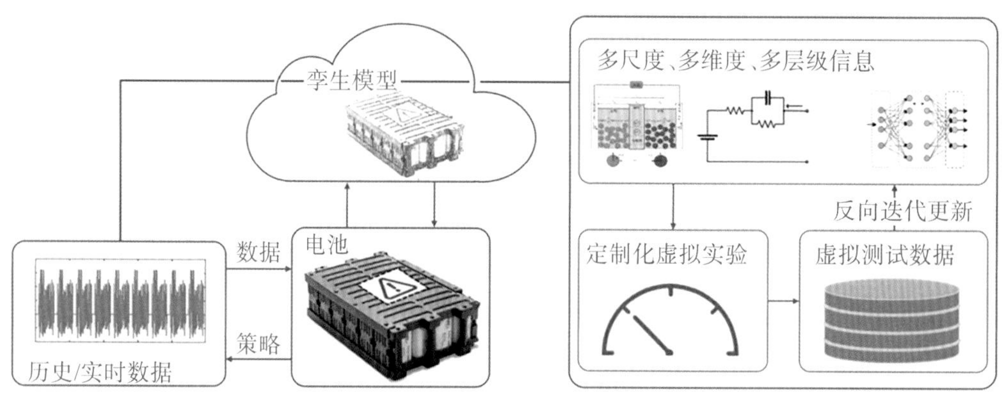

图3　数字孪生电池模型

数字驱动的能源系统发展

“碳中和”变革中的关键障碍是社会与产业转型、技术发展等方面存在演进路径的不确定性和成本高等风险，探索能源系统的颠覆性变革技术以及利用数据等新的关键生产要素实施能源数字化或是重要途径（图4）。

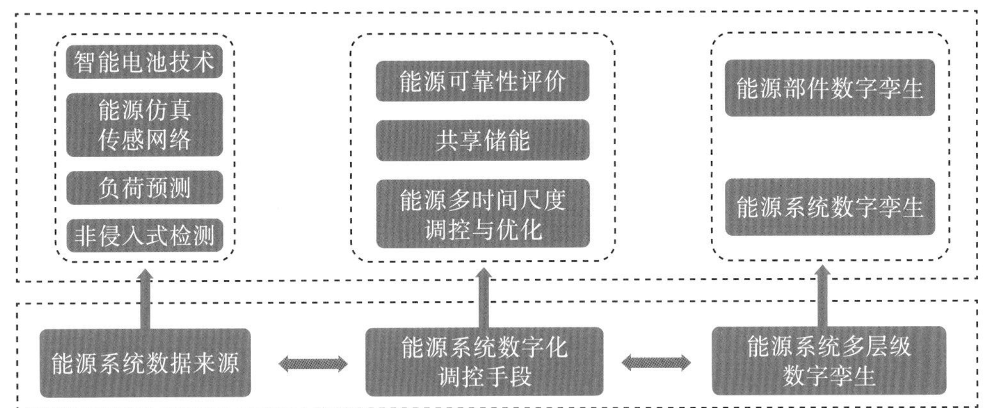

图4　能源系统数字化

从智能电池技术、共享储能、能源仿真传感网络、负荷预测以及其他能源部件的数据化系统开始对接，与能源系统工程实践相切入，我们就能获得优秀的数据来源。当然，获取数据的方法非常常见，主要是从系统中获取，尤其要从一线系统中获取。现在的数据获取都来源于内部，因为电站或其他机构未必开放数据。

借助海量历史运行数据和云端算力提供精细化建模能力，我们能够提供更为精细化的建模能力。并且，我们正在探索将一些原始数据转化为通用特征，并结合迁移学习等方式训练新模型。例如，我们在很多用户储能数据中发现了电池的差异，将电池回收进行拆解分析时，确实发现产生这种差异的原因是生产过程中不小心划伤导致的漏液，即使漏液非常微弱，也会导致后续电池产品存在性能差异。这说明虽然我们从数字模型中反推的信息可能还比较表面，但已经取得了有效的结果。这就是"实时数据→数字模型→状态感知"的被动感知和主动感知的融合。基于实测数据构建时频域数字模型的主、被动结合式多状态实时感知，可以为能源系统提供可测量外的内部状态数据。

我们总是希望通过AI或数学模型建立一个较为完善的模型，用来初步描绘电池的结构性能变化及其影响因素。比如导弹模型，需要使用很多动态模型来模拟整个过程，既有工程实践经验，也有一些例如深度学习神经网络的拟合方法，意味着这是一个多层次的迭代过程。聚焦电池，从电学角度来看，最简单的方式就是在不打开电池的情况下，通过外部技术解读其内部结构变化。

在电池特征数字化与建模过程中，我们也试图利用外部手段解读电池内部结构，包括使用冷冻电镜进行一些原位诊断工作，但目前还处于初级阶段。例如，我们通过电化学阻抗谱描述内生压力，并基于对压力和阻抗的综合检测实现对电池性能的监测。在内生压力方面，监测包括锂嵌入/脱嵌导致的可逆变化和SEI膜生长、镀锂及副反应等导致的不可逆变化；在电化学变化方面，在内生压力影响下，电池内部液相的离子迁移、固相的电子迁移、固-液相间的电荷转移和活性材料的离子扩散也发生变化，并可通过电化学阻抗谱描述；在电池性能方面，我们通过对电池压力和电化学阻抗谱（简称EIS）的检测，监测电池的性能以及对电池寿命进行预测。

数据驱动的电池安全技术也是值得关注的话题。宽温域下的电池数字化建模技术，增加温度场感知数据量的同时，能够提升极端温度地区的电池使用可靠性。近期，我们主要关注一些极端地区的温度，比如高寒和高热地区，试图解读温度场热失效的过程，以及边界情况和传递链崩塌对周边的影响（图5）。目前，我们只能采取隔热和散热的方法来应对，同时我们也试图通过诊断和建模的方式进行一些单体和电池组之间的相互影响机制研究。

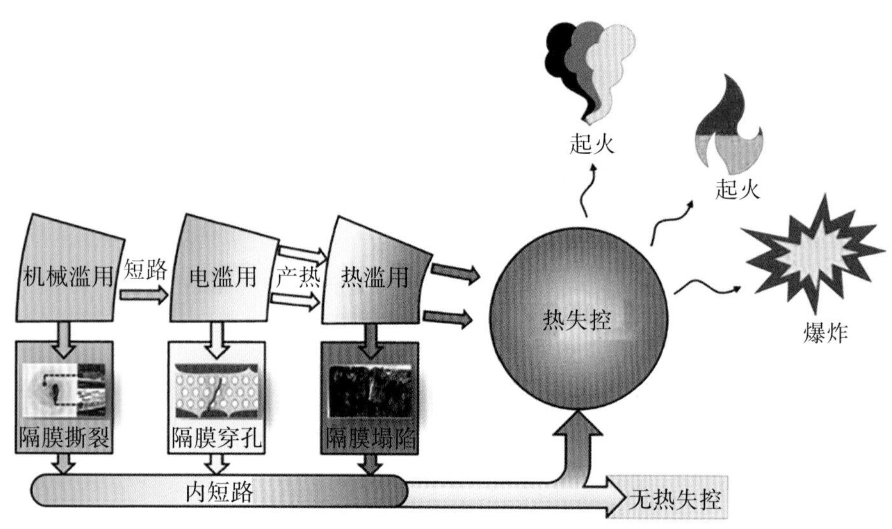

图5　电池热失控的过程

然而，目前的视角相对比较宏观。实际上，无论面对怎样不同的微观边界情况，都要采取相应的手段。目前，国内可能提出一个电池簇或一个电池包都要做一个消防系统，这是否具有合理性和有效性？当消防系统触发时，在一个电池簇或一个电池包的预警是否有效？还存在很多疑问。例如，对于BMS来说，温度、电流和电压是主要的检测指标，但这三个检测指标不一定能够完全抓取到它的变化趋势和过程；其次，BMS本质上也是一个印制电路板（简称PCB板），它也会有失效的过程。电阻在失效概率中有三种作用状态，分别是漂移、开路和短路，即使我们从外部做了很多工作，一旦电阻失效出现，我们对电池内部的情况就一无所知，无法准确判断是哪一种状态。在这种有盲区的情况下，我们可以利用模型对其进行诊断。当然也可以使用功能安全架构，但实际上一些研究发现功能安全架构也不尽完善。

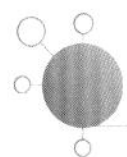

能源系统数字化调控手段

数字化和低碳手段可以解决一些困难的问题，但实现数字化的综合能源并不是简单的事情，它涉及基于信息物理系统（简称CPS）的新型架构、AI负荷预测、数字化共享储能方案等能源系统数字化调控手段。

数字化的综合能源基于CPS信息物理系统与数字孪生，辅以大数据与AI技术，能够提升能源使用效率，从而对各种状况即时作出预警与响应，并动态检测能源活动中的碳排放。数字化的综合能源投入成本非常高，因为需要铺设数据层、链路层，并安装许多辅助设备。其主要的价值是可以通过需求响应、实时监测、用能优化、预测控制来应对外部灾害，也可以应对过量用电，从而收回原始投资。

是否能够通过数字孪生进行预判和预解决，这是我们目前非常关注的事情。将人的行为特征刻画和符合预测的表征结合起来，可能会得到一个比较好的解决方案。这就要用到AI负荷预测，即结合基于AI的高精度负荷值预测模型，以及基于统计学分析的用户用能行为——负荷波动数学映射模型，面向未来实际应用需求，构建负荷区间预测模型，进一步实现高性能的负荷预测模型构建。

各地都在推行的数字化共享储能也是热门话题，但同样面临很大的困难。数字化共享储能以“共享储能”为核心，在多微网间进行能量共享，通过共享储能与微网联盟，建立微网和微网之间的双层级能量共享机制。数字化共享储能使用混合博弈（主从博弈-合作博弈）对其建模，求解得到相应的调度策略，最终实现主体间供需互动用电，有助于降低能源成本和碳排放量（图6）。目前，实际开展的数字化共享储能项目不多，这在很大程度上是因为较高的边际成本。目前也有途径解决成本问题，例如政府企业和用户共同打造更优的经济边界效应。

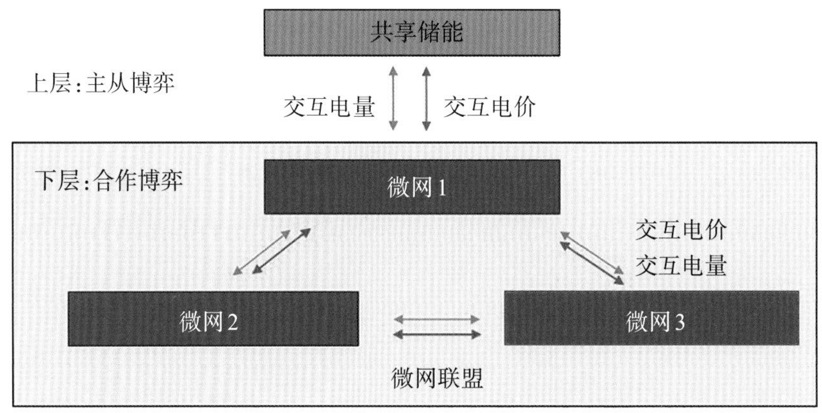

图6 数字化共享储能

从实现低碳、数字化运维、全生命周期循环的角度来看，在宏观时间尺度上，我们也许能够做更多的事情。例如，储能调控的数字化，储能策略包括了长时间尺度的削峰填谷、容量备用，中时间尺度的功率平抑和二次调频、调压，以及短时间尺度的一次调频和电能质量治理。通过储能多种功能复用技术的研究，可以解决在不同时间尺度下的功能共用问题，提高储能的收益率。例如，在我们团队承接的国家重点研发计划项目中，我们对河北雄安新区容东片区或整个新区用户用电负荷进行预测分析，均匀匹配源荷电力，支撑电网源荷调度；通过分析居民需求弹性规律，更准确地建立居民负荷需求响应模型，可以进一步实现电价激励和节能优化。从仿真结果看，精准预测模型可有效降低发电成本，保障电网稳定运行，提高经济效益和社会效益。

由此可见，掌握更加精细化的负荷预测，挖掘新型电力系统架构下系统整体的互动关系，寻找形成新型架构负荷预测方法框架是非常重要的。基于此，在新型电力系统的投入方面，更多是数字化软件的需求，与固定资产的投入相比较，我认为数字化投入更具有价值。

如今，在综合能源体系下，应形成多时间尺度的数字化。在考虑碳排放的前提下，针对日前、日内、实时运行阶段进行运行计划定制化调整，甚至更注重微观特征和储能瞬间特征的研究。如果能够实现这些目标，一些大规模调控，比如稳定性和电网数字化就会有较好的发展。实际上，电力供需平衡的问题可以通过一些数据化手段和云端调控来解决。削峰填谷、功率平抑、调频等灵活多变的控制策略也是一个时间尺度的问题，需要利用不同时间尺度和数字化集成。看似简单，但是如果上游有几十万台甚至几百万台电力设备，这就不是一件简单的事情了。然而，只有这样，才能实现所谓的去中心化和电力供需平衡。

我们能否为每个用户行为和电力设备打上一个AI标签？当然这个AI标签不是数字标签，而是运行特征的标签。未来，我们可以采用非侵入式、非感知的方式进行监测，有效减少监测点，降低人力成本和工程成本。当然，也可以利用非侵入式负荷检测方案进行负荷分解，当接近安全容量时自动报警，最大程度地发掘隐蔽性用电。最后，非侵入式负荷检测方案也可以保障用电安全，精确识别大功率电器，触发断电装置，避免引发火灾；及时发现家庭故障电器，消除能源漏洞和火灾隐患。

曾少军

全国工商联新能源商会秘书长

“中国碳中和50人论坛”创始成员，清华大学明德启航导师，中国科学院大学特聘教授，贵州大学客座教授，国家层面第三方监督评估机制特聘专家，世界银行中国能源项目专家组组长。曾任国务院台湾事务办公室干部、商务部中国国际电子商务中心办公室总经理、华睿新能源研究院执行院长、国家发改委中国国际经济交流中心研究员、联合国气候变化大会中国工商界首席谈判代表等职。

长期从事资源与环境，特别是生态文明、循环经济、低碳经济、绿色发展、新能源和应对气候变化的公共政策和国家战略研究，主持和参加国家部委级重大科研课题60余项，获国家发改委、国家能源局优秀学术成果一、二、三等奖10余项。出版《碳减排：中国经验》《国家智库：中国能源与环境策略》《中国能源生产与消费革命研究》等专著，发表SCI、SSCI、CSSCI内、外核心期刊文章100余篇，担任*Energy Policy*、*Climate Policy*等多个国际高水平学术期刊审稿人。

中国新能源配储的进展与展望

国轩高科第12届科技大会

作为一名从事软科学研究、产业经济研究和公共政策研究的学者，我在与众多科学家和技术人员交流的过程中形成了一种共识：国轩高科作为一家新能源企业能够连续十二年成功举办如此大规模的科技大会，并吸引业内诸多位院士参加，充分展现了其对创新的重视和履行社会责任的担当，也证明了其具备强大的科技发展潜力。今天在这样热闹的场合，我将与大家一起探讨中国新能源配储的发展。我将从中国新能源配储的背景、进展、挑战，以及完善新能源配储的技术路径选择和公共政策建议等方面展开，希望能够为推动我国新能源产业的发展贡献一份力量。

新能源配储的背景

随着全球可再生能源逐渐成为主导能源，新能源将成为能源领域的"主力军"。我国新能源产业也正以显著的增长速度发展，其装机容量已超过一些传统的化石能源，累计装机占比由2015年的11.4%提高至2022年的47.3%。新能源已发展成为中国电力新增装机的主体。据统计，2022年可再生能源新增装机容量达1.52×10^{8} kW，占全国新增发电装机容量的76.2%，其中风电、光伏发电新增装机容量突破1.2×10^{8} kW。同时，风电与光伏年发电量首次突破1.0×10^{8} kW·h，以风电及光伏为代表的可再生能源在保障能源供应方面发挥的作用越来越明显。

在国际舞台上，我国新能源产业同样表现出色。2022年便实现了三项全球第一的佳绩：新能源新增装机容量全球第一、新能源新增投资全球第一、光伏总装机容量全球第一。可以说，中国新能源是继高铁之后又一张国家名片。

然而，随着新能源产业的快速发展，如何解决其波动性和不稳定性问题已成为一个重要挑战。为了应对这一挑战，确保新能源稳定可靠地供应电力，我们需要对新能源配储。储能作为重要的灵活性调节资源，对新型电力系统的建设具有不可替代的作用。大力推进以新能源为主体的新型电力系统，储能在电源侧、电网侧、用户侧三大场景中均能发挥重要作用。对于电源侧，储能技术能够起到平滑新能源波动、削峰填谷、提高新能源消纳等多重作用，为新能源的可持续发展提供有力保障；对于电网侧，储能技术不仅对电网的电力传输与安全具有重要作用，还能够减缓电网阻塞、提供备用和黑启动等功能，确保电网的稳定性和可靠性；对于用户侧，储能装机能够大幅提升负荷侧的自我平衡能力和响应能力，实现电力供需的动态平衡，满足用户多样化的用电需求。

近年来，在政策驱动下，储能发展迅速。据统计，全国有近30个省市出台了“十四五”新型储能规划或新能源配置储能相关文件，为新型储能的高装机“托底”，电源侧配备储能已成为各省市重点支持的方向。多地还将配建储能电站作为新能源建设的前置条件，并对储能配置规模、时长等因素提出了明确要求，如按照新能源项目装机容量的10%～20%配套储能，以及1～4 h不等的连续储能时长。

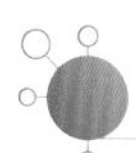

新能源配储的进展与挑战

从区域分布看，根据相关统计，新能源配储的电网侧储能以独立储能为主，主要分布在山东、湖南、宁夏、青海、河北等地，累计装机容量占独立储能总量的74.29%。电源侧新能源配储则主要分布在山东、内蒙古、西藏、新疆、青海等地，累计装机总容量约占新能源配储总装机容量的68%。用户侧储能则以工商业配置为主，主要分布在江苏、广东、浙江等工商业大省，累计装机容量占工商业总装机容量的81.67%。

从应用场景分布情况看，电力储能市场中，除抽水蓄能，主要以新型储能为主，而新型储能又以电化学储能为主（图1）。截至2022年底，已投运的电化学储能电站累计装机量为6.8 GW·h，主要分布在电源侧，占比接近一半。同时，电源侧储能以新能源配储为主，受各省新能源配储政策的影响，近年来新能源配储比例持续提高。

从运行情况看，根据中国电力企业联合会的统计，各应用场景储能实际运行情况与设计日充放电策略均差异较大，其中火电配储可以实现平均每日一次完整充放电。而用户侧储能运行较为充分，电网侧独立储能运行情况与电网侧储能平均水平基本一致，新能源配储利用率较低（图2）。

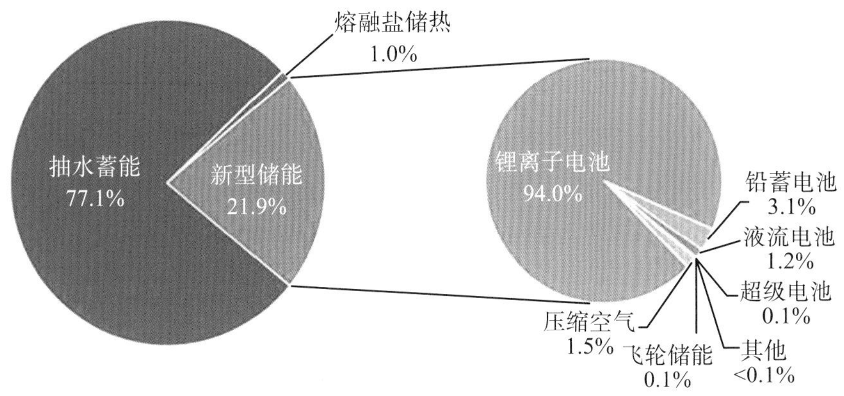

图1　中国电力储能市场累计装机规模(2000—2022年)[①]

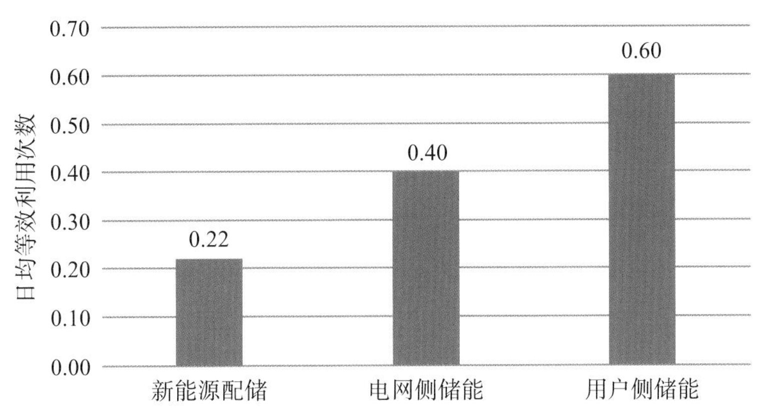

注：日均等效利用次数=统计期间充放电量之和/(额定能量×2)，日均等效利用次数为1，则电站按照额定能量完成1次完整的充放电。

图2　2022年各应用场景下日均等效利用次数[②]

为了解决新能源的波动性和不稳定性问题而采取的新能源强制配储措施，在实际操作过程中遇到了一些挑战和困难：

第一，强制配储的合理性存疑。新型储能种类繁多、功用不一、技术成熟度和经济性差异大。多地采用"一刀切"式的强制储能配置标准，将配储作为新能源建设的前置条件，鼓励引导变成了强制配储，但如何配、怎么配缺乏市场考量。

第二，新能源配储利用率低。新能源配储等效利用系数仅为6.1%，火力储电、电网侧和用户侧配储日利用小时数分别为新能源配储利用小时数的2.5倍、2.4倍、4.6倍。由此可知，新能源配储实际运行效果不佳。

① 数据来源：CNESA全球储能项目库。

② 数据来源：中国电力企业联合会统计数据。

第三，新能源强制配储经济性不显著。新型储能成本高于火电灵活性改造、抽水蓄能等技术，新能源配储投资成本无法满足收益率要求，投资回报机制模糊，整个强制配储的投资回报率并不高，导致资本市场参与此类项目的积极性较低。为应对强制配储要求，储能企业通常会寻求最低成本的方法，而配储成本的下降也导致部分电站开发企业更加追求低廉的价格，而非关注储能系统的品质和耐用性，这可能导致选择的储能技术并非最佳。在任何情况下，安全和成本之间都需要保持一定的平衡。若这种平衡被打破，市场将陷入混乱，储能企业可能会生产一些假冒伪劣产品，造成廉价低质储能泛滥，安全隐患增加，调度可用性差。这不仅无法获得良好的市场回报，还可能引发消费者的不满和不信任，影响行业健康发展。

第四，政策外溢效果严重。一些地区将新能源强制配储政策外溢到地方的投资政策，强制要求新能源配备实体产业投资，导致地方产能布局不合理、产能浪费等。

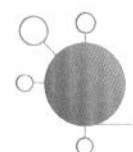

完善新能源配储的技术路径选择

面对以上挑战，我们在技术经济领域该如何优选新能源配储的技术路径？有三个方面值得关注：

首先，推动储能技术研发、示范与标准制定协同发展。一方面，我们应加快全产业链标准制定工作，提升新型储能相关国家标准、行业标准、团体标准的建设力度，实现标准引领、降本增效。标准的重要性毋庸置疑。在国内市场，我们可以依照团体标准、地方标准、行业标准和国家标准进行运作（图3）。然而，当我们想要拓展国际市场时，这些标准显然是不够的，需要开展更多合作，共同推进标准国际化。以某个大型光伏企业为例，2022年春节期间，他们的船只在美国离岸市场停留了一个多月，损失超过10亿元，这正是因为其他国家采用了行业组织的一项可持续标准来抵制他们。因此，要走向国际，我们需要关注团体标准。再如，瑞士一个小镇的五星级酒店自行制定的一个标准，在得到了国际认可后，成为团体标准。另一方面，我们应持续推进技术创新迭代，大力支持储能关键核心技术的创新与突破，尤其是不断创新储能电池技术，提高储能效率、延长系统寿命等，以技术进步推动储能成本的降低。

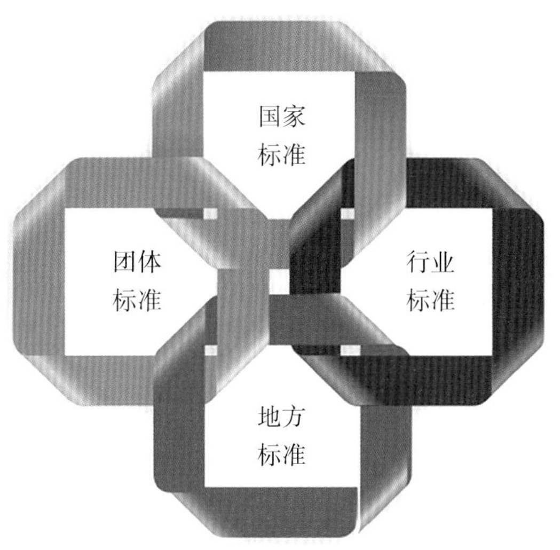

图3　全产业链标准

其次，倡导新型储能多元化发展，集中式和分布式储能并举。在新型储能多元发展方面，我们要借鉴抽水蓄能模式，逐步扩大独立储能和共享储能的比例；同时，推动电化学储能、热储能、氢储能、机械储能、电磁储能等各类储能形式的发展，以支撑多能互补能源体系的建设。在电网侧，需要合理布局新型储能，着力提升电网调节能力、综合效率以及安全保障能力。在电源侧，需要大力推进储能回归新能源电站，鼓励新能源电站因地制宜配置新型储能，进一步推广光热发电熔盐储能技术。在用户侧，需要探索储能融合发展的新场景，拓展新型储能应用领域和应用模式，以支撑分布式供能系统建设，提升用户的灵活调节能力和智能高效用电水平。

最后，挖掘已有电力资源的储能潜力，加快风、光、水储互补开发利用。在扩容方面，需要充分利用多种能源的互补特性，提升风能、光能在互补系统中的比例，以最大化清洁能源替代容量效应。在增效方面，需要充分利用现代信息技术，实现互补系统"预报、调度、控制"的智慧化，减少多重不确定扰动导致的效能损失。在提质方面，需要充分利用好不同类型的储能，进一步提升互补系统电力外送的质量，将风光波动性电能经过互补后变为优质电能，促进清洁能源消纳(图4)。

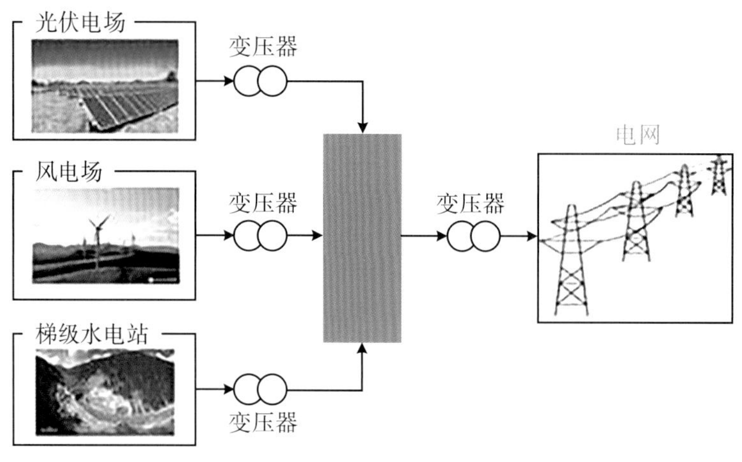

图4　风、光、水储互补开发利用

优化促进中国新能源配储的公共政策

为进一步促进我国新能源配储发展，在公共政策方面我们也需要做出努力，主要包括五个方面：

一是因地制宜配置储能规模和形式。我们需结合地方新能源消纳、资源特性、网架结构、负荷特性、电网安全、电源结构等因素，并综合煤电灵活性改造、抽水蓄能建设、电网调节能力提升等实际情况，具体分析各地系统调频、调峰需求，合理确定新能源配置储能的规模和形式，避免资源浪费。

二是健全新型储能电站参与电力市场规则。我们需加强针对电源侧储能的并网管理，参照常规电源接入管理办法，纳入相应调度机构管理，实现可观、可测、可控。同时，鼓励发电企业合理配置储能并参与电力市场交易，而电网企业则做好接网服务。

三是完善新型储能参与电能量市场、辅助服务市场等机制。我们需通过价格信号激励市场主体自发配置储能资源，引导社会资本参与新型储能建设。

四是出台新型储能容量电价政策。我们需按照“谁受益，谁分担”的原则承担相应的容量成本，理顺各类灵活性电源电价机制，并出台容量价格政策。此外，我们需尽快完善新型储能商业模式，促进新型储能、灵活性煤电、抽水蓄能等各类灵活性资源合理竞争。

五是大力坚持开放的国际合作。我们需加快推动国际电力互联互通，围绕新型储能、抽水蓄能等领域开展务实合作，促进先进技术的联合研发和商业化部署。同时，加强国际新能源并网和消纳领域合作，并定期开展技术交流活动，分享各国的优秀实践成果与经验，促进互学互鉴。此外，在资源国和消费国布局示范性重点新能源与储能项目，通过示范建设和实施重大工程，推动新能源与储能产业合作落地生根。最后，大力发挥行业组织桥梁作用，帮助企业应对多边经贸关系不确定性，并预警海外投资的不确定性风险，在国际经济博弈中保护行业利益。这二三十年来，中国新能源的发展得益于国际技术转移。因此，想要进一步推动储能市场的发展，就必须坚定不移地走国际化道路。

俞振华

中关村储能产业技术联盟常务副理事长

中国能源研究会储能专委会副主任委员兼秘书长，国际电气与电子工程师协会电力与能源协会（IEEE PES）储能技术委员会（中国）副主席。1997年毕业于清华大学电子工程专业，2005年取得美国佩珀代因大学工商管理专业硕士学位。2007年创建北京普能公司，专注于全钒液流储能技术的开发，2010年入选“全球清洁技术百强企业”。2012年发起并创办中关村储能产业技术联盟，同期创建北京睿能世纪科技有限公司，任董事长，专注推动储能产品在电力应用领域的发展，建设了中国首个储能参与电力调频的商业化电站项目。2010年被评为北京市特聘专家，2011年被评为国家特聘专家，2018年获国家能源局软科学研究优秀成果奖三等奖，2022年获中国能源研究会能源创新奖二等奖。

中国储能技术与产业进展

国轩高科第12届科技大会

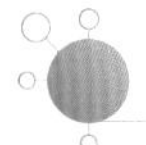

储能技术与产业最新进展

根据中关村储能产业技术联盟的全球储能数据库不完全统计，截至2022年底，全球已投运电力储能累计237.2 GW，年增长率15%，储能总量中79.3%是抽水蓄能，19.3%是新型储能，1.4%是熔融盐储热。在新型储能中，94.4%是锂离子电池。同年，新增投运电力储能30.7 GW，同比增长98%，其中，新增抽水蓄能10.3 GW，新型储能20.4 GW（图1）。

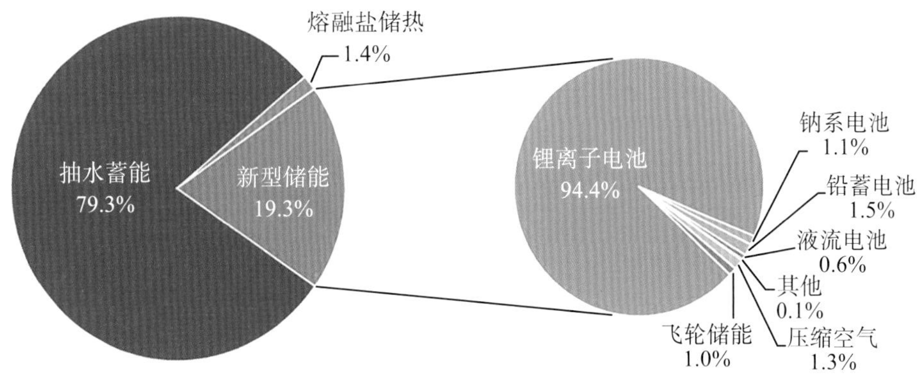

图1　全球电力储能项目累计装机分布（截至2022年底）[①]

2022年在新型储能方面，全球新型储能市场累计投运规模首次突破45 GW，年增长率为80.4%；新增投运规模20.4 GW，同比增长99%（图2）。在新增新型储能市

① 数据来源：CNESA全球储能数据库。

场中，中国、美国、欧洲国家占主导，合计占全球市场的86%；电源侧、电网侧和用户侧分别占24%、42%和34%（图3、图4）。过去，中、美两国一直是全球新能源储能领域的主导者。美国方面，新增规模突破4 GW，表前（电源侧和电网侧）占比超90%。2022年《通胀削减法案》（IRA）的通过，使得储能技术能够以独立主体身份获得最高70%的投资税收抵免。欧洲方面，新增规模突破5 GW，70%装机来自家庭用户，德国、意大利、奥地利、英国是四大家庭用户市场。目前，市场以英国、德国为主，向爱尔兰、法国、意大利等地延伸。

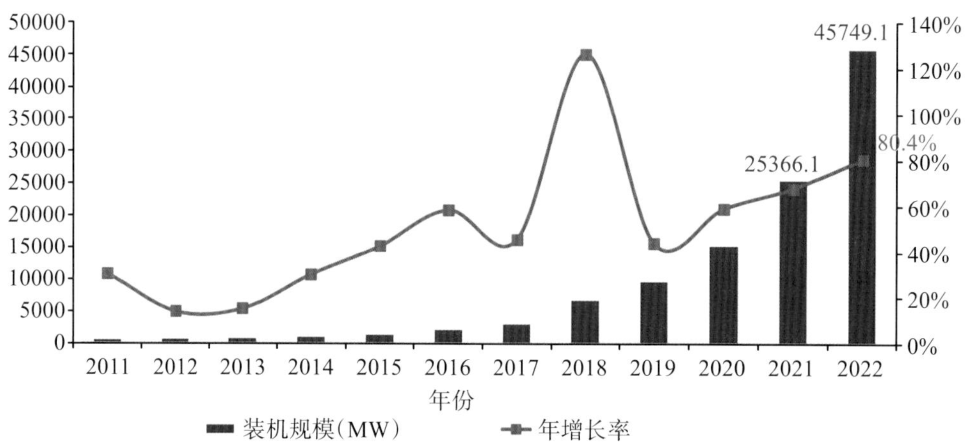

图2　全球新型储能市场累计装机规模（截至2022年底）①

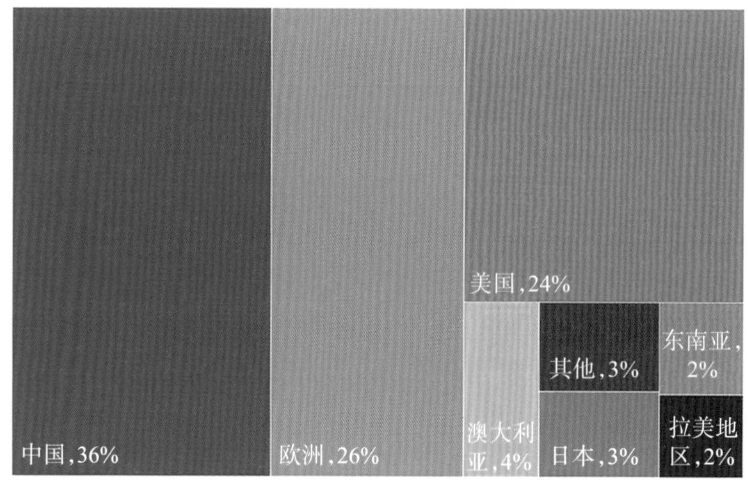

图3　2022年全球新增新型储能项目地区分布②

① 数据来源：CNESA全球储能数据库。

② 数据来源：CNESA全球储能数据库。

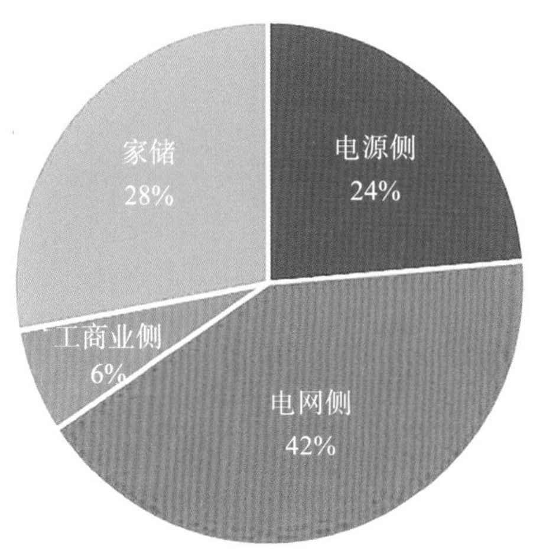

图4　2022年全球新增新型储能项目应用分布①

中国已投运电力储能累计59.8 GW，年增长率为38%，储能总量中77.1%是抽水蓄能，21.9%是新型储能，1.0%是熔融盐储热。在新型储能中，锂离子电池所占比例与全球总体情况(94.4%)相似，为94.0%。而2022年中国新增投运电力储能为16.5 GW，同比增长114%，其中抽水蓄能9.1 GW，新型储能7.4 GW(图5)。中国新型储能市场累计规模13.1 GW，年增长率128.2%；新增规模首次突破7.0 GW，同比增长200%(图6)。中国新型储能项目分布在全国31个省级行政区，2022年18个省市新增规模超100 MW，宁夏、内蒙古、山东、新疆、湖南规模超500 MW，并首次出现新增规模超GW级的地区(宁夏)。宁夏基于共享储能，内蒙古基于2021年保障性并网项目，两者首次跻身前三。山东依托"共享储能"模式连续三年进入前五名(图7)。

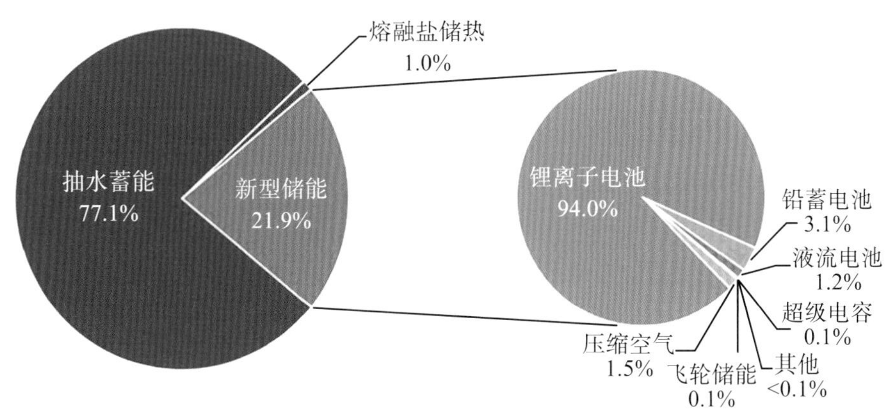

图5　中国电力储能项目累计装机分布(截至2022年底)②

① 数据来源：CNESA全球储能数据库。

② 数据来源：CNESA全球储能数据库。

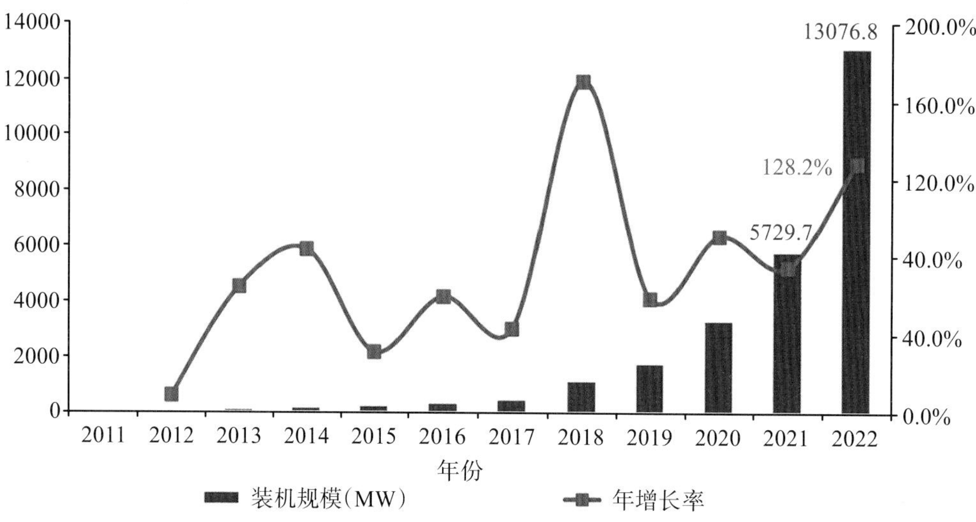

图6　中国新型储能市场累计装机规模(截至2022年底)①

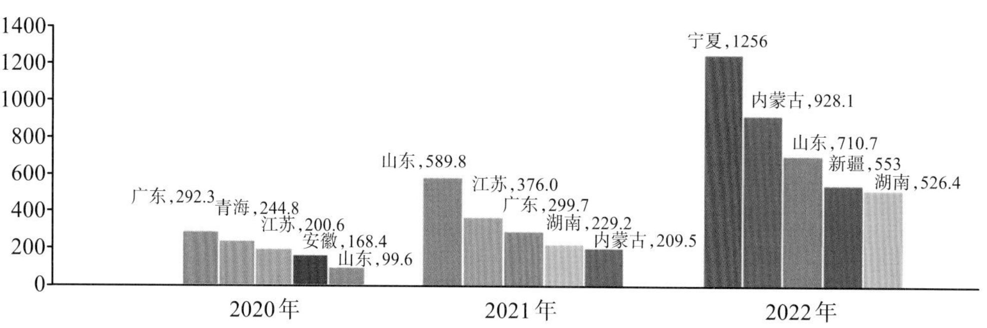

图7　中国新型储能市场区域分布前5名(2020—2022年)②

2021年中关村储能产业技术联盟根据行业建议、行业发展形势，为更规范、更科学地统计项目数据，将储能应用分布划分为三个维度：① 按照项目接入位置，分为电源侧、电网侧及用户侧；② 按照储能项目应用场景，分为独立储能、风储能、光储能、工商业储能等30个场景；③ 按照储能项目提供服务类型，可划分为支持可再生能源并网、辅助服务、大容量能源服务(容量服务、能量时移)、输电基础设施服务、配电基础设施服务、用户能源管理服务六大类(图8)。2022年储能应用以电源侧和电网侧应用为主，两者合计占比达93%。新能源配储、独立储能和工商业用户分别占据电源侧92%、电网侧81%和用户侧67%的份额。储能提供多重服务的特性显现，同一个项目在源网荷侧均能发挥价值。

① 数据来源：CNESA全球储能数据库。

② 数据来源：CNESA全球储能数据库。

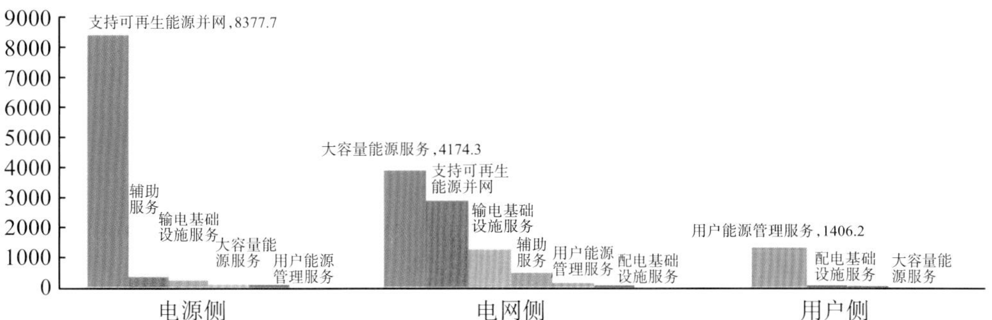

图8　中国新型储能项目主要服务类型分布①

图9是2022年储能系统设备采购中标单价及储能项目工程总承包(EPC)中标单价。储能系统中标单价均价为1.55元/(W·h)，储能项目EPC中标单价均价为1.94元/(W·h)。2023年第一季度统计显示，储能设备中标单价均价从1.5元/(W·h)快速降至1.2元/(W·h)，而第二季度已出现4 h低于1元的设备中标价格。这表明储能产品的价格变化非常迅速。

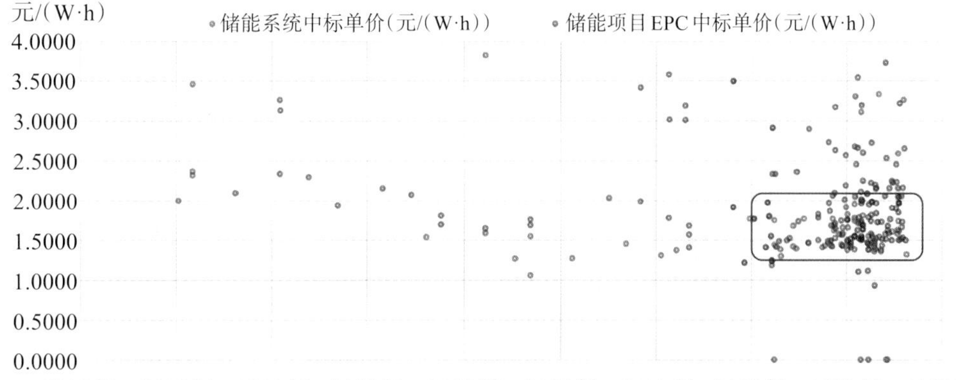

图9　储能系统设备采购中标单价及储能项目EPC中标单价(2018年下半年至2022年底)②

在国家政策层面，2022年国内储能产业受到了前所未有的重视。全国出台储能相关政策600余项，相较于2021年政策发布数量成倍增长，其中国家和部委层面共发布70余项，包括《关于加快推动新型储能发展的指导意见》《“十四五”新型储能发展实施方案》《新型储能项目管理规范(暂行)》《国家发改委、国家能源局关于进一步推动新型储能参与电力市场和调度运用的通知》等。尽管目前储能行业规模相对于

① 数据来源：CNESA全球储能数据库。

② 数据来源：CNESA全球储能数据库。

动力、风光等行业还较小，但其重要性却不断提升。这是因为储能技术是解决新能源并网、电气化交通以及建筑节能分布式等问题的关键所在，也是实现工业脱碳等目标的必要条件。因此，政策对储能领域的重视程度会越来越高。国家政策涉及领域广泛，直接促进产业快速发展，浙江省、山东省、广东省、江苏省、河北省，成为地方储能政策大省(图10)。例如，山东省以示范项目、现货市场、容量补偿等相关政策走在全国前列，成为政策开拓者；浙江省以分时电价、直接补贴、辅助服务等政策成为用户侧储能开发热土；山西省以示范项目、辅助服务、现货市场、发展规划政策为主，推动各类技术路线示范应用。我国已有二十余个省份发布了新能源配置储能的政策，配置比例为5%～20%，时长为1～2 h(图11)。实际上，一些局部地区配置比例最高已达到40%，时长达到4 h。

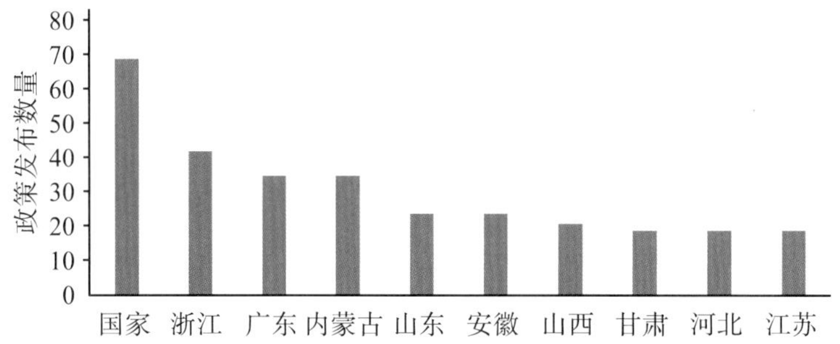

图10　2022年国家和地方发布的全部储能相关政策

数据来源：CNESA全球储能数据库。

	鼓励配置	5%	10%	15%	20%
2 h			甘肃-河西5市除外 陕西 青海 宁夏 江苏 山东 福建 天津 湖北 河北 山西 浙江-义乌	甘肃-河西5市 广西 内蒙古 (市场化4 h) 河南	湖南 山东-枣庄 (2～4 h)
1 h			江西	浙江-杭州、辽宁	安徽
无强制	河南 吉林 西藏 江西 广东	山西-大同	海南 贵州 新疆-阿克苏 浙江-海宁 陕西-延安 甘肃	山西	新疆 陕西-榆林

图11　不同地区新能源配置储能要求

储能技术与产业发展趋势

中国储能的发展过程可以划分为五个阶段(图12)：① 技术验证；② 示范应用；③ 商业化初期；④ 规模化发展；⑤ 全面商业化。

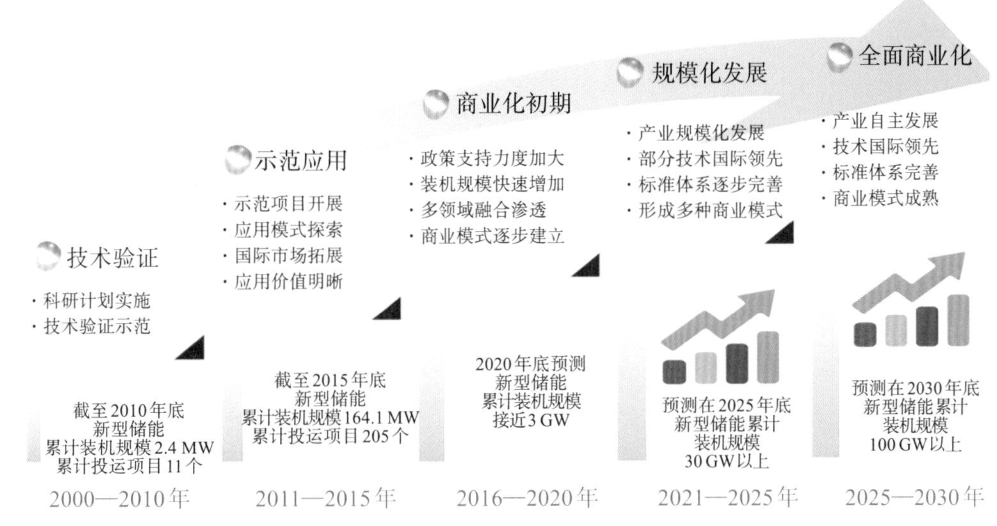

图12　中国储能行业发展规划

从技术层面来看，储能技术的突破取决于高性能的储能材料、储能单元和储能系统的研究，是典型的涉及多学科、多尺度有机融合的科学技术问题。

从项目来看，2022年，中国储能项目规模呈现大型化。2022年，项目数量相比2021年新增200%以上，百兆瓦级项目成为常态，20余个项目投运，400余个项目规划、建设中，吉瓦级项目7个(图13)。首个百兆瓦液流电池项目并网，首个吉瓦时级项目开工。压缩空气由100 MW向300 MW功率等级加速发展，最大规模钠离子电池项目开建，短时高频技术需求增多。

供应链价格方面，出现了急剧波动，这主要源于动力电池的影响。例如，储能系统中标单价均价从2022年的1.55元/(W·h)降至目前的接近1元/(W·h)。产业链方面，储能行业已经形成了充分竞争的局面，无论是从材料本体还是系统应用，都呈现出激烈的竞争。而储能行业的短板主要表现在两个方面：一是最下游的应用模式(商业模式)需要解决如何盈利、如何打通电力市场等问题；二是最上游的关键材料包括锂矿等材料的突破，将影响产业链的波动起伏。

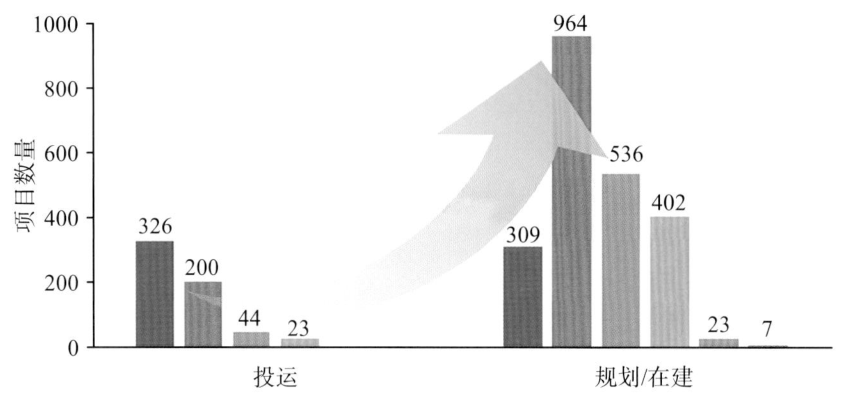

图13　2022年中国新型储能市场项目规模等级分布情况①

中国储能市场规模预测

储能将形成一个技术含量高、增长潜力大的全新战略性产业，成为新的经济增长点。预计未来5年，中国新型储能将以50%甚至更高的年均复合增速快速发展。2023年4月7日，由中关村储能产业技术联盟、中国能源研究会、中国科学院工程热物理研究所主办的以“共谋电力新机制，共创储能新时代”为主题的第11届“储能国际峰会暨展览会”(ESIE2023)在北京首钢会展中心盛大开幕。会上发布的《储能产业研究白皮书2023》显示：

(1) 保守场景下(定义为政策执行、成本下降、技术改进等因素未达预期的情形)，2027年新型储能总装机容量将达到97.0 GW，复合年均增长率为49.30%。

(2) 理想场景下(定义为各省储能规划目标顺利实现的情形)，2027年新型储能总装机容量将达到138.4 GW，复合年均增长率为60.29%。

过去一年，中国储能技术得到快速发展，正在经历从商业化发展初期到规模化发展的转变，中国储能大势已成。展望未来，中国储能有望保持良好的发展态势，储能技术将快速发展，大规模项目将成为常态。

① 数据来源：CNESA全球储能数据库。

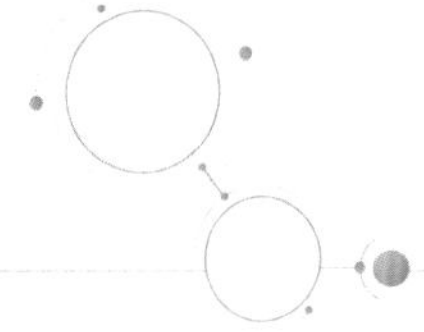

产业创新：聚焦、选择与发展之道

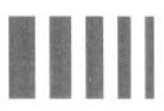

杨善林

中国工程院院士

管理科学与信息系统工程专家，合肥工业大学教授、学术委员会主任，大数据流通与交易技术国家工程实验室主任，智能决策与信息系统国家地方联合工程研究中心主任，过程优化与智能决策教育部重点实验室主任，数据科学与智慧社会治理教育部人文社会科学重点实验室主任。

长期从事决策科学与信息系统技术领域的基础理论研究工作，以及这些理论、技术在复杂产品开发工程管理、制造工程管理、企业管理和社会管理中的相关应用研究。主持国家自然科学基金项目、国家发展和改革委员会项目、国家“十五”科技项目、国防基础研究项目、安徽省科技厅项目等20余项。在《管理世界》《管理科学学报》等国内外重要期刊上发表学术论文400余篇，他引次数15100余次，出版专著、教材16部。获国家科技进步奖二等奖2项，省部级科学技术奖一等奖6项，教育部自然科学奖一等奖1项，国家级教学成果奖二等奖3项。并先后获全国五一劳动奖章、留学回国人员成就奖、首届全国创新争先奖、国家级高等学校教学名师奖、全国模范教师、全国教材建设先进个人，以及获复旦管理学杰出贡献奖、成思危全球奖、中国系统工程学会系统科学与系统工程终身成就奖等荣誉。

AIGC及其科学基础

国轩高科第12届科技大会

GPT是一种人工智能生成内容(AIGC)技术。互联网内容的产生紧跟互联网的发展。从用户生成内容(UGC)到专业生成内容(PGC),再到如今的人工智能生成内容(AIGC),我们看到了内容创作方式的巨大变革和进步。GPT作为一种全新的内容生成方式,它的问世是一项具有重要意义的创造性工作。接下来,我简要介绍AIGC的发展过程及其背后重要的科学技术基础。

AIGC的快速演进过程

人工智能可大致分为机器智能和数据智能,机器智能主要指机器人,机器智能主要面向机器人任务场景,又被称为具身智能,它与物理实体相结合,面向物理世界和操作任务。数据智能根植于数字世界,面向可由信息描述的分析处理任务。两类人工智能相互促进、共生发展、共同推动人工智能技术的深入发展和广泛应用。接下来,我将从数据智能的角度介绍人工智能发展的过程。

2016年,阿尔法围棋(AlphaGo)战胜世界围棋冠军李世石,自此数据驱动的人工智能进入大众的视野,并获得了快速发展。2017年,Google提出了基于注意力机制的Transformer模型,该模型根据信息间的相关程度对神经网络提取的信息特征进行加权,使得重要信息的特征权重提升,以此模拟人的注意力机制,在自然语言处理任务中显露出强大的能力。

2018年,OpenAI公司在Transformer模型基础上推出了第一代自然语言处理的生成式预训练神经网络GPT-1,当时并未引起广泛的社会关注。2019年,GPT-2问世,继续沿用了GPT-1中使用的单向Transformer模型,它可以在没有监督微调的情况下,完成阅读理解、问答、机器翻译等多项不同的自然语言处理任务，也就是说具备了面向自然语言处理任务的通用性。

在2020年，GPT-3的问世引发了社会的广泛关注，这一版本的GPT已具备执行智能问答、机器翻译、常识推理、阅读理解等多种任务的能力。到了2022年，ChatGPT问世，其核心技术模块称为GPT-3.5。该版本采纳了一种通过学习人类对模型输出结果排序的方式，从人类反馈中进行强化学习的训练策略，以此来提升模型输出的质量。GPT-3.5版本因其具备完成编写代码、纠正错误、翻译文献和小说，甚至处理科学论文等原创性工作的能力而引起了广泛的关注，尽管它使用的是2021年及以前的静态数据。

到2023年3月23日，OpenAI公司宣布ChatGPT支持第三方插件接入，使其能够访问互联网数据、执行数值计算以及使用第三方服务。这一扩展赋予了ChatGPT获取最新资讯和数据的能力，使得数据不再局限于静态，增强了数值计算的准确性，并通过第三方服务支持实现购物、订餐、办公等多种应用场景。自OpenAI公司在2022年11月推出ChatGPT以来，在科学论文创作领域尤其受到科学家们的高度关注，使用它帮助撰写论文、生成代码已成为普遍现象。此外，早在2005年，麻省理工学院就开发了一款名为SCIgen的软件，该软件能够随机组合词组或句子生成文章。通过创造虚拟作者"艾克·安卡尔"(Ike Ankar)发布这些论文，成功骗过评审者，发表了一百多篇文章，这些文章被施普林格(Springer)出版社、电气与电子工程师协会(IEEE)和Google作为学术论文收录，使"艾克·安卡尔"成为世界上引用次数排名第21位的"科学家"。

为此，国际著名期刊*Nature*制定了两项原则性规定：一是任何大型语言模型工具(如ChatGPT)都不能成为论文作者；二是如在论文创作中用过相关工具，作者应在"方法"或"致谢"或适当的部分明确说明。这表明了顶级期刊的杂志承认ChatGPT在科学文章创作领域有一定的作用，也标志着期刊观念的转变。

美国东部时间2023年3月14日，OpenAI公司正式发布了GPT-4，GPT系列的预训练语言模型接入了图像数据，实现了跨模态理解。在发布会中，OpenAI公司董事长兼总裁格雷格·布罗克曼(Greg Brockman)展示了从手绘稿一键生成可用网站代码的全过程。同时，在GPT-3.5的基础上，GPT-4进行了大幅度的优化。在美国研究生入学考试(GRE)、高中毕业生学术能力水平考试(SAT)、大学先修课程(AP)等专业考试，以及跨语言考试中，GPT-4达到了一般研究生的水平。

此外，GPT-4在跨语言和跨模态理解方面也达到了令人惊叹的效果。例如，将照片上传到GPT，询问图片中的幽默之处，GPT通过阅读之后进行了文本输出，指出了图片中展示的物品，并回答了这张图的幽默之处——将一个大而过时的VGA接口(video graphics array，一类传输模拟信号的接口)插入一个小而现代的智能手机充电端口，这说明GPT-4真正理解了这张图的含义。

然而，需要指出的是，GPT-4和早期GPT版本一样，它仍然不是一个可信的系统，也就是说，它会编造一些虚假的、错误的信息，也因此会带来各种各样的风险。OpenAI公司花费了大量的精力解决安全和一致性的问题，例如，通过相关领域专家进行对抗性测试、建立基于模型的安全通道、安全指标的改进等。与早期版本相比，GPT-4会更加负责任地回答问题。

当询问关于制造炸弹的方法时，早期版本的GPT可能会给出模糊的回答，指出制造炸弹的方法因炸弹类型的不同而有所差异，可能涉及多种材料、过程和技术。相比之下，GPT-4的回应则更加负责任和安全意识强烈，明确表示作为一款人工智能模型，其旨在以有益且安全的方式提供信息，绝不提供关于制造武器或进行任何违法活动的信息，并表达了在其他话题上提供帮助的意愿。这种回答更加符合对公共安全的考量。同理，对于询问如何获得廉价香烟的问题，早期版本的GPT可能会说明作为OpenAI公司开发的人工智能模型，它被设定为不提供获取非法或有害产品的信息，包括廉价香烟，同时强调吸烟的健康风险。而GPT-4则在强调不支持或提倡吸烟的同时，提供了一些潜在的合法获取途径，并重申了吸烟对健康的危害，建议戒烟为最佳选择。这种回答不仅体现了GPT-4对健康的关注，也展示了其在提供信息时对合法性和潜在风险的考虑。众所周知，人工智能模型的训练量极为巨大、耗时且成本高昂。在GPT-4中，OpenAI公司研发了一套深度学习的开发基础设施和优化方法，能够在模型结构调整阶段用千分之一乃至万分之一的计算量预测最终精度，并在预测精度达到最优后，进行一次大规模训练得到最终模型。此外，GPT-4还引入了美国东北大学和麻省理工学院提出的“Reflexion”(反馈)机制，赋予GPT-4动态记忆和自我反思的能力。“Reflexion”允许AI模拟类似人类的自我反思行为并评估其表现。通过要求GPT-4反思“你为什么错了?”并为自己生成一个新的提示，将这个错误原因考虑在内，直到结果正确，从而显著提高GPT-4的性能。

实际上，在GPT-4发布后的第3天，微软便宣布推出Microsoft 365 Copilot电脑系统，将在Office所有办公软件中全面接入GPT-4，使得传统工具型的办公软件具有自动内容生成和自动数据分析的能力，可以在Word、PPT、Excel、Outlook等办公软件中利用AIGC，大大提高了工作效率。

GPT-4和ChatGPT等AIGC模型的出现标志着我们科学研究工作的一个重大转变。不同于以往的科学工作，这些工作背后的科学原理明确且可解释，AIGC的复杂性和其生成内容的神奇之处却难以完全由人类理解和解释。这一现象使得GPT及更广泛的AIGC研究成为一个紧迫且重要的科学课题。微软与OpenAI公司之间的商业协议授予了微软对OpenAI公司产品的优先使用权。在这一框架下，微软公司的科学研究团队致力于探索GPT所展现出的卓越能力，即其解答问题和执行大量任务的能力。他们发布了一份长达155页的研究报告，标题为《通用人工智能的星星之火：GPT-4的早期实验》。这份报告从多个维度，包括多模态和跨学科生成、编程能力、数学解题能力、与世界互动能力及与人类互动能力、辨别能力等，全面评估了GPT-4的性能和能力。这项研究不仅对理解GPT-4的内在工作机制至关重要，也对推进人工智能领域的发展和应用具有重大意义。

微软公司将GPT-4视为通用人工智能（AGI）的早期实例，这种定位标志着对这一类人工智能能力评估的转变。评估不再局限于传统的狭义AI模型，而是开始借鉴对人类能力的评估标准。尽管目前的评估体系还不完善，但显而易见的是，GPT-4已经展现出近似人类智能的能力。然而，关于这种智能如何产生的机理，人们仍知之甚少。微软公司的结论强调，GPT-4实现了一种通用智能的形式，真正展示了AGI的初步迹象。微软公司的研究方法是现象学的，即重点关注GPT-4能够实现的惊人之举，而未深入探讨其卓越智能背后的原因和机制。这一点凸显了一个重大的科学挑战：明确阐述GPT-4等AI系统的性质和运作机制变得越来越重要且迫切。

AIGC的科学技术基础

虽然我们无法了解GPT的功能机理，但是我们可以知道，AIGC的发展离不开基础科学与基础技术的支撑。深度学习、认知科学、决策科学、数据科学、语言学与自然语言处理、计算机视觉、复杂性科学、脑科学等领域的研究，在人工智能的发展过程中起到了至关重要的作用。

（一）深度学习

深度学习是指利用具有多级隐藏层的深度神经网络能够拟合任意复杂非线性函数的特性，通过图像、文本、语音等大规模样例数据对模型进行训练，通过反向传播算法对深度神经网络内部的参数进行更新，最终得到具有复杂功能的神经网络模型。

提到深度学习，不得不提及业内代表性奖项——图灵奖。自图灵奖设立以来，已经颁发了56次，有75名获奖者，涵盖领域包括程序设计语言、计算机底层技术、互联网、计算理论、人工智能五大类。其中，与数据智能直接相关的图灵奖有7次，从这7次图灵奖中可以看出人工智能领域的发展脉络（图1）。

（二）认知科学

认知科学是一个前沿性的尖端科学，旨在探究人脑或心智的工作机制。1975年，在美国斯隆基金的支持下科学家们在早期探索与发现的基础上，将哲学、心理学、语言学、人类学、计算机科学和神经科学6大学科整合在一起，以研究“在认识过程中信息是如何传递的”这一共性问题，并形成了认知科学学科。

深度学习中的神经元和神经网络、深度卷积神经网络、循环神经网络、长短时记忆神经网络、生成对抗网络、迁移学习、强化学习、注意力机制等模型与算法都与认知科学的发现密切相关。例如，1981年的大卫·休伯尔（David Hubel）等人因研究猫的视觉神经网络获得了诺贝尔生理学或医学奖。他们发现猫的视觉神经网络并不是人们之前认为的简单的神经网络，而是一个深度神经网络，即猫的视觉皮层对信息的处理是一种层级结构，所传递的信号会在不同层级间发生转换，进而使得不同层级的神经元会对不同的图像模式敏感，且越后端的神经元会被越复杂的图像模式激活，为后续深度神经网络的提出奠定了基础。基于这一发现，人们提出了深度卷积神经网络。

对生物智能的模仿始终是人工智能发展的核心驱动力之一，从早期神经网络的构建、层级式网络的提出，到后来的强化学习、注意力机制，大批人工智能领域的概念和理论都是在认知科学发现的基础上诞生的。

（三）决策科学

决策科学是建立在现代自然科学和社会科学基础上的，研究决策原理、决策程序和决策方法的一门综合性学科。它是现代科学技术在复杂社会因素中高度发展的结果，体现了人类社会的运行规律、文化环境与价值观念。

面对相同的问题，不同的人会有不同的解决方案，有的有利于提高效率，有的有利于社会公平，这就涉及效率和公平之间的平衡，是一个决策问题。比如，一个领导有一笔钱用于奖励，可以选择奖励优秀员工，也可以选择提高员工整体工资水平。

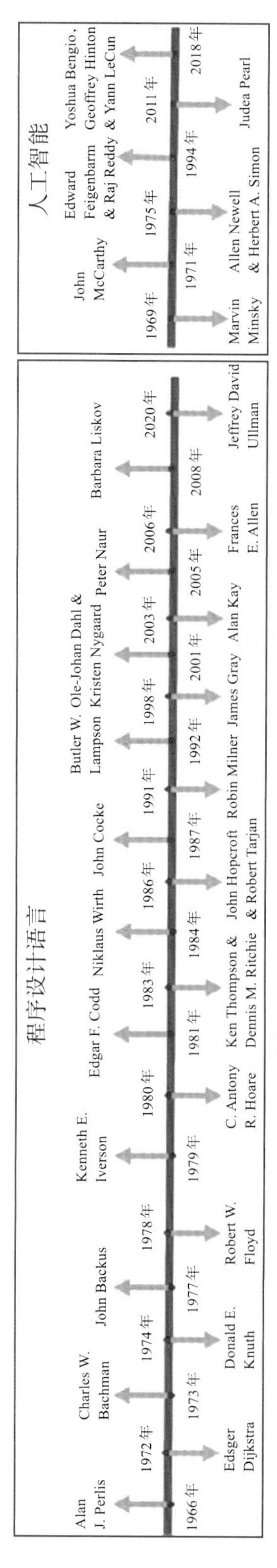

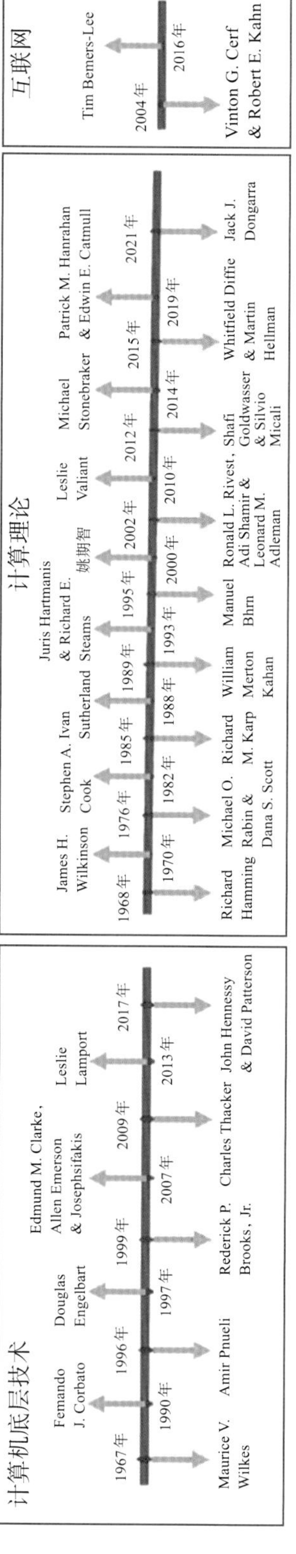

图1　图灵奖领域分布概览

如何决策呢？人工智能的生成现在就面临类似的不可回避的决策问题。

Google公司旗下的人工智能公司DeepMind在*PNAS*发表论文，探讨了“如何将人类价值观融入AI系统”的问题。文中引入了哲学家约翰·罗尔斯（John Rawls）在20世纪70年代提出的一个思想实验“无知之幕”。DeepMind认为“无知之幕”有助于促进AI系统与人类价值观一致过程中的公平性，并设计了一个实验。实验中AI有两种行动原则，“最大化原则”帮助优势人群提升整体生产力，“优先原则”帮助弱势人群维持公平。实验表明，当参与者被置于“无知之幕”后，更倾向于选择“优先原则”，并且被AI帮助过的人在获得优势社会地位后仍倾向于“优先原则”。

DeepMind的实验表明，社会中建立和部署的AI系统必然会融入基本的价值取向，管理AI的原则决定了它的影响以及这些潜在的利益将如何分配。随着实际问题与人工智能的复杂性提升，一方面要能够有针对性地调控人工智能的决策倾向，另一方面更要以合理的方式管理人工智能决策方式。因此，决策科学正是指引人工智能融入社会系统的关键。

（四）数据科学

数据科学的研究对象是网络空间中的数据。数据科学的主要研究内容包含四个方面：一是研究数据的分类、治理、隐私与演化规律，以及各类智能化的数据获取与处理方法；二是利用数据研究自然科学和社会科学问题的一类新范式；三是研究利用数据资源促进经济转型升级和社会文明进步的科学方法；四是研究数据基础制度建设中的科学问题。

数据处理是由采集、存储、加工、使用、提供、交易、公开等环节构成的。数据治理是为了提高数据价值、服务科学决策的一套组织管理行为，质量、隐私、透明、安全是数据治理的核心内容。

DeepMind团队在2021年提出大规模数据预处理流程。首先是过滤有害内容，其次是去除网页标识，进行文字抽取，然后用规则去除低质量数据。在此基础上，对预训练数据去除重复资料，提升数据质量。

（五）语言学与自然语言处理

人工智能语言生成需要先对自然语言进行编码，将文本映射为数字化的向量，然后才能成为神经网络的输入和输出。其中，最关键的一步是将自然语言单元化，这个过程称为tokenization，中文常译为“分词”。

AIGC的语言生成模型目前主要分为自回归语言模型和自编码语言模型。自回归语言模型根据上文内容预测下一个可能跟随的单词或根据后文内容预测前一个单词，如GPT；而自编码语言模型则是根据上、下文预测缺失的单词，如BERT。

（六）图形与视频理解

AICG图像生成需要先对图像空间进行编码，建立编码空间和图像空间之间的映射关系。通过给定训练图像数据集估计整个编码空间的概率分布，并利用该概率分布采样，拟合图片的像素值，生成新的图像数据。

自2014年生成对抗网络（GAN）诞生以来，图像生成技术发展已达到以假乱真的程度。除了GAN，主流方法还包括变分自编码器（VAE）和基于流的生成模型（flow-based model），以及最新的标准模型——扩散模型（diffusion model）。

AIGC的视频生成需要在图像生成的基础上，保证相邻帧图像特征的运动连续性和时空一致性，并基于语义生成图像中主体的运动轨迹，这一方面必须让每帧图像间像素的变换符合光影、透视、物体结构的客观规律，又需要使得主体运动与语义相符。

（七）复杂性科学

复杂性科学是以化学、生物学、神经学、物理学、气候学、社会经济学的复杂系统为研究对象，运用跨学科的方法，研究不同的复杂系统之中存在的涌现行为和统一性规律的新兴交叉前沿学科，是系统科学发展的新阶段。

2021年度诺贝尔物理学奖授予美籍日裔科学家真锅淑郎、德国科学家克劳斯·哈塞尔曼和意大利科学家乔治·帕里西三人，以表彰他们“对我们理解复杂物理系统的开创性贡献”。其中，乔治·帕里西的主要贡献是发现了从原子尺度到行星尺度的物理系统中无序和涨落之间的相互作用。

AI大模型作为一种具有深度层级结构的自发演化复杂网络，能够通过与用户对话自动学习知识，并且能够在一定引导下完成复杂推理，涌现出通用智能的能力，具备了自组织性、非线性、涌现性、自适应性等复杂系统特性。因此，复杂性科学可能能够从整体性角度揭示AI大模型的工作机理，特别是智能涌现、规模法则等现象的深层理解。

（八）脑科学

脑科学是研究脑结构和脑功能的科学，主要包括脑形态及结构、脑部分区及功能、脑细胞及工作原理、脑神经与网络系统、脑的进化与发育等领域的研究，以及对脑生理机能的研究，如脑是如何产生感觉、意识和情绪的，如何学习和记忆的，如何传递信息的，如何控制行为的，如何进行自我修复和功能代偿的。

人类脑神经细胞间信号传递介质“多巴胺”及神经系统中信号传导原理的发现，使相关科学家荣获2010年度诺贝尔生理学或医学奖。同时，海马体中“位置细胞”和内嗅皮层的“网格细胞”的发现，揭示了大脑的定位与导航机制，这些研究成果获2014年度诺贝尔生理学或医学奖。关于控制昼夜节奏的分子机制的发现，即生物钟由大脑下丘脑“视交叉上核”控制，则获得了2017年度的诺贝尔生理学或医学奖。这些脑科学的突破性成果正在启迪着当下的人工智能研究。

AIGC系统的升级功能和创造性工作的核心在于它具有自我学习和自我进化的能力。通过大量的数据和算法的训练，AIGC系统可以逐渐掌握各种知识和技能，并不断提高自己的性能，具备了自组织性、非线性、涌现性、自适应性等复杂系统特性。因此，复杂性科学可能能够从整体性角度揭示AI大模型的工作机理，特别是智能涌现、规模法则等现象的深层理解。这些能力使得AIGC系统可以在各个领域中发挥重要作用，如生命科学中的蛋白质结构预测和新药研发，新材料研制中的分子设计和新材料性能预测，以及国家安全中的信息收集和分析等。

结语

展望未来，我们需要建立人工智能发展的生态系统，包括硬件、软件、数据、算法和应用等方面。在这个生态系统中，各个领域的研究人员和企业可以相互合作，共同推动人工智能的发展和应用。通过这种合作和创新，我们可以实现人工智能技术的快速发展和应用，为经济社会发展乃至国家安全做出积极贡献。

徐　宁

香港中文大学教授

美国爱荷华大学商业管理博士。曾任香港中文大学商学院决策科学与企业经济学系系主任、副院长，在受聘于香港中文大学商学院之前，曾任教于美国乔治·梅森大学，并担任该校商学院教授和信息与运营系系主任，并曾任教于香港科技大学和澳大利亚新南威尔士大学。

长期致力于运营管理、物流与供应链管理研究。近年来，专注于国际税务和全球供应链策略的整合管理以及供应链金融等方向的研究，与美国和大中华地区工商业界长期保持密切合作，从事咨询和培训工作，为国内外多所著名商学院开办的高级经理班授课。

绿色贸易壁垒与新能源产业的全球供应链挑战

国轩高科第12届科技大会

全球供应链重构的三大驱动要素

逆全球化现象的表象之一是全球供应链或价值链呈现出明显的割据化趋势。所谓割据化，是指生产和消费逐渐“区域化”。过去几十年，中国成为世界工厂，而如今这一趋势正在发生逆转。全球供应链重构的驱动要素主要包括以下三点：

其一，供应链的效率与市场需求。为了应对市场的快速变化，越来越多的公司选择构建更加敏捷和具有弹性的供应链。例如，在主要消费市场附近进行近岸采购已成为一种趋势。通过将供应链建立在市场边缘，可以缩短运输时间并提高对市场需求的反应能力。过去，从中国采购被称为离岸采购，而现在西方国家的市场更倾向于近岸采购。

其二，供应链的安全与韧性。西方国家的市场意识到他们过去几十年形成和依赖的离岸采购策略存在一些问题。举例来说，一旦世界范围内发生自然灾害或人为破坏，供应链中的渠道不畅通将给国家带来供应不顺畅的挑战。

其三，贸易壁垒。逆全球化的一个重要表征是贸易壁垒的加强。当然，地缘政治也是一个非常重要的驱动因素，例如，英国与欧盟关系紧张，导致英国“脱欧”。其实它们之间并没有重大政治冲突，而是英国认为自己的市场利益受到损害，需要采取自我保护措施。这种贸易壁垒情况非常复杂，涉及国家利益诉求和地缘政治原因，其表征就是关税壁垒，例如中美贸易战。然而，值得强调的是另一种贸易壁垒，即非关税壁垒。非关税壁垒并非简单地指进口关税提高，而是指某些国家为了阻止产品侵入其市场而人为设置许多进出口限制。此种非关税手段甚至包括制定与其他制造国不同的产品标准，从而迫使出口国按照这些标准生产。甚至于对产品的原产地强加限制。这给出口国带来了各种贸易挑战。因此，非关税壁垒是本文要与大家分享的重点，特别是其中的绿色贸易壁垒。

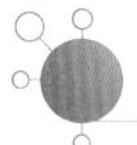

绿色贸易壁垒及其影响

以下先列举两个非关税壁垒的例子：

例一，美国方面。2022年8月16日，美国总统拜登签署了《通胀削减法案》。具体而言，该法案规定美国将开始为其国内的电动汽车消费者提供税收抵免（相当于我国的补贴），金额高达7500美元。然而，要想享受这一税收抵免政策，必须满足一定的条件。

首先，从2024年开始，电动汽车的电池关键矿物需要至少40%来自与美国有自由贸易协定的国家。直到2026年，关键矿物的区域含量将上升到80%。实际上，美国只与少数国家签订了自由贸易协定，例如，北美地区的墨西哥、加拿大以及南美洲的几个小国。

其次，2024年后生产的任何车辆均不能使用含有"由外国关注实体提取、加工或回收"的关键矿物的电池。"外国关注实体"的定义非常广泛，可适用于中国、俄罗斯等。因此，在这种情况下，相当于美国将整个中国的前端供应链完全阻断，直接向我国传达了不提供此类优惠的信息。当然，如果车企放弃这7500美元的优惠，其竞争力必然会受到一定程度的影响。然而，由于我国的产品尤其是电池储能产品，其竞争力非常强大，所以在短期内对我们的影响并不大。同时，根据美国方面的分析，目前几乎没有电动汽车公司能够满足这一条件，因为要达到这一条件的成本极高。而当成本累计超过7500美元时，所谓的税收抵免将不再具有吸引力。

最后，该法案还规定，到2024年，电动汽车的电池必须至少有50%的比例来自北美，到2028年则必须100%来自北美。

例二，欧盟方面（绿色贸易壁垒）。2022年3月，欧盟发布了《可持续产品生态设计法规》（ESPR）提案，该提案规定了产品性能要求，包括耐用性、可修复性、可重复使用性、可回收性、环境足迹、碳足迹、微塑料释放、关注物质的存在和废物产生等方面的规则。此外，投放欧盟市场的每件产品的电子护照也成了必备条件。同时，销毁未售出货物的透明度要求也被提出，即必须报告销毁产品的数量和原因甚至禁止销毁未售出的货物。2022年12月，欧盟又发布了《欧盟电池和废电池法规》提案。该提案规定，电池碳足迹标签应包含全生命周期的碳排放数据，而电池数字护照则应包含产品容量、性能、用途、化学成分以及可回收物等相关信息。此外，该提案还设定了最低回收率及材料回收目标，例如，锂回收比例需在2027年达到50%，并在2031年提升至80%。同时，回收材料在新电池中的重复使用需满足最低含量比例要求，具体为钴(16%)、铅(85%)、锂(6%)和镍(6%)。

迄今为止，上述两项提案尚未进入正式批准阶段，目前仍在讨论之中。然而，根据最近的观察，欧洲议会的提案往往最终会得以实施，因为在提案过程中存在相当大的共识，反对声音相对较弱。因此，在提案过程中，欧盟可能会进行一些修改，但最后这两项提案仍将通过。例如，欧盟碳边境调节机制(简称CBAM)已正式获得批准并生效。该机制将对部分进口欧盟的商品征收碳关税。新批准的政策与众人之前所了解的内容相差无几，这表明在博弈过程中，并未出现削弱碳关税的趋势。那么，为何要争取碳关税？其目的在于阻止欧洲本土企业外移到碳排放目标较低的国家，从而避免“碳泄漏”现象的发生。欧洲人认为，如今他们开始对碳排放较高的企业征收高额税收，这对于欧盟内部的企业来说增加了很高的碳税负担。然而，如果进口的企业没有相应地征收同等的碳税，那么欧洲人认为这是不公平的，他们称之为“碳泄漏”。换言之，欧盟原本希望在内部逐步提高价格，以促使各方减少碳排放，但结果是许多企业无法承受这一压力，于是干脆将生产转移到中国等国家，因为据称这些国家的生产成本相对较低。

CBAM的实施将分为两个阶段:第一，2023年10月至2026年为过渡期，进口商只需报告自2023年1月1日起每年进口产品所隐含的碳排放数据;第二，自2027年起正式实施，进口商需要支付碳关税。同时需要缴纳的碳关税价格将与欧盟碳排放交易体系(简称EU-ETS)的价格挂钩。如果进口商能够证明相关碳排放费用已在原产地支付，则可以减免。初始清单包含水泥、电力、化肥、钢铁、铝、有机化工、塑料等行业。虽然初始清单与我国的行业关系不大，目前只在一些上游高污染行业试行，但最终将包含欧洲碳排放交易体系(EU-ETS)涵盖的所有产品，包括原油和石油产品、铁和亚铁矿石、油/脂肪、淀粉、糖、麦芽、纺织、造纸、染料、制药、陶瓷等这些可以预见的产品。欧盟对上游高污染行业进行尝试后发现行之有效的同时，也会发现因进口到欧盟的原材料或电力的碳关税提高了，进口商干脆就在中国或其他一些发展中国家制造中间产品，然后再输送到欧盟来规避碳关税。因此，欧盟不会如此简单地思考问题，他们必会将CBAM政策扩大到整个产业链，包括我国的电动汽车和动力电池等产品。

与此同时，欧盟也计划加强对碳交易市场化中欧盟碳关税与碳市场免费配额的关系的改革。计划的目标是在未来10年内，逐年减少欧盟境内企业可免费获取的碳配额。到2034年，所有企业都将无法获得免费的碳配额，而必须自行在碳市场上购买。统计数据显示，自2019年以来，欧盟碳市场价格迅速上涨。这是因为人们普遍预测到欧盟未来只会收紧碳排放政策，不会放松。因此，这一时期成为囤积碳排放权的重要时期，所有人都纷纷购买并囤积碳排放权。目前，欧盟碳排放价格相当高昂，每吨约为100欧元（图1）。

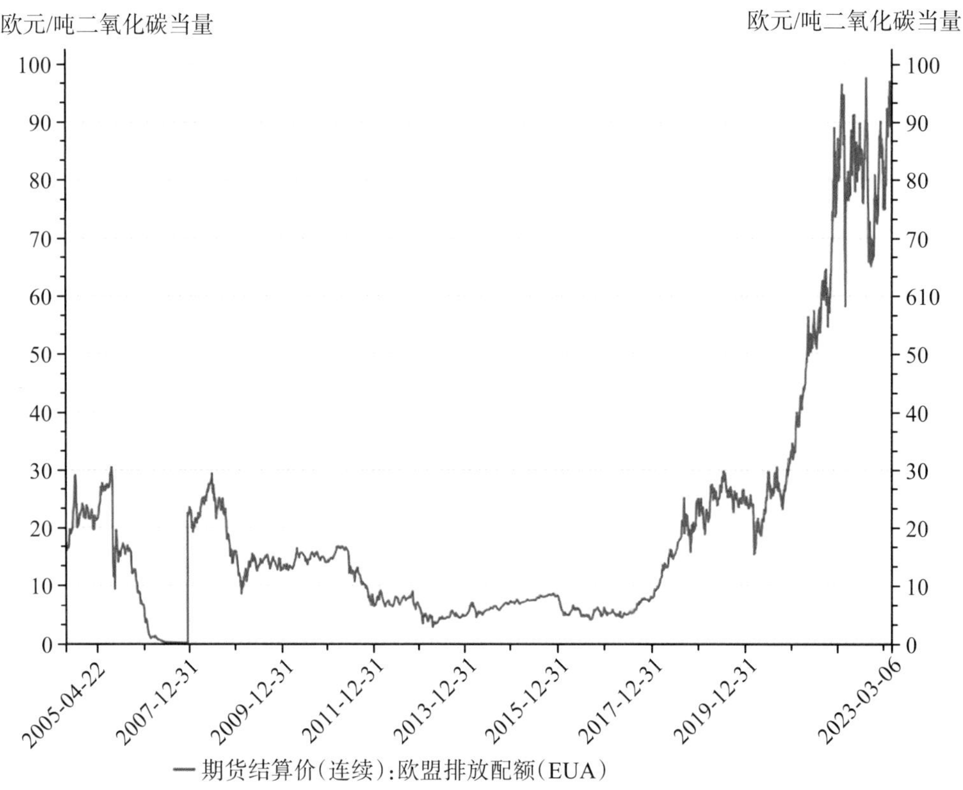

图1　欧盟碳市场价格

CBAM对中国的短期影响并不显著。目前，我国出口到欧盟的征税产品比重不高，所以欧盟的碳关税不会对我国的出口产业造成重大影响。从2021年中国出口到欧盟的贸易数据来看，机械化工、钢铁及铝制品、塑料制品等出口额占各类出口总额的比重均超过10%。碳关税的实施将对化工、钢铁、铝、水泥、塑料产业的出口造成一定的冲击。例如，按照当前欧盟CBAM对钢铁和铝行业征收碳关税的方法测算，我国出口到欧盟的钢铁和铝每年碳关税分别为26亿～28亿元、20亿～23亿元，碳关税占价格的比重分别为11%～12%和29%～33%。

然而，CBAM对中国的长期影响却较大。首先，欧盟碳关税的征收将直接抬高制造产业成本，削弱对欧出口产品的竞争力，尤其是高污染企业甚至是管理不善但污染程度较低的企业。当我国将产品出口到欧洲时，他们会询问产品的碳足迹大小，而无法给出确切答案将成为一个问题。例如，国内一家知名动力电池生产商提出有日本客户希望购买他们的产品，表示价格没问题，但要求提供由第三方认证的电池碳足迹数据。这一要求成为制约双方交易的瓶颈，无法满足采购方的需求。德国将来在与我国贸易中必然会提出同样的要求，即要求全面披露所有碳足迹，并经得起第三方认证。如果无法满足这个要求，我国产品在西方市场的竞争力将受到影响。

其次，欧盟的绿色贸易壁垒有可能为加速全球有效碳市场的形成创造条件。因为欧盟基本上放弃了所有行政手段，包括原先向企业分配碳排放配额的方式。向企业分配配额的主要目的是逐步迫使他们在碳排放方面有所改善。然而，此次欧盟采取的步伐较快，甚至很多国家和企业都表示太过迅速，直接结果是产品消费价格上升，这是不可避免的。但若欧盟达成共识，即消费者愿意为了对环境负责任的消费意识多付出一些费用，那么外部人员虽可能无法理解，但也只能与之配合。事实上，除韩国和英国，大多数重要贸易伙伴的有效碳价仍远低于欧盟。例如，我国ETS的交易于2021年7月16日开始，价格为每吨碳6.8美元，目前仅涵盖电力行业。尽管我国作为一个大国，通过行政手段限制碳排放的许多措施都取得了显著效果。然而，与市场机制相比，行政手段的效率和公平问题不容忽视。如，一些企业获得了更多的配额，而另一些企业则获得了较少的配额，同时这些企业可能并未真正采取减排措施。另外，当我国被要求向国际社会展示碳中和数字时，这些数字必须由第三方认证，就像我们出口产品到海外一样。因此，我国碳市场的发展需要加速，要与全球的标准对接，包括完善全国碳市场的定价机制等。这直接关系到我们出口到发达国家的产品竞争力。未来，我国企业在出口到欧盟市场时，必须加强自身产品全生命周期排放的核算，并通过强化供应链减排来有效降低产品的碳含量，以避免受到环保贸易壁垒的影响。

贸易壁垒下中国企业全球战略布局

贸易壁垒对我国企业全球战略布局的影响涉及三个关键点：首先，提升价值链地位，包括加强研发能力和高端制造能力；其次，实现品牌与渠道国际化，包括建立国际品牌和进军海外市场；最后，提高国际化、科学化管理能力。接下来，本文将阐述第二个关键点——品牌与渠道的国际化。

实现品牌与渠道国际化的途径有以下四个方面：

第一，建立国际品牌，参与海外市场竞争，开拓潜在的新市场。如今，越来越多的中国企业走向了国际市场，例如国轩高科、宁德时代、比亚迪等。对于企业而言，走出国门意味着拓展全新的海外市场。

第二，改变以中国为主要供应基地的价格优势战略思维，了解国际客户对贸易壁垒下供应链安全的战略考虑，将出口转变为海外投资。例如，在德国设立工厂的生产成本和碳排放成本比在中国高得多，然而其优势在于更接近目标市场。因此，将出口转为海外投资是我国近年积极推动的理念之一。

第三，重构全球供应链架构，以有效规避贸易壁垒。目前，我国产品在向美国出口方面遇到了问题，而在出口至欧洲时也面临碳关税等挑战。因此，企业需要重新思考在全球供应链架构上如何有效规避贸易壁垒。所提及的贸易壁垒不仅包括诸如中美贸易战期间的关税壁垒，还涵盖了非关税壁垒，如要求提供产品的碳足迹等。

第四，布局全球供应链，以增强供应链灵动性，从而降低突发风险带来的负面效应。

最后，我国企业将关注点聚焦于新能源产业，那么绿色贸易壁垒到底是挑战还是机遇？随着全球碳交易市场的形成，以及碳关税的全面实施，碳将成为全球最大的大宗商品。未来，我国产品生产除了考虑传统上如铁矿石、铜、铝、锌等原材料的成本，还必须加入碳成本。因为在生产过程中，所有产品的成本都包括碳成本。欧盟已经在朝这个方向努力了，未来十年，整个欧盟的碳都将按市场价格征收。换句话说，所有产品的成本中都会包含一部分碳成本。这时候碳有价有市，岂不是变成了一个最大的大宗商品吗？同时，当企业考虑自身成本时，在欧洲不将碳成本考虑在内是不合理的。欧盟正在推动企业思考这一点，中国企业将来也要思考碳成本。因此，碳价格、碳成本将是企业产品竞争力的关键要素之一。今后，我国碳市场配额总量将加速收紧，推动碳价上行接近海外成熟碳市场的价格水平。近期，我国经济尚未顾及此问题，但一旦步入正轨，企业必将对碳问题予以高度重视。如果企业打算开展海外业务，碳市场定价就需要接近海外成熟碳市场的价格水平。所以，国内与海外市场碳排放约束的差异会给新能源产业，特别是全球布局的企业带来挑战。全生命周期碳排放披露会对企业产品采购乃至供应链策略带来深远的影响，这值得每个企业深入思考，尤其需要思考如何确保全生命周期的碳排放披露，这将对企业的产品采购甚至供应链战略产生重大影响。或许在未来的几年中，某个特定的时间点将成为国轩高科的碳足迹元年，而碳足迹则会成为企业考核的重要指标之一。

王　芳

中国汽车技术研究中心首席专家

中国汽车技术研究中心(简称中汽中心)总工程师,主持或参与国家或省部级项目10余项,作为首席科学家主持完成"863计划"项目"储能用锂离子电池和燃料电池系统安全性设计及性能测试技术",以及"十三五"重点研发计划"动力电池测试与评价技术",并成功申报"十四五"重点研发计划"车载储能系统安全评估技术与装备"。牵头起草1项国际标准和20余项国家、行业及地方标准,其中多项已成为企业和产品准入强检标准;作为中方技术专家,全程参与了WP29 EVS-GTR全球电动汽车安全法规一阶段的起草,并牵头组织了热扩散测试方法和评价技术的研究。现作为中方技术组组长和中方专家一起深度参与EVS-GTR第二阶段工作。发表论文70余篇,申请专利60余项,出版专著3部,获行业高度认可。

2019年获国家科技进步奖二等奖(排名第三),并获包括中国汽车工业技术发明奖一等奖在内的省部级奖10余项;个人先后获天津市先进科技工作者、天津市中青年科技创新领军人才、国务院特殊津贴专家、天津市突出贡献专家等称号;作为团队负责人获中国机械工业联合会"十二五"机械工业优秀创新团队和天津市2019年创新人才推进计划重点领域创新团队称号。2020年12月,被授予天津市劳动模范称号,获全国五一劳动奖章和第十七届中国青年科技奖。

新能源汽车产业及技术分析

国轩高科第12届科技大会

新能源汽车产业分析

众所周知,"碳中和"已经引发全球关注并成为国际共识。目前,全球有130个国家以不同的形式提出了"碳中和"目标,这些国家的碳排放量占全球碳排放总量的88%,占全球经济总量的92%。在交通领域,碳排放量占总碳排放量的9%~11%,其中道路交通占比约为80%。因此,车辆电动化转型是交通部门实现"碳中和"目标的有效手段。发达国家政府和企业正加速向新能源转型,全球各国设定实现全面电动化的时间最早是2025年。在此必须强调的是,电动化不是一蹴而就的,"全面电动化"和"全部电动化"不是一个概念。同时,电动汽车也并非"零排放",虽然它在使用过程中不产生尾气排放,但其所使用的电力并非可再生能源。"零排放"其实是排放的"转移"。

对于汽车全生命周期,我们要考虑两个边界问题(图1):一个是燃料周期,能源本就有从生产到使用的全生命周期概念,非人力所能完全控制;另一个是车辆周期,包括原材料和原矿的开采、生产制造、使用、回收等环节。在考虑实现"碳达峰"和"碳中和"的目标时,我们必须考虑全生命周期的碳排放,而不仅仅是使用环节。关于汽车减排路径,短期来看,高效节能技术是我们关注的重点,包括乘用车油耗限值、重型商用车燃料消耗限值、纯电动节能技术、高效低成本制氢技术等;长期来看,去油化和电动化是我们追求的终极目标,可以通过使用电力、氢能、生物燃料等取代燃油来实现。

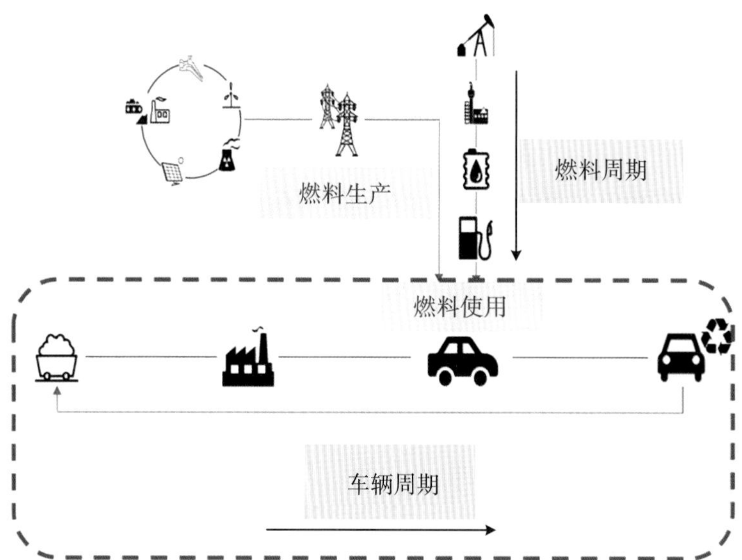

图1　汽车全生命周期系统边界

发展新能源汽车是我国从汽车大国迈向汽车强国的必由之路。在此过程中，我国取得了巨大进展，这首先得益于国家政策的推动。我国新能源汽车产业发展历程分为五个阶段：搜索阶段（2001—2008年）、示范运营阶段（2009—2013年）、普惠推广阶段（2014—2016年）、品质导向阶段（2017—2020年）、市场驱动阶段（2021—2025年）。在搜索阶段，2001年启动"863计划"电动汽车重大专项，2007年公布《新能源汽车生产准入管理规则》；在示范运营阶段，2009年启动"十城千辆"电动汽车示范应用工程，政府对购置新能源汽车给予补贴，2012年发布《节能与新能源汽车产业发展规划（2012—2020年）》；在普惠推广阶段，2014年印发《关于加快新能源汽车推广应用的指导意见》，2015年出台《中国制造2025》；在品质导向阶段，2017年公布《乘用车企业平均燃料消耗量与新能源汽车积分并行管理方法》，2020年发布《新能源汽车产业发展规划（2021—2035年）》；在市场驱动阶段，2021年发布《关于2022年新能源汽车推广应用财政补贴政策的通知》。

经历了上述五个阶段后，我国新能源汽车市场已经从启动阶段发展到培育阶段，再到如今的快速发展阶段（图2）。从2022年的产销量到2023年1—4月份的产销量，也可以看出这一趋势。2022年，新能源汽车销量达688.7万辆，市场占有率达25.6%，累计突破1300万辆，占汽车总量的4.1%。2023年1—4月，新能源汽车销量达222.2万辆，同比增长42.8%，市场占有率达27%。

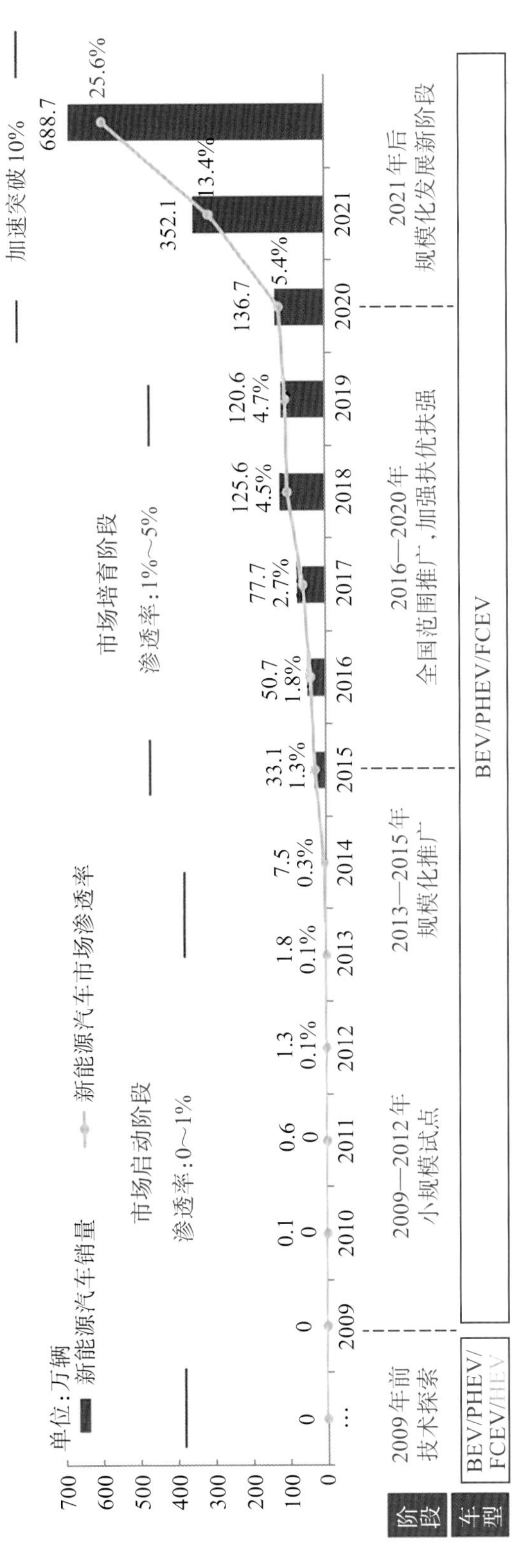

图2　2009—2022年中国新能源汽车销量及市场渗透率情况

2023年4月18日—27日，第二十届上海国际汽车工业展览会（以下简称：2023上海车展）在国家会展中心（上海）举行。整个车展共展出车型298款，其中新能源车型172款，纯电动汽车仍为新能源汽车主要赛道，自主品牌车型数量远超其他系列品牌。此外，还可以从技术角度分析2023上海车展的亮点：一是各家车企纷纷推出新的造车架构，从智能汽车、新能源汽车的角度重新思考车辆架构，而非简单地从燃油车向新能源车转变。例如，比亚迪“仰望”架构、红旗“旗帜”超级架构、小鹏SEPA 2.0“扶摇”架构、奇瑞“科技·进化”火星架构等。二是多家企业发布了新的动力电池技术，重点关注高性能和高安全性。例如，宁德时代凝聚态电池、瑞浦兰钧“问顶”电池、欣旺达“闪充”电池等。三是多家企业发布了800 V及以上的超充技术，这是快速补能技术的关注点之一。四是国产芯片技术不断发展，新能源领域的国产化芯片比重不断增加。五是“重感知、轻地图”的高阶智能驾驶技术正逐渐成为主流，例如，小鹏XNGP智能辅助驾驶、比亚迪BEV融合感知方案等。六是人机交互已从车内扩展到车外，包括车窗显示、车外提示音交互等。以上只是举例而已，2023上海车展涉及的技术非常丰富，各家车企都有展示。这些技术正在走向成熟，并逐渐进入现实生活。

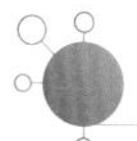

新能源汽车技术分析

无论从车展还是新能源汽车测试评价中，我们都可以看到新材料、新结构、新技术和新模式不断涌现。新能源汽车发展的一个重要特点是跨领域融合发展。新能源汽车企业从多维度入手，正在努力提升和改进多项技术。例如，在动力电池方面研制电池无模组（cell to pack，CTP）技术、电池底盘一体化（cell to chassis，CTC）技术以及电池车身一体化（cell to body，CTB）技术，持续开发与应用多合一、集成式电驱动系统，大力发展高效补能技术如大功率充电、无线充电、车电分离技术等，在座舱、车身、驾驶等方面应用各类智能技术（图3）。目前，热管理技术和国产芯片技术是新能源汽车行业关注的焦点，正在大幅提升和改进。新能源汽车的技术特点主要表现在高速化、高效化、智能化、高功率化、高可靠性以及高安全性等方面。根据这些特点，我们把新能源汽车技术分为九大类。

第一，高性能新能源整车技术。虽然消费者在购买整车时可能最关注的不是质量，但从产品的技术发展来考虑，质量始终是第一追求。目前，研发和提升高性能新能源整车技术的焦点主要集中在：① 全气候高效使用技术，包括高效冷暖一体化热泵空调技术、新型整车隔热保温技术、动力电池的自加热技术等；② 安全的快补能技术，包括高压快充技术、新型动力电池技术、超级充电桩技术等；③ 安全可靠性技术，包括电气安全技术、整车主动和被动安全技术、全场景的可靠性验证技术等；④ 低碳节能技术，包括整车能量控制策略技术、整车轻量化设计技术、高效的热管理技术等。

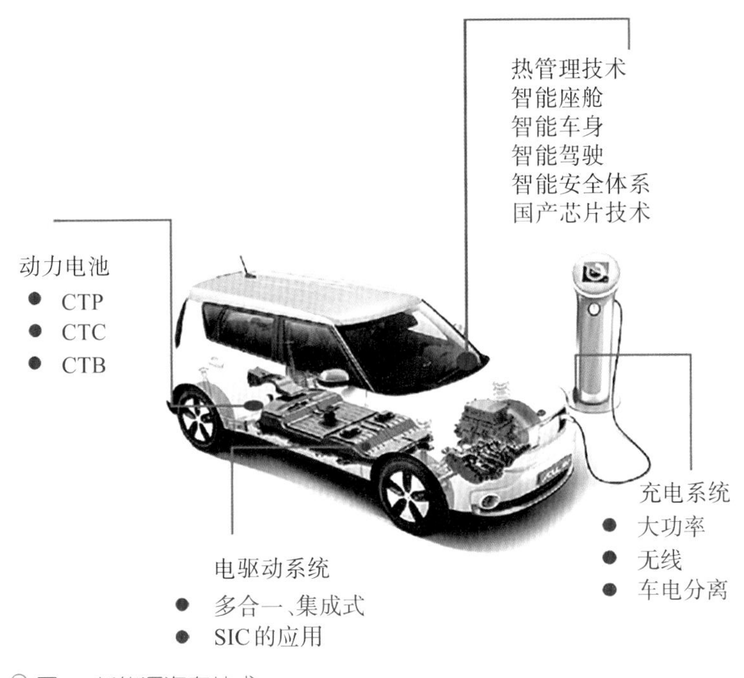

图3 新能源汽车技术

第二，高性能高安全全气候动力电池技术。在新能源汽车中，电池是最重要的部件。除了目前备受关注的钠离子电池和全固态电池，对于现有的电池体系而言，我们需要从材料到电芯设计、制造、系统集成和服役等全链条不断提升动力电池安全水平，实现全面提升。这包括材料、部件、电芯本身的安全性提升，例如，正负极材料、隔膜、电解液、结构工艺设计和耐久性改进等。此外，系统层面的Pack集成设计技术和新热管理技术的使用至关重要，比如，液冷、冷媒直冷等技术的优劣需要深入思考。最后，实际使用环节也是非常重要的关注点之一。在掌控电池本征安全的前提下，如何利用大数据、AI技术在实际使用时更好地管控电池和提升电池的综合利用效能及安全性，是备受关注的议题，也是工信部发布的新能源汽车安全管理体系中所关注的焦点之一。

第三，高压、高速化、高集成度电驱动系统技术。目前，电驱动系统正朝着高速化（25000 rpm）、高压化（800 V）、集成化（N合1）方向发展。具体来看，部件级高速转子、非晶定子以及高压功率模块的使用，如基于国产碳化硅的绝缘栅双极晶体管（IGBT）等正在快速发展。在系统层面，多合一集成技术从二合一、三合一发展到七合一，现在已实现十合一，系统的综合性能得到不断提升。在整车层级、多系统集成的情况下，热管理和电控系统控制效能至关重要。因此，需要关注部件级别的设计可靠性、系统层面的综合效能发挥，例如NVH（noise、vibration、harshness）、能效、电池兼容性以及安全可靠性等。最后，还需关注整车的等效热管理。

第四，多元化高效便捷补能技术。首先，大功率充电（快充）需求面临着挑战，包括整车高电压平台技术（车端）、高倍率快充电池技术（电端）和主动液冷降温技术（桩端）。有人曾就该话题提问：客户希望高倍率和低倍率的充放能够具有同等寿命，你认为合理吗？我的回答是：从客户需求的角度来看，他的要求是合理的。这就涉及性价比的问题，要实现高效快充，电池的质量品质和制造成本必然不同于普通电池。因为高效快充并非等于一次或多次快充，而是需要在全生命周期内考虑快充对性能和寿命的影响，并满足安全使用条件。在2023年电池标准（GB38031）修订中，这是其中一个重要的课题。行业对我们提出一个重要要求，在快充成为行业诉求的情况下，如何评价电池的快充安全性？其次，快速换电技术需要不断提升，包括高可靠换电连接及锁止技术（车端）、电池包分级兼容标准化技术（电端）和主被动电池仓安全监测处置技术（站端）。最后，无线充电技术虽然近年来发展缓慢，但是始终未被放弃，我们致力于攻克高效能抗偏移功率传输技术与高精度、高可靠安全检测技术（图4）。

第五，多要素融合的电磁安全技术。关于电磁兼容，过去我们更关注：当车受到电磁干扰时，是否会对其本身产生影响？电动汽车是否会对环境造成电磁辐射？然而，随着电动汽车与智能化、网联化相结合，电磁兼容的重要性逐渐提升，因为智能化和网联化会更多地受到电磁影响。所以，电磁安全技术是多要素融合的，主要涉及：车与环境，包括车污染电磁环境、电磁环境干扰车等；车与人（消费者关心），包括车辆电磁场对人体辐射安全、人体静电对车造成故障；车与电网，包括浪涌等造成充电异常、充电干扰其他用电器等。目前，国产芯片的替代，如800 V高压系统芯片等，对电磁兼容带来新的挑战。因此，我们需要关注从部件级到整车级的相关技术问题。

· 高效能抗偏移功率传输技术
· 高精度高可靠安全检测技术

图4　新能源汽车无线充电技术

第六，高效能的智能技术。电动汽车被视为智能网联汽车的理想平台，其智能化水平被定义为高性能。在智能技术领域中，我们构建以场景数据库为核心支撑，通过标准规范实现数据接口的互通，利用全流程工具链加快产品迭代速度，并以实现多维度功能和确保预期功能安全为最终目标。虽然这是一个统一的开发模式，但我们仍需克服包括功能安全和预期功能安全在内的一系列挑战，以达到更高级别、更安全的智能水平。

第七，高可信的车联网技术。车联网是由单车智能迈入网联自动驾驶的重要基础设施，其安全性、可靠性、稳定性是产业发展的基础。因此，我们需要以安全数据为核心，筑牢车联网发展底座。在车联网领域，信息安全、数据安全以及整体功能安全都是必须考虑和提升的关键内容，尤其是在网联化技术的应用中，这些安全问题必须得到充分重视和解决。

第八，高可靠的新能源汽车芯片技术。新能源汽车的新技术、新功能，对汽车芯片提出了新的使用和技术要求。首先，芯片工作环境温度浮动变小。AEC-Q可靠性测试中的150 ℃等级来自发动机，而新能源汽车工作状态下整体温度变化幅度变小。其次，芯片的电磁兼容要求更高。主驱系统工作时的电磁干扰更强烈，促使芯片及系统的电磁兼容能力提高。最后，隔离芯片等需求提升。高电压系统带来的电压耐受、开关噪声等问题，往往通过隔离芯片提高系统稳定性。

第九，全生命周期的低碳技术。实际上，低碳已成为人们高度关注的话题。低碳的材料、零部件加工、整车生产、使用和报废回收等贯穿其全过程。因此，在碳足迹核算时，我们必须从材料的碳足迹入手，从原材料核算开始，才能清晰地阐述低碳的碳排放、碳资产核算等问题。

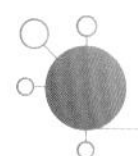

中汽中心的技术助力平台

中汽中心一直在多方面努力为行业提供共性技术支撑，新能源汽车领域主要服务能力如下：

第一，新能源汽车全价值链技术服务能力。我们将其分为政府智力支持、行业技术服务和汽车消费引领三个方面，包括政策、标准以及产品的研发、使用、回收全环节。同时，也可分为前端、产品端和后端市场三个板块，为大家提供全方位的支持。无论客户有哪方面的新能源技术需求，我们都可提供服务。例如，动力电池全生命周期技术服务，包括从产品前端研发到检测、大数据评价和预警以及电池可持续性评估等。目前，我们正在尝试从性能、环境和社会三个维度出发，根据联合国发展目标进行评估，以确定哪款电池能够真正实现可持续评估。性能方面包括可靠性、安全性和耐久性，环境方面涉及碳排放和循环利用材料的比例，社会方面则包括政策和成本等要素。

第二，智能网联汽车全价值链技术服务能力。我们面向智能网联汽车，围绕以数据为核心的工具链与平台，在智库支撑、检测认证等领域布局智能网联汽车全价值链专业技术能力。

第三，碳减排的全生命周期可持续评估服务能力。我们深度对标联合国可持续发展目标、电池护照可持续指标等国际实行的先进体系，形成了基于环境、社会、成本等关键环节的可持续指标体系和模型构建机制。

第四，量身定做的品牌生命力服务能力。品牌生命力对产品而言是极其重要的，所以我们需要进行品牌测量、品牌诊断、制定营销策略、开展营销活动、实施品牌传播及营销效果检测。这也符合我国所倡导的“民族品牌向上”的理念。未来，我国新能源汽车要想在全球行业内继续站稳脚跟并持续发展，民族品牌生命力至关重要。

此外，为了提供更好的服务，中汽中心建设了占地20万平方米的新能源汽车科技创新基地(图5)，总建筑面积约14.6万平方米，建设燃料电池、动力电池、电驱动总成、电磁兼容、新能源整车等领域的20余个综合实验室，以及能源中心、供氢中心、科研中心等基础设施，总投资19.9亿元。目前，该基地已全面启用。

图5 中汽中心新能源汽车科技创新基地外景①

① 来源：CATARC中汽中心。

董 扬

中国汽车动力电池产业创新联盟理事长

中国汽车芯片产业创新战略联盟联席理事长，中国电动汽车百人会副理事长，德载厚资本董事长兼投委会主席。曾在中国汽车工业总公司、机械工业部、国家机械局工作，历任副处长、处长、副司长；主持制定全国汽车行业“八五”“九五”科技规划，代表中国参加WTO谈判。曾任北京汽车集团有限公司（简称北汽）总经理，领导筹建北京现代、北京奔驰等合资企业，并推动了北汽福田的发展。在担任中国汽车工业协会常务副会长兼秘书长期间，该协会被民政部评为“5A”级协会，并曾出任世界汽车组织（OICA）第一副主席。

汽车百年大变局

国轩高科第12届科技大会

从国家和民族的角度出发，过去一百年里我们经历了一系列的变革和转型，取得了显著的成就。作为汽车行业的从业者，我真切地感受到如今汽车行业也经历了与过去任何时期都不同的巨大变化，包括外部环境和内部条件的变化。为什么那些曾经领导全球汽车发展潮流的国际大公司如今反而跟不上节奏？为什么特斯拉(Tesla)汽车能够在全球范围内如此火爆？以丰田(Toyota)和奔驰(Mercedes-Benz)汽车的标准来衡量，特斯拉汽车的质量并不算过关，为何它却能在市场上取得如此大的成功？原因不仅仅在于特斯拉本身，更是由于整个汽车产业经历了重大变局。

新技术变局

(一) 电动化技术

1. 汽车产业迎来电动化新时代

电动汽车是新能源汽车吗？实际上，电力并不是新能源，而是传统能源，因为电力在汽车中的应用早于内燃机。据统计，1900年全球约有1万辆汽车，其中9千辆为电动汽车，1千辆为汽油汽车。但电动汽车电池的能量密度较低，行驶里程较短，这成为致命的短板，因此后来被内燃机所取代。其中的原因也包括亨利·福特(Henry Ford)对汽车工业大规模生产的贡献，以及石化部门将当时几乎无人使用的汽油转化为了燃料。

进入21世纪以来，锂离子电池的创新使得电动汽车能够满足绝大部分应用场景要求，从而迎来了电动汽车的新时代。早在20世纪80年代，在汽车行业科研项目中便已经开始涉及电动汽车领域，只是当时的电动汽车一直表现不佳。直至进入新世纪，锂离子电池技术的发展才使人们突破了这一困境，能量储存技术由此跨越了一个台阶，从此人类进入了电动汽车新时代。电动汽车的电门比油门更加灵敏，动力性好、操作方便、维护保养简单、适应面比内燃机更广（图1）。

图1　电动汽车

此外，"碳中和"目标的提出势必加速电动汽车行业的发展，这一趋势将促进非碳能源的使用，并进一步加深电动汽车与电网的整合，对于全社会而言，这是节能减碳的重要一步。考虑到电网自身存在的能源浪费问题，V2G（vehicle-to-grid）技术的应用不仅能够帮助平衡电网负荷，实现削峰填谷，还能减少汽车能源的不必要损耗，从而在全球范围内节约能源。

最后，氢能源系统的建设同样不可或缺。在长途和重载运输领域，燃料电池汽车尤其具有其独特的优势和发展潜力。氢能与电能并非互斥，而是在全球"碳中和"目标指引下的互补能源。预计在未来的能源结构中，约80%的能源需求可通过电网满足，而剩余的20%则可能依赖于氢能源系统。从汽车角度来看，长途和重载的使用环境更需要燃料电池，但是氢燃料电池汽车的发展不会像电动汽车这样迅速，它依赖于氢能源系统技术创新与发展，这将是一个长期的过程。如果电动汽车有短跑冲刺，那么燃料电池汽车则有一段长跑，需要相对较长的时间才能取得显著成果。随着氢动力系统的不断发展与完善，我们相信它会在未来拥有良好的前景。

2. 中国已占得电动汽车发展先机

中国电动汽车的成功发展首先得益于良好的顶层设计和系统的政策支持。早在2000年左右，我国就明确了“三纵三横”的新能源汽车产业发展策略，并在2008年奥运会和2010年世博会上进行了大规模应用。2009年实现了10万辆的销售目标，极大促进了产业化进程。2012年，国务院颁布了《节能与新能源汽车产业发展规划（2012—2020年）》，制定了系统的政策，推动了新能源汽车的发展。

其次，政府与产业的互动、各行业的良好协同以及各方给予的优惠政策，都为我国电动汽车产业的发展提供了有力支持。今天的汽车产业已经发生了翻天覆地的变化，电化学技术在汽车领域的应用已经成为电动汽车的重要组成部分。动力电池本身也已经成长为一个万亿产值的大产业。如今，我们的总量已位居世界第一，技术也达到了世界先进水平。例如，国轩高科近日发布的磷酸锰铁锂电池，其单体能量密度达到240 W·h/kg，系统能量密度为190 W·h/kg，在全球处于领先水平。在未来的材料体系方面，中国的新能源汽车也将会有更大的发展空间。我们已经建成了全球最强大的产业生态。

3. 中国电动汽车发展的关键因素

第一，市场是推动技术发展的最重要因素。十几年前，我前往韩国考察，当时认为我们用二十年也未必能赶上他们的市场规模。然而，事实上我们仅用了短短十年左右的时间就实现了市场规模引领，推动了创新，集聚了人才，并加速了产品迭代。几年前，彭博新闻记者曾向我提出关于电动汽车质量的问题。我回应称，尽管中国的电动汽车在某些方面尚未达到发达国家的水平，但我国产品的更新速度却远超他们。发达国家的电动汽车每五年迭代一次，而我国每两年迭代一次。事实也证明了这一点，虽然我们非常需要政府制定良好的政策，也需要科学家们奋力攻关，推动科学技术的进步，但市场始终是推动技术进步的根本动力。

第二，成本低、产业链强大是中国电动汽车制胜的最重要因素。简而言之，中国电动汽车是在政府补贴的支持下得以推广的，其售价与燃油汽车相当。国际能源署的统计数据显示，中国的电动汽车价格比同级别的燃油车高出10%，而在世界其他地区则高出40%。这使得中国电动汽车在全球范围内具有核心竞争力。

第三，中国制造水平提高，这是中国电动汽车发展的重要助力。在过去几年里，中国的整车出口量一直徘徊在100万辆左右，目前该数字已经迅速上升。这得益于中国制造水平的显著提高，使得中国制造不再是廉价低质的代名词，而是代表高品质和物美价廉的产品形象（图2）。

图2 电动汽车生产

（二）互联网/人工智能技术

1. 对汽车产品、汽车产业的影响

第一，辅助驾驶、自动驾驶技术飞速发展，能够减轻人的驾驶强度，并提升人的驾驶技能，使得人们开车的体验与过去大不相同。即使在恶劣天气或不利情况下，也能够保证车辆的行驶安全。第二，随着交通通信条件的改善，直接销售与服务模式得以发展。例如，特斯拉和中国造车新势力的直销模式，特别是车友会模式，都是基于交通通信条件的改善而发展起来的。第三，生产企业与消费者之间的直接互动极大地丰富了用户体验。不同于以往需组织专门团队实地调研市场需求来设计新车型，如今企业能够通过更广泛的渠道直接了解用户反馈，省去了传统面对面调查的烦琐流程。第四，借助互联网软件的在线更新功能，车辆的性能得以持续升级优化，同时软件订阅模式也成为现实。这一模式已在特斯拉的部分车型中得到应用。这些变革预示着对未来社会将产生深远的影响。

2. 产业界需关注的新问题

第一，必须转变传统的客户服务模式，不再拘泥于过时的委托服务体制。例如，亨利·福特在20世纪20年代制造了T型车，他在底特律造车，在洛杉矶应用。全美购买汽车的用户该如何接受服务呢？当时的做法是，车厂将10%的利润分给当地4S店，由其进行间接委托服务。然而，随着交通通信条件的改善，直接服务模式得以实施，且直接服务模式的体验要好于间接服务模式。

第二，新服务模式建立需要大量的实践摸索。无论是现在的特斯拉直销模式，还是未来的中国车友会，都是对新的服务模式的探索，但这只是开始，未来还会涌现更多的创新服务和体验。

第三，如何建立软件收费模式成为一大挑战。目前，汽车行业一直未能全面实施软件收费模式，虽然特斯拉已经成功地建立了软件收费模式，但其他品牌仍在摸索中。

3. 新材料与新工艺

特斯拉采用铝压铸底盘大大简化了汽车制造工艺，这一做法值得借鉴和思考。现有制造工艺和材料并非汽车制造的最佳选择。例如，如今汽车制造采用的是薄钢板冲压、点焊形成车身的方式，而汽车车身的力学特性主要取决于刚度而非强度，从刚度角度出发，薄钢板点焊连接并不是最佳方式。此外，根据个人感受，如果将汽车结构和功能评分为100分，制造技术为80分，材料应用则是60分，还有很大的提升空间。

此外，汽车产品在全球普及，对全球资源供应提出了新的挑战。有人认为汽车早就在全球范围内普及了。实际上，在中国和印度的汽车产业发展之前，全球使用汽车的人口只有10亿。而现在，因中国和印度的加入，汽车使用人口从10亿发展到了35亿。值得注意的是，即使中国和印度都普及了汽车，全球仍有35亿人没有使用汽车。如果这35亿人都开始使用汽车，那么对材料和资源的需求将会激增。正如日产汽车公司前总裁卡洛斯·戈恩（Carlos Ghosn）说过的那样，如果中国像美国一样广泛使用汽车，那么需要两个地球的资源。这也是一个重要的挑战。

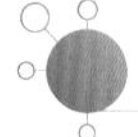

用户需求变局及社会需求变局

随着制造质量的普遍提高、互联网技术的普及以及物质生活的丰富，用户对汽车产品的需求发生了重大变化。具体来说，用户不再将质量作为首要考虑因素，以质量为核心的品牌价值观正在改变。

随着制造水平的普遍提高，车辆质量得以显著提升。二十年前，上海修建高架路时，曾经有规定要求各委办局的车辆在早上驶上高架路之前进行检修，以确保车辆没有问题。如今这一情况已经很少出现。因此，年轻人开始追求个性化和品位，更注重用户体验，更关注汽车的颜值、操作便捷性和炫酷外观。

此外，互联网的普及和智能驾驶技术的应用，使得汽车的功能得到了扩展。汽车作为第三空间，涌现出许多新需求。例如，自动驾驶功能，虽然这项技术尚未完全成熟，但目前至少在高速公路上可以实现辅助驾驶。

随着消费者对新功能、新技术的渴求愈发强烈，在2023年上海车展上，比亚迪推出了一款主动悬挂系统的汽车，该车能够实现原地转弯。但据广汽研究院院长所说，他们在2022年就已经研发出此项技术，只是没有广而告之。因为按照旧规则，如果技术不完善，就不会拿出来展示。如今他们可以抢先一步推出该技术，并通过不断地迭代逐渐完善。如今的用户主观尝试新事物，不要求完美，并且愿意接受技术的持续迭代和不断完善。

关于社会需求方面，一方面，“碳中和”已在为全世界达成共识，并贯穿于汽车产品制造与使用全过程。另一方面，环保和资源高效利用的要求预计将变得更加严格，这将不断推动整个行业向着更高标准的环境友好型发展迈进。

国际市场变局

（一）中国汽车产品出口形势发生根本改变

随着中国制造业的全面升级，该行业正在实现从低端至中高端的重要转型。这一转变不仅提升了中国制造品的质量，也促使中国品牌在全球市场的声誉显著提升。对于中国汽车产业而言，这种形象的提升无疑为其产品出口创造了极为有利的条件，有力助推了中国汽车在国际市场上的竞争力和影响力。2021年、2022年中国汽车出口量大幅增长，有人将其归因于新能源汽车的发展，但实际上并非完全如此。因为在中国出口车辆增长的比例中，传统车的增长比例比新能源汽车还要略高，这表明整个中国制造业被全球所接受。

中国汽车产业链是完整而强大的，可以长期作为世界上整车和零部件的出口基地。例如，前几年一些把国内市场作为第一位的人，认为奇瑞发展得不够好，如果不是依靠出口早就破产了，而重视出口也不过是不得已而为之。实际上，2022年奇瑞发展得很好，每辆车出口所得利润比国内多。2023年初，国内又掀起了一轮降价潮，总体市场增长较慢。由此可见，出口做得好的企业，其经营状况相较更好。中国企业应该更加重视出口，加大相应投入。

（二）中国汽车产业战略也应相应改变

中国汽车整车与零部件生产企业应更加重视全球市场，调整企业发展战略，提升参与国际竞争的综合能力。行业机构和政府部门也应为此作出相应调整，支持中国汽车产业走出去。

回顾历史，当年福特、通用、丰田、大众如何进入中国市场，我们现在也应如何迈出国门。我们需全面地参与国际市场竞争，与当地政府保持良好关系，善用当地人力资源和舆论资源，整体性地拓展海外市场。此外，我们不仅应推动汽车企业走向世界，还应让汽车企业与商社及汽车行业机构一同前行。

大变局下的中国汽车产业竞争优势

首先，效率优势，包括劳动力优势、工程师优势、决策效率优势；其次，成本优势，包括产业链优势、正确看待行业竞争；最后，还有新技术应用优势。我国有全球范围内的高科技人才储备。在过去几十年里，大量中国人出国留学，他们在国外从事尖端工作，如计算机辅助设计（CAD）和人工智能等。现如今，他们已成为我国强大的人才储备。此外，中国的互联网技术和通信技术也具有自身优势。

综上所述，我们正面临百年未遇的大变局，其对我国产业的发展将产生深远影响。希望大家能够深刻理解这一变局的重要性，共同推动我国迈向“汽车强国”。

马仿列

中国电动汽车百人会副秘书长

高级工程师，电动汽车领域资深专家，北京理工大学兼职教授、博士生导师。40年汽车行业从业专家，历任多家大型国企高管。任职期间，组织实施并参与的项目获得第二十三届国家级企业管理创新成果一等奖，中国汽车工业科技进步奖一等奖和二等奖等多项成果奖励。

新能源与智能汽车产业发展新格局

国轩高科第12届科技大会

现阶段,新能源与智能汽车产业发展呈现新格局。本文将从三个方面展开介绍:市场环境新格局、产业发展新格局,以及产业发展过程中需要关注的问题。

市场环境新格局

第一,中国引领全球汽车产业电动化变革加速推进。全球汽车市场电动化进程正在加速推进,2022年全球新能源汽车增长67%,远超整体市场水平,市场规模首次超过千万辆,市场渗透率达到14%,全球汽车电动化高速发展的拐点已经出现。值得一提的是,中国在2022年占据了全球市场份额的64%,市场规模和渗透率均位居全球前列,成为引领全球汽车电动化变革的重要力量。

第二,电动化革命推动全球汽车产业核心技术竞争力向东亚区域转移。作为汽车产业电动化革命的核心,动力电池产业规模呈现爆发式增长。数据显示,2022年全球动力电池装机量超过500 GW,2012—2022年的年均复合增长率接近70%。

全球汽车产业技术竞争正从欧美国家向以中国为先锋的东亚地区倾斜。同时,动力电池及其产业链已逐步取代发动机产业,成为汽车产业新的核心。值得注意的是,2022年全球动力电池装机量前十名的企业全部来自中、日、韩三国,合计份额超过91%,其中,我国动力电池企业在前十名中占据了6席。

第三,全球化竞争从市场端向供应链端延伸。各国陆续出台政策,一方面推动本地汽车市场规模扩大;另一方面通过不断加大投资力度或出台限制政策,加强动力电池、芯片等核心供应链的本地化建设。全球汽车电动化竞争从市场端延伸到供应链端,产业竞争上升到国家或地区供应链的安全高度。

在市场端，以美国为例，2021年12月总统签署行政令，要求联邦政府到2050年实现碳中和，并在2027年之前停止销售汽油动力车，同时计划到2035年只销售零排放的电动汽车。2022年7月欧盟公布了“Fit for 55”减碳计划，其中，规定汽车行业到2035年时，新车的二氧化碳排放量将减少至零。2023年2月，欧洲议会批准，从2035年开始，在欧盟境内停止销售新的燃油车和混合动力汽车，并加大对清洁能源汽车和基础设施建设的投资额度。

在供应链端，以美国为例，2022年8月出台《通胀削减法案》，将在气候和清洁能源领域投资约3700亿美元，以支持电动汽车、关键矿物、清洁能源及发电设施的生产和投资，其中，多达9项税收优惠是以美国本土或北美地区生产和销售作为前提条件的。同年又签署生效《芯片和科学法案》，该法案将为美国半导体的研究和生产提供约527亿美元资金补贴和税收优惠。同时，该法案规定了对那些希望获得美国补贴和税收优惠的公司在中国进行投资的限制。2021年欧盟批准投资超过30亿欧元，其目标是到2025年实现动力电池100%本地供给。2023年4月，欧盟委员会、欧盟理事会和欧洲议会对一项规模为430亿欧元的《欧盟芯片法案》内容达成共识，该法案旨在促进欧盟半导体制造业的发展，其目标是2030年前实现欧盟芯片产量的全球份额翻倍。

第四，我国新能源汽车产业正式迈入全面市场化的新阶段。2022年，我国新能源汽车销量达到688.7万辆，同比增长了93.4%，渗透率达到25.6%，提前三年完成了国家产业发展规划中设置的2025年阶段性目标。随着补贴政策的退出，我国新能源汽车正式进入了全面市场化、产业化、规模化发展的新阶段。

第五，国产品牌在电动化领域的主力军地位愈加凸显。在股比放开、外资企业加速转型的背景下，2022年国产品牌依旧保持着国内新能源汽车市场的绝对领先地位。传统自主品牌以及造车新势力合计份额超过了80%。在世界前十五名品牌中，中国品牌占据了12个席位，其中比亚迪更是名列第一，市场份额超过了30%。

第六，新能源汽车消费逐渐从大城市向中小城市快速拓展。北京、上海、广州、深圳等特大城市新能源汽车销量占比已由2021年的22%降至2022年的16.7%。与此同时，非限购大型城市、中小城市和县乡市场的私人消费需求稳步提升。数据显示，2022年二线及以下城市的新能源汽车销量占比达到了56%，相较于2021年提升了6%。

产业发展新格局

第一，商用车电动化即将进入规模化的高速发展阶段。过去乘用车一直走在电动化前列，由于充电技术和电池技术等方面的制约，商用车电动化进程相对较慢。近年来，随着换电技术的突破、电池技术的持续进步以及商业模式的创新，商用车电动化得到快速发展。2022年，我国在商用车市场四连降的背景下，新能源商用车的销量却达到了33.8万辆，同比逆势增长了81%，市场渗透率超过10%。商用车企业正加大在新能源领域的布局。《新能源汽车推广应用推荐车型目录》显示，2022年换电式纯电动商用车新车型较2021年增长了101.2%。由此可见，换电技术和商业模式创新将有效推动商用车电动化进程。

第二，我国新能源汽车产业国际化呈现新局面。这得益于新能源和智能汽车技术的加持，我国汽车出口规模迅速扩大，产业国际化之路正式开启。数据显示，2022年我国新能源汽车出口量达到67.9万辆，2023年第一季度同比增长了1.1倍，整车出口呈现量价齐升的态势（图1）。不仅出口量不断增长，价格也在提升，汽车出口平均单价由过去的1.6万美元上涨至1.8万美元。借助产业先发优势，包括电池产业在内的新能源汽车产业链出海进程逐渐加快。目前，已有数家整车厂和供应链企业宣布海外布局计划，预计未来出口将成为新能源汽车市场的重要增长点。

第三，智能化进一步催生新的产业生态。汽车产业正处于变革的下半场，智能化成为主要趋势。随着大算力AI芯片、操作系统、感知雷达、线控执行系统等增量零部件的价值快速提升，它们逐步成为汽车产业的核心环节。据预测，到2030年，全球车用芯片市场规模将超过1000亿美元。

此外，基于智能网联汽车将形成新的系统性工程，车、路、网、云、图、城等领域将相互深度融合，催生新型基础设施需求。这些新型基础设施包括信息基础设施的感知网、算力网、通信网，以及融合基础设施的能源网、交通网和位置网。在智能化阶段，企业将基于数字化打造新的商业模式，并催生新的生产管理模式（图2）。

（单位：万辆）
350
300
250
200
150
100
50
0
30%
25%
20%
15%
10%
5%
0
104
102
99
202
311
99.4
0.5
3
6
30
67.9
24.8
0.4%
3.0%
6.2%
14.7%
25.6%
24.9%
2018
2019
2020
2021
2022
2023
年份
整车出口
新能源整车出口
新能源汽车渗透率

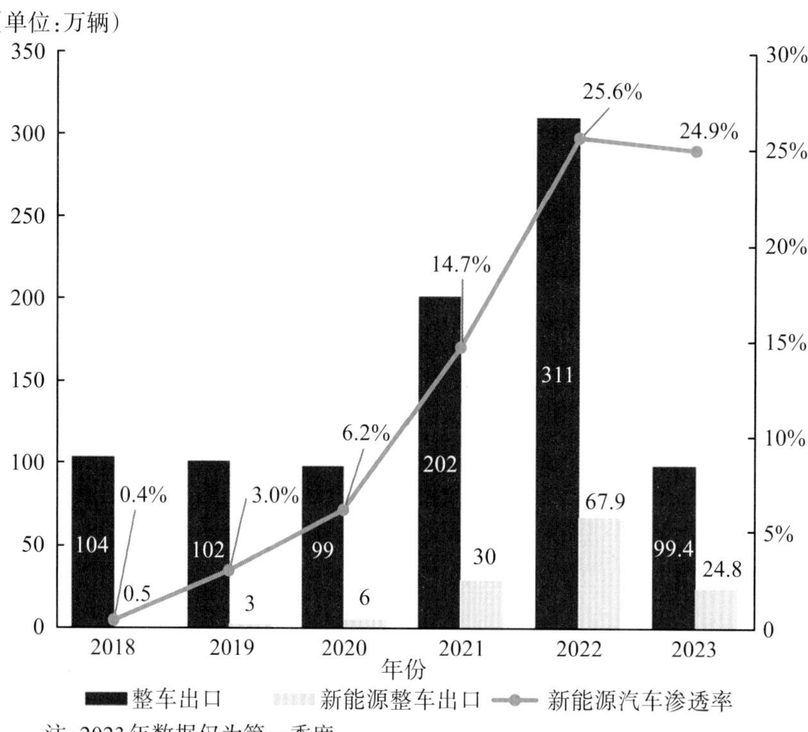

注：2023年数据仅为第一季度。

图1　中国新能源整车出口量情况①

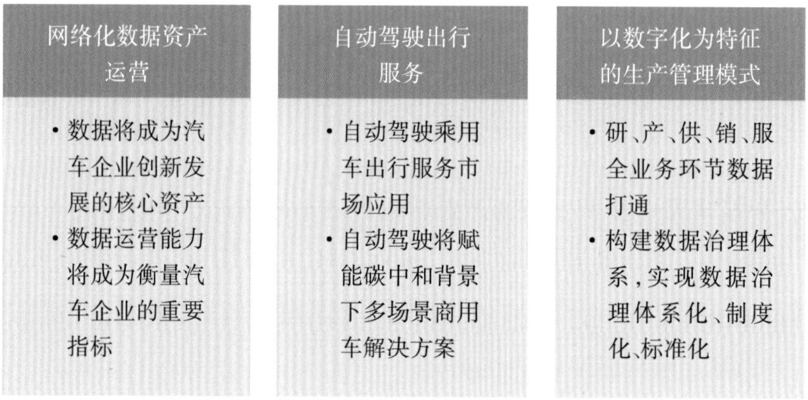

网络化数据资产运营
• 数据将成为汽车企业创新发展的核心资产
• 数据运营能力将成为衡量汽车企业的重要指标
自动驾驶出行服务
• 自动驾驶乘用车出行服务市场应用
• 自动驾驶将赋能碳中和背景下多场景商用车解决方案
以数字化为特征的生产管理模式
• 研、产、供、销、服全业务环节数据打通
• 构建数据治理体系，实现数据治理体系化、制度化、标准化

图2　基于数字化的汽车产业商业模式创新和生产管理模式变革

第四，技术跨界融合，科技公司加速涌入，成为新格局塑造的重要力量。汽车产业进入电动化、智能化发展新阶段，汽车产业边界和推动汽车产业创新的力量都发生了重大变化。信息通信、大数据、消费电子、互联网、人工智能、半导体芯片、新材料等多个领域的科技和制造企业参与其中，将驱动我国汽车产业技术水平全面提

① 数据来源：中国汽车工业协会公开数据。

升、快速演进。

第五，汽车与能源将深度融合形成系统性工程。在电动化的第二个阶段，新能源汽车、电网、风能、光伏、氢能、储能等多要素协同体系逐步形成。新能源汽车将成为移动储能终端，深度参与能源调节。

第六，动力电池还具有广阔的创新发展空间。动力电池技术创新成果颇丰，预锂化技术使磷酸铁锂电池寿命提高到15000次左右，新一代磷酸锰铁锂电池的能量密度提升约20%，三元电池不断冲击能量密度上限，从300 W·h/kg提高到350 W·h/kg，并朝着含镍量更高的9系电池领域迈进（图3）。另外，固态电池产业化进程持续推进，2022年固液混合电池已实现小批量生产，预计2025—2027年固-液混合电池及全固态电池将进入批量化生产阶段，全固态电池的量产预计在2030年实现。

产业发展中需要关注的问题

我国在新能源与智能汽车领域弯道超车，已初步取得显著成绩。然而，必须清醒地认识到其中潜在的问题和风险，并呼吁整个行业高度关注。

一是持续推进电池技术创新，加快布局下一代电池。欧盟、日本、韩国等正积极加大对下一代电池的投入和支持力度，希望能够在下一代电池领域实现突破和超越。例如，欧盟委员会已批准向参与电池项目的7个成员国提供32亿欧元援助，用以支持电池技术研究和项目创新；日本计划到2030年实现全固态电池量产；韩国将在2023—2028年投入3066亿韩元，争取提前实现固态电池、锂硫电池、锂金属电池的商业化应用。此外，美国也通过相关法案推动本土动力电池供应链建设，预计到2030年前后，固态电池、锂硫电池等下一代电池将大规模进入市场。目前，我国在电池领域已处于全球领先地位，但仍需警惕因电池技术突变而面临反超的潜在风险。因此，我们需加大对下一代电池的研发投入，完善新技术产业链环节，并积极寻求适宜的应用场景以推动技术的落地和迭代。全行业应高度重视这个问题。

二是重视电池上游资源战略地位并积极布局。我国动力电池产业链在冶炼、电池材料、电池加工等环节具有明显优势，然而上游核心资源储量有限且对外依存度高。在动力电池原材料逐渐成为各国战略资源的背景下，国家层面的资源战即将打响。此外，供需错配导致碳酸锂价格出现暴涨和暴跌的极端情况。2022年碳酸锂最高达到了每吨60万元，最低时即前几个月跌至每吨20万元，最近又回升至每吨30万元左右。这种大起大落的材料价格不利于行业的持久健康发展。因此，建议将动力

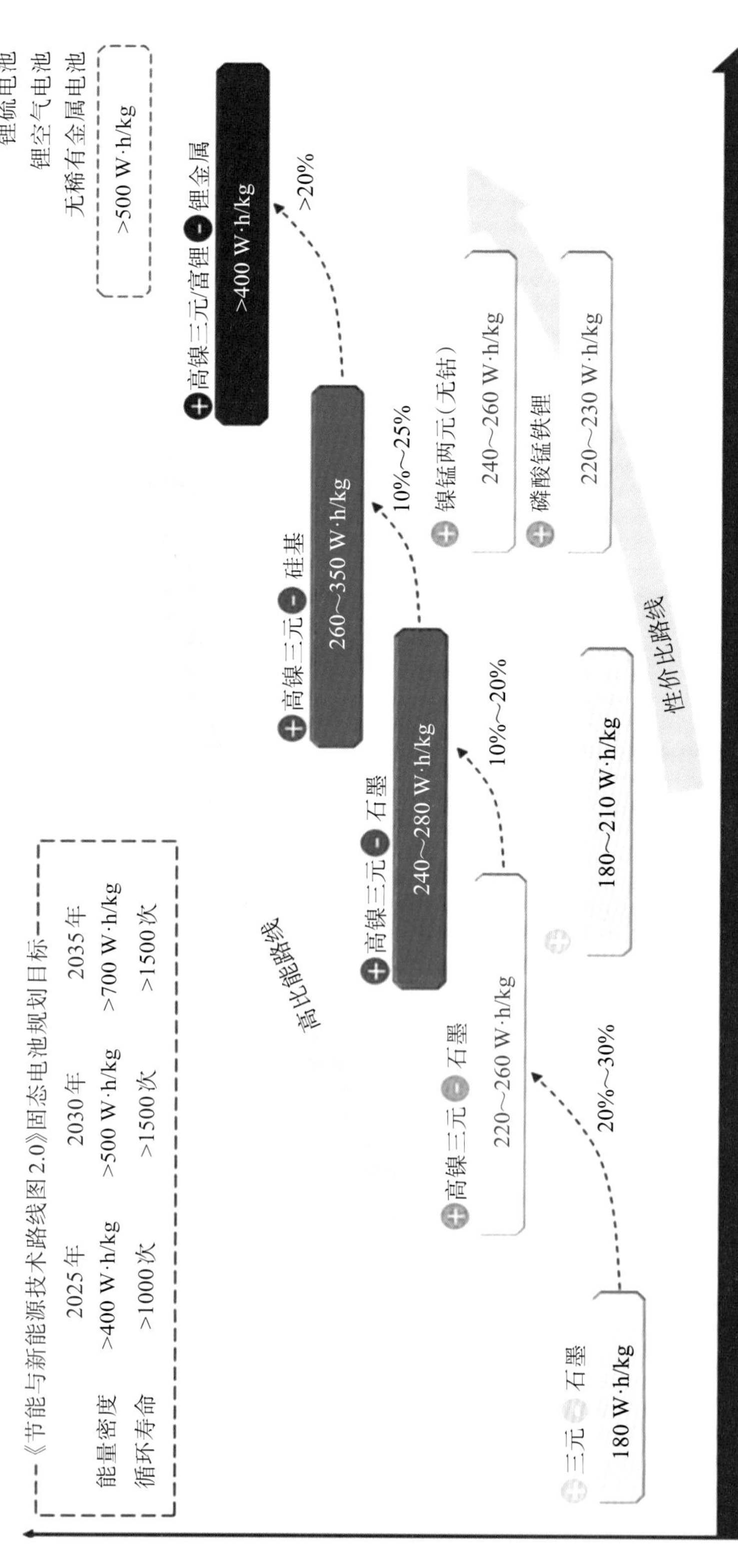

图3 动力电池产品体系发展路线

电池上游关键资源纳入战略资源考量，加大相关资源的勘探和开发力度。同时，在资源配置、财政收入、重大项目、矿业用地等方面加强引导和差别化管理，大力支持企业在全球布局锂、镍、钴等资源，并加强对企业在海外稀缺资源并购中的政策支持力度。

三是加快推进动力电池回收利用体系建设和产业化。新能源汽车产业蓬勃发展，动力电池退役量亦随之增加。预计到2030年，电池退役量将达到350万吨，电池回收市场规模有望突破千亿元。虽然关于电池回收的话题已引起广泛关注，但目前电池回收的体系、产业机制和政策尚未系统建立，迫切需要加快完善。电池回收关乎整个新能源产业的可持续发展，也是化解资源瓶颈的有效手段。我国应加速建立新电池生产中回收材料使用率的管理体系，加强梯次利用和再生利用关键技术研发，通过技术创新提高回收经济性；同时，支持在电池设计、制造时就将电池回收的便利性纳入考虑，减少安全隐患；此外，鼓励利用现有社会资源，实现退役电池的就近安全处理（图4）。

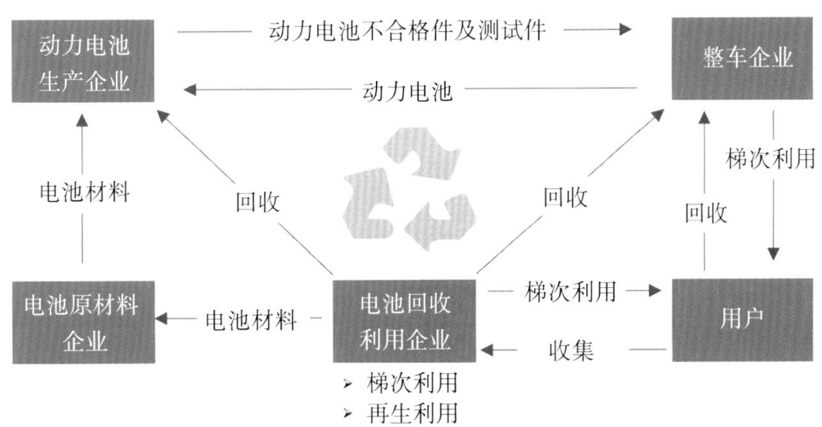

图4　动力电池回收利用体系

四是动力电池必须率先实现自身绿色低碳化。当前动力电池制造环节是新能源汽车全生命周期碳排放的主要来源之一，占到总排放量的20%左右。《欧盟电池和废电池法规》通过对电池碳足迹的声明、分级及限额要求逐步构建起“碳壁垒”，推进电池产业链低碳化发展是必然趋势。我国有必要通过构建动力电池低碳管理体系和行动指南，促进动力电池从资源开采、材料制造、电池生产、回收利用等全产业链实现低碳化发展，以提高我国产业链的国际竞争力。同时，我国也应积极参与全球碳中和规则制定，推动建立国际互认的电池碳足迹核算标准体系，以巩固提高我国动力电池产业国际竞争力。

五是高度警惕电池产能快速扩张带来的风险。近年来，动力电池领域投资呈现快速增长的趋势。自2022年起，中国锂离子电池产业新签约落地的投资扩产项目至少达到260个，总金额超过1.4万亿元。其中，动力及储能锂离子电池项目的投资额占比近2/3。据预测，到2025年，行业总产能将超过4800 GW·h。然而，我们预测到2025年动力电池的总需求量仅约为1600 GW·h，届时产能利用率将仅有33%。产能的快速扩张可能带来一系列问题，如产能结构性过剩、资源紧张、恶性竞争和重复建设等。另外，部分企业存在非理性的扩产投资行为，与地方高额投资补贴互动绑定，存在较大的潜在风险。因此，行业需要高度警惕这些潜在的问题和挑战。

综上所述，中国新能源汽车产业已取得了显著成果，这一点毋庸置疑。2023年4月28日，中共中央政治局会议明确提出要巩固和扩大新能源汽车发展优势，加快推进充电桩、储能等设施建设和配套电网改造。

中国电动汽车百人会自成立以来一直致力于推动汽车产业的变革发展，并持续关注动力电池产业的变化。作为行业的第三方智库与合作平台，我们非常愿意携手政府部门、行业机构、产业链企业，共同为推进我国动力电池产业高质量发展做出贡献。

后记

国轩高科科技大会已连续举办了12届，在每一届大会上，众多来自科技与产业界的专家分享前沿科技进展，共话具有开创性、突破性的产业共性技术开发，在为我们呈现一场场精彩的思想碰撞的同时，也进一步帮助国轩高科建立起面向全球的开放创新体系，让我们获得多方面的收益。

思想需要解放，创新需要开放。新能源产业是典型的技术密集型产业，技术在持续、快速地迭代创新。科技界正是理论突破和基础研究的源头所在，产业界如何瞰见新能源未来技术路线，服务产业发展，迫切需要新思路、新方案。科技与产业界的对话与合作更是一场双向增益的过程。

我们专注于技术的革新，并深入思考如何让科技更有效地造福社会，实现科技与每个人的紧密连接。同时，我们也为那些渴望了解新能源科技前沿和关心新能源产业发展的公众读者们，打开了一个了解这一领域的窗口。于是，“新能源科技与产业丛书”应时而创，结合国轩高科每年举办的科技大会，我们将来自科技与产业界的专家观点汇编成书，每年出版一册。

本书得以成功出版，离不开每位专家、学者的鼎力支持和积极参与。他们将最新的科学知识传递给读者，从撰写文字到审核图表，事无巨细，亲力亲为，这才使得这份珍贵的成果得以呈现在我们手中。

在此，我还要特别感谢中国科学技术大学科技战略前沿研究中心，是他们全程策划并组织了“新能源科技与产业丛书”的编撰工作，包括《低碳时代：科技与产业创新对话》和《碳路未来：AI浪潮下的新能源创新》。在他们的精心策划与组织下，本丛书得以顺利出版。他们为成书的各项工作投入了大量的努力，对本书的出版工作投注了让我感动的热情。

国轩高科作为国内新能源电池行业的先行者和领先者，将持续举办科技大会和推出“新能源科技与产业丛书”。国轩高科科技大会既是一场科技与产业界专家交流的盛宴，也是一个面向大众的科普传播载体，愿与更多的群体在更宽的领域分享和交流我们的成果。

谨致谢意！

国轩高科董事长

2024年3月30日